广州市教育科学“十二五”规划2015年度课题（1201533080）资助出版

数字家庭

应用型人才培养探索与实践

刘国成　林锦章　王金兰◎编著

西南交通大学出版社
·成 都·

图书在版编目（CIP）数据

数字家庭应用型人才培养探索与实践 / 刘国成，林锦章，王金兰编著. —成都：西南交通大学出版社，2017.12
ISBN 978-7-5643-5861-7

Ⅰ. ①数… Ⅱ. ①刘… ②林… ③王… Ⅲ. ①互联网络－应用－家庭生活－职业教育－人才培养－研究 Ⅳ. ①TS976.9-39

中国版本图书馆 CIP 数据核字（2017）第 264715 号

数字家庭应用型人才培养探索与实践

刘国成
林锦章 **编著**
王金兰

责任编辑 穆 丰
助理编辑 宋浩田
封面设计 何东琳设计工作室

印张 15.25 字数 273千
成品尺寸 170 mm × 230 mm
版次 2017年12月第1版
印次 2017年12月第1次
印刷 四川煤田地质制图印刷厂
书号 ISBN 978-7-5643-5861-7

出版发行 西南交通大学出版社
网址 http://www.xnjdcbs.com
地址 四川省成都市二环路北一段111号 西南交通大学创新大厦21楼
邮政编码 610031
发行部电话 028-87600564 028-87600533
定价 68.00元

课件咨询电话：028-87600533
图书如有印装质量问题 本社负责退换
版权所有 盗版必究 举报电话：028-87600562

前　言
Preface

自2010年开始，广州铁路职业技术学院（以下简称广铁职院）就与广州国家数字家庭应用示范产业基地（国家高新技术产业基地，以下简称产业基地）合作，开展计算机专业数字家庭应用型人才（高端技能型人才）培养的探索与实践。2014年人才培养合作项目被遴选为教育部高等职业教育创新发展成果展的典型案例，2015年该项目正式成为广东省现代学徒制试点，2016年该项目在广东省高职教育现代学徒制试点工作检查中被评为优秀试点。

在广铁职院携手产业基地开展现代学徒制试点探索的过程中，我们发现，尽管产业基地内有几百家中小微高新企业，这些企业对高端技能型人才的需求量大，但单个企业的人员需求却有限，难以批量或持续产生需求。单一企业的少量人才需求决定了中小微企业不可能像一些大规模企业那样进行批量的人才订购，学校也难以为这类企业的人才需求进行个别人才定制培养。调研显示，产业基地内大量的中小企业都为高端技能型人才招聘发愁。

正是基于产业基地人才需求的现状，2010年产业基地人才教育中心与广铁职院达成合作意向，面向产业基地企业集群实施了高职计算机专业数字家庭应用型人才联合培养。在联合培养过程中我们逐渐发现，在订单人才培养方案的制订上，企业对学生培养的要求和提供的教学资源，都基于企业本身的岗位需要，极少考虑跨企业的行业共性需求。由于缺乏对共性职业能力的培养，使得毕业生离岗后的职业发展受到了一定限制。另外，由于单一企业的生产业务范围的局限性，依托单一企业培养的学生难以满足行业通用人才职业能力的需要。

基于上述问题，针对产业基地技术发展趋势、用人标准以及岗位职业能力分析，经过多年来的探索和实践，提出了多形式的校企合作方式。根据不同合作方式，采取了订单班人才培养、现代学徒制试点培养、中高职衔接人才培养等多种培养模式。同时依据职业教育发展和产业基地的实际需要，开展了对普高招生、3+证书、自主招生、三二分段等不同生源的人才培养探索。逐步形成了适用于数字家庭应用型人才培养的“933分方向”（订单班）、现代学徒制、“双主体三元制”（中高职衔接）等人才培养模式。在此基础上，构建了“平台+方向+岗位”课程体系、制定了现代学徒制教学标准、提出了螺旋式项目化教学模式，以及建设了数字家庭应用职业教育实训基地（广东省职业教育实训基地立项建设项目）、国家数字家庭应用示范产业基地大学生实践教学基地（广东省大学生实践教学基地立项建设项目）等校内外实训实习教学基地，为数字家庭应用型人才培养提供了可供参考和借鉴的经验和思路。

本书得到了广州市教育科学“十二五”规划2015年度课题“计算机应用技术专业中高职衔接教学模式改革与实践”（1201533080）的资金资助出版。是广州市教育科学“十二五”规划2015年度课题“计算机应用技术专业中高职衔接教学模式改革与实践”（1201533080）、广州市高等学校第七批教育教学改革研究项目“现代学徒制下计算机应用技术专业教学模式改革与实践”（穗教高教〔2015〕29号文）、广东省教育科研“十二五”规划课题“基于国家科研基地培养的高职教育现代学徒制研究与实践”（2012JK201）、2015年度广东省高等职业教育专业教学标准研制项目“基于现代学徒制的计算机应用技术专业教学标准研制”（粤教高〔2015〕96号文）的研究成果。

本书的宗旨是立足于高职数字家庭应用型人才的培养，服务于地方数字家庭产业发展对计算机专业高端技能型人才的需求。紧紧围绕数字家庭企业对高职计算机专业人才培养的需要，以就业为导向，对人才培养模式、课程体系、教学模式和教学标准进行系统设计。依托“学校—基地—企业”三方协同育人平台，构建数字家庭应用型人才技能培养和岗位实践的实践教学体系，实现高职院校人才培养与产业基地企业用人的无缝对接。

本书第1章（不含1.6节）、第2章、第3章、第4章（不含4.5节）、第5章、第6章、附录等由第一作者刘国成撰写与整理（约255000字），第二作者林锦章完成第1章1.6节的撰写（约10000字），第三作者王金兰完成第4章4.5节的撰写（约8000字）。

由于作者水平有限，时间仓促，书中可能存在不妥之处，敬请批评指正。

作者

2017年6月

目　录
Contents

1　数字家庭人才培养现状及分析 ······ 1
1.1　数字家庭产业发展现状 ······ 2
1.1.1　我国数字家庭产业发展现状 ······ 2
1.1.2　我国数字家庭产业人才需求情况 ······ 4
1.2　数字家庭人才培养现状 ······ 6
1.2.1　高校与数字家庭相关的专业教学状况 ······ 6
1.2.2　数字家庭人才培训市场状况 ······ 6
1.3　数字家庭人才培养存在的问题 ······ 7
1.3.1　人才基数小、队伍不稳定，缺口较大 ······ 7
1.3.2　相对技术的快速发展，人才培养没有得到重视 ······ 7
1.3.3　高校培养与企业用人脱节 ······ 7
1.3.4　高校毕业生缺乏产业技术的系统学习和实践经验 ······ 7
1.4　数字家庭应用型人才需求定位 ······ 8
1.5　数字家庭应用型人才培养的研究意义 ······ 9
1.5.1　数字家庭应用型人才内涵 ······ 9
1.5.2　数字家庭应用型人才培养的意义 ······ 10
1.6　数字家庭应用型人才需求分析 ······ 10
1.6.1　行业现状和人才需求情况 ······ 11
1.6.2　职业岗位（群）的情况 ······ 17
1.6.3　职业资格和行业规范要求情况 ······ 22
1.6.4　职业院校课程设置情况 ······ 23
1.6.5　讨论与分析 ······ 27
1.7　数字家庭应用型人才培养思路与建议 ······ 30
1.7.1　培养思路 ······ 30

1.7.2 培养建议 …… 31

2 校企合作方式和人才培养模式探索 …… 33

2.1 数字家庭应用型人才培养途径 …… 34

2.1.1 高职生源的特点与培养思路 …… 34

2.1.2 人才培养对策与途径 …… 39

2.2 校企合作方式探索与实践 …… 40

2.2.1 校企合作方式内涵 …… 40

2.2.2 国外校企合作方式 …… 41

2.2.3 国内校企合作方式 …… 44

2.2.4 数字家庭应用型人才校企合作方式的探索与实践 …… 46

2.2.5 对多形式校企合作方式的分析 …… 51

2.3 人才培养模式探索与实践 …… 52

2.3.1 人才培养模式内涵 …… 52

2.3.2 人才培养模式构建的总体思路与设计原则 …… 53

2.3.3 订单班“933”人才培养模式的探索与实践 …… 55

2.3.4 现代学徒制人才培养的探索与实践 …… 60

2.3.5 中高职衔接人才培养的探索与实践 …… 66

3 课程体系改革与实践 …… 74

3.1 课程体系改革的原则 …… 75

3.2 数字家庭应用型人才培养课程体系构建思路 …… 77

3.3 订单班人才培养课程体系改革与实践 …… 78

3.3.1 订单班人才培养课程体系实施背景 …… 78

3.3.2 订单班人才培养课程体系构建 …… 79

3.3.3 订单班人才培养课程体系实施措施 …… 82

3.4 现代学徒制课程体系的改革与实践 …… 87

3.4.1 现代学徒制课程体系实施背景 …… 87

3.4.2 现代学徒制下数字家庭应用型人才培养课程体系的设计 …… 88

3.4.3 现代学徒制下数字家庭应用型人才培养课程体系的实施措施 …… 89

3.4.4 结论 …… 91
3.5 中高职衔接课程体系的改革与探索 …… 91
3.5.1 实施背景 …… 91
3.5.2 中高职衔接下计算机类专业课程体系改革的思路 …… 92
3.5.3 中高职衔接下数字家庭应用型人才培养课程体系的构建 …… 94
3.5.4 课程体系的实施保障与配套建设 …… 96
3.5.5 结论 …… 97
4 螺旋式项目化教学模式 …… 98
4.1 教学模式的含义 …… 99
4.1.1 教学模式内涵 …… 99
4.1.2 教学模式的发展趋势 …… 100
4.1.3 校企合作、人才培养模式与教学模式的关系 …… 101
4.1.4 教学模式研究的意义 …… 101
4.2 高职教育的教学模式改革 …… 102
4.2.1 我国高职教学模式改革与发展趋势 …… 102
4.2.2 数字家庭应用型人才教学模式改革 …… 104
4.3 螺旋式项目化教学模式 …… 107
4.3.1 螺旋式项目化教学模式提出的背景 …… 107
4.3.2 螺旋式项目化教学模式教育理念 …… 110
4.3.3 数字家庭应用型人才教学思考 …… 112
4.3.4 螺旋式项目化教学模式内涵与优点 …… 114
4.3.5 螺旋式项目化教学模式设计 …… 118
4.4 螺旋式项目化教学模式实施原则 …… 122
4.5 现代学徒制下人才培养和螺旋式项目化教学的探索与实践 …… 123
4.5.1 实施背景 …… 123
4.5.2 三元众筹模式的内涵 …… 124
4.5.3 “校、行、企”三方协同的途径与方法 …… 126
4.5.4 成效与反思 …… 131

5 数字家庭应用型人才实践教学改革 …… 133
5.1 实践教学改革的重要性 …… 134
5.1.1 实践教学内涵 …… 134
5.1.2 数字家庭应用型人才实践教学改革的重要性 …… 136
5.2 数字家庭应用职业教育实训基地建设 …… 137
5.2.1 建设思路 …… 137
5.2.2 总体设计 …… 137
5.2.3 主要措施 …… 138
5.3 基于螺旋式项目化教学模式的专业实训室设计 …… 143
5.3.1 设计的总体目标 …… 143
5.3.2 规划设计的原则 …… 143
5.3.3 设计规划 …… 144
5.3.4 数字家庭实训室建设的意义 …… 146
5.4 校外实践实习基地建设 …… 147
5.4.1 依托产业基地构建大学生校外实践教学基地 …… 147
5.4.2 数字家庭人才培养基地的构建与探索 …… 152
5.4.3 企业工作站建设 …… 154
6 数字家庭应用型人才教学平台构建 …… 162
6.1 基于云桌面的虚拟化“教学做”一体化平台建设 …… 163
6.1.1 建设背景 …… 163
6.1.2 基于云构架的数据中心建设 …… 163
6.1.3 桌面云虚拟化“教学做”一体化平台设计 …… 165
6.1.4 教学录播系统设计 …… 169
6.1.5 平台功能 …… 174
6.2 基于螺旋式项目化教学模式的教学系统开发 …… 175
6.2.1 开发背景 …… 175
6.2.2 开发原则 …… 176
6.2.3 系统设计 …… 176

6.2.4 系统功能 …… 177
6.2.5 系统特点 …… 179
6.3 学徒教学与过程管理平台设计 …… 180
6.3.1 建设背景 …… 180
6.3.2 架构设计 …… 181
6.3.3 建设内容 …… 182
6.3.4 平台特点 …… 189
6.4 螺旋式项目化教学模式下混合式学习平台构建 …… 190
6.4.1 建设背景 …… 190
6.4.2 建设内容 …… 190
6.4.3 设计特点 …… 197
参考文献 …… 199
附录 …… 202
数字家庭应用型人才订单班培养方案 …… 202
数字家庭应用型人才中高职衔接高职学段培养方案 …… 219

1　数字家庭人才培养现状及分析

本章引言

针对我国数字家庭产业发展和人才培养的现状，指出了当前数字家庭产业发展与人才培养不匹配的问题，阐述了数字家庭应用型人才培养对产业持续健康发展的重要性。并根据数字家庭行业对人才需求的相关分析，提出了数字家庭应用型人才培养的思路与建议。

内容提要

1.1　我国数字家庭产业发展现状；
1.2　数字家庭人才培养现状；
1.3　数字家庭人才培养存在的问题；
1.4　数字家庭应用型人才要求定位；
1.5　数字家庭应用型人才培养的研究意义；
1.6　数字家庭应用型人才需求分析；
1.7　数字家庭应用型人才培养思路与建议。

1.1 数字家庭产业发展现状

1.1.1 我国数字家庭产业发展现状

1.政府对数字家庭产业的支持

为抓住数字家庭发展机遇，国家和地方政府高度重视和支持数字家庭技术和产业的发展，出台多项相关政策，促进数字家庭产业发展。

《国务院关于促进信息消费扩大内需的若干意见》中就提出要“支持数字家庭智能终端研发及产业化，大力推进数字家庭示范应用和数字家庭产业基地建设”。《珠江三角洲地区改革发展规划纲要（2008—2020年）》中则提出要重点发展数字家庭、软件开发、新一代宽带无线移动通信、下一代互联网等信息产业，并指出珠江三角洲地区要加快数字家庭、软件产业、集成电路、嵌入式系统的融合发展。国家工业和信息化部将数字家庭产业列为“十二五”期间重点发展的产业，并在发布的《数字电视与数字家庭产业“十二五”规划》中，明确提出要支持数字家庭技术和产品研发，持续推进数字家庭示范应用及数字家庭产业基地建设，全国要建成5～10个应用示范产业基地。通过数字家庭应用示范产业基地建设，进一步推动数字家庭产业全面发展和应用普及。

广东省在2005年就由省发展改革委、信息产业厅、科技厅、广电局、质监局等共同制订和组织实施了《广东省数字家庭行动计划》。提出加大政府的协调与引导力度，加强技术创新和机制创新，在整体规划、标准规范、技术创新、试点示范、公共服务支撑以及组织保障等方面同时着手，大力推动广东数字家庭产业发展。并在《关于进一步推动数字家庭产业发展的若干意见》中指出将建立“三网融合”数字家庭网络、统一技术规范、完善标准体系、促进产业技术和运营机制创新、壮大数字家庭信息服务业等作为当前的主要任务。

广州市2008年在《关于加快推进自主创新发展高新技术产业的决定》中已明确地提出每年拿出10亿以上的资金支持数字家庭等高新技术产业的发展。在《广州市国民经济和社会发展第十二个五年规划纲要》中指出要打造设计、制造、信息内容、服务一体化的“数字家庭”产业链，推动信息技术与制造业、服务业全面融合，形成特色鲜明、优势突出、竞争力强的信息产业集群。

由此可见，国内数字家庭产业发展，得到了国家和地方政府的高度重视。无论是中央还是地方，都将其作为一个新兴战略产业来发展，并出台相应政策支持和投入人力物力资源。

2.数字家庭发展状况

1）数字家庭是当前最热门最有发展前途的IT应用领域

数字家庭涉及多种技术的融合与集成，按照行业细分，数字家庭产品主要涵盖了消费类电子、通信、计算机、家电等行业。随着消费家电的智能化、网络化，数字家庭技术融合与集成更趋明显，成为当前最热门最有发展前途的IT应用领域之一，也是现代信息服务业在家庭应用上的具体体现。

2）数字家庭将是未来中国经济发展的重要推动力之一

随着数字家庭技术和产品中计算机、互联网、通信等现代电子信息技术逐渐加快相互融合，我国数字家庭产业技术融合创新的趋势将越来越明显。同时，物联网技术在消费电子产品中广泛应用，引领数字家庭消费进入一个便捷化、人性化、智能化的新时代。数字家庭将成为消费类电子产品创新的重要方向，是消费类电子产品未来的强劲增长点。信息技术的家庭应用实现了家电产品高度的数字化、联网化和智能化，数字家庭将是未来中国经济发展的重要推动力。

3）数字家庭产业代表了信息技术和产业应用的发展方向

数字家庭产业发展迅猛，已成为信息化技术的重要组成部分，代表了信息技术和产业应用的发展方向。数字家庭产品正不断渗透各个领域，其产业增幅不断加大，而且在整个IT产业的比重日趋提高。数字家庭的发展为几乎所有的电子设备注入了新的活力，加上迅速发展的互联网技术和廉价的微处理器出现，数字家庭将在日常生活里形成一个更大的应用领域，成为新的发展方向和消费热点。

4）数字家庭产业联盟推动数字家庭的应用普及与市场拓展

在政府指导下，数字家庭行业建立了数字家庭产业联盟，该联盟由国内外从事网络、产品、技术、内容、服务和运营等数字家庭相关产业的企事业单位和机构组成，汇集了宽带网络、家庭网络以及4C融合等产业核心环节的重要企业。它围绕数字家庭产业链的技术、产品、系统、解决方案、运营和服务，开展联合研发、推广应用、标准产业化等工作，为中国数字家庭产业搭建了一个开放的发展平台，探讨构建数字家庭的新技术、新产品、新方案、新模式，推动中国数字家庭的应用普及与市场拓展。数字家庭产业联盟促进了通信技术、网络技术、传媒业的高度结合，促进了数字家庭技术研发、产品生产及使用的快速发展。

1.1.2 我国数字家庭产业人才需求情况

1.人才现状及需求

首先，国家政策推动产业发展，促进了人才需求。对数字家庭人才的需求是由社会发展的大环境决定的。电信网、广播电视网和互联网三网融合发展，实现三网互联互通、资源共享，对于促进信息产业发展，提高社会信息化水平具有重要意义。目前我国已基本具备进一步开展三网融合的技术条件、网络基础和市场空间，加快推进三网融合已进入关键时期，并正在积极探索建立符合我国国情的三网融合模式。而实现三网融合发展离不开数字家庭技术的发展和应用，随着我国信息化程度的进一步加深和推广，将对数字家庭行业人才的需求产生重要的影响，对数字家庭技术应用型人才的需求也会持续增长。

其次，技术发展加快了对数字家庭人才的需求。以微电子、软件、计算机、通信和网络技术为代表的数字家庭技术，是目前信息化技术进步过程中最为热门、渗透性最强、应用最广的关键技术。数字家庭技术的广泛应用，使三网融合成为重要的生产要素和战略资源，是优化资源配置、推动传统产业不断升级和提高社会劳动生产率的新动力。数字家庭产业持续升温，成为全球最具活力、呼声最高的产业之一。随着信息化技术发展，数字家庭的社会拥有量将越来越大，相关技术人才的需求量也将会随之增大，因而目前从总体来看，数字家庭应用型人才缺口较大。从数字家庭行业招募的职位上看，市场上需要的数字家庭技术人才必须具备熟悉信息技术，特别是熟悉的数字家庭相关烦人解决方案和标准，有智能家居系统设计或体系架构设计的背景，熟悉国际知识产权政策和国际标准化流程，具备相关语言编程、嵌入式系统、驱动程序开发经验。

2.人才需求类型

随着数字家庭产业的发展壮大，对于技术研发、产品的生产、使用、安装、维护、服务、销售以及管理等人才的需求迅速增长。从数字家庭人才的需求类型来看，除了从事数字家庭技术研发的高端研究人才以外，需求量更大的是数字家庭应用产品设计、开发、使用、安装、维护以及推广等技术应

用型人才。根据企业招聘信息和工作岗位可以将其分成产品开发、系统集成、信息服务、数字安防4类。

目前从事数字家庭产品开发的人员主要为电子工程、通信工程等偏硬件出身的毕业生，以及从事计算机专业，学习软件编程的毕业生。前者主要是从事硬件设计，有时要开发一些与硬件关系最密切的底层程序。他们的优势是对硬件原理非常清楚，不足是他们对复杂的软件算法设计有些吃力。后者负责软件设计，主要从事产品软件和增值业务的开发。硬件设计完后，各种功能优化就靠软件来实现了，数字家庭产品的增值很大程度上取决于软件，越是智能的系统设备越是复杂，软件越是起到关键作用，这是当前的趋势。

数字家庭系统集成是目前IT人才市场热门的技能之一。工作范围主要从事社区智能家居系统以及各子系统（监控、照明、家电、家庭娱乐控制系统等）的系统设计、系统选型、项目售前技术支持、安装调试、售后服务等；智能家居设备与系统的工程技术管理、设备安装、施工组织计划与实施；小区智能化系统管理与维护、数字家庭网络设计与维护。

信息服务主要内容指产品销售、销售服务、服务改进与创新等；数字化社区中智能化子系统（监控、门禁一卡通、电子巡更、物业平台管理系统）的运行管理与维护；后台服务与管理工作、互动服务管理与运作、互动服务的设计与开发、数字信息系统管理与维护。

数字安防主要指数字家庭产品的性能测试、产品售前技术支持、安装调试等；现代化楼宇、小区等楼宇中智能化子系统（保安、监控、消防等）的运行管理与维护；安防系统选型、项目承揽、售前技术支持、项目管理、安装调试、售后服务等。

3.职业标准与从业资格认证

目前已有行业专业机构推动并构建了相关职业标准与从业资格认证，并获得国家劳动部职业技能鉴定中心认可和实施。其中数字家庭技术集成师是获得国家认可的从业资格认证标准。它是为推进数字家庭在全国的发展而设置的一个职业标准。该资格认证设置3个等级，分别为：数字家庭技术集成员（国家职业资格四级）、助理数字家庭技术集成师（国家职业资格三级）、数字家庭技术集成师（国家职业资格二级）。该资格就业领域主要涵盖智能家居产业、房地产行业、大厦与小区的物业管理行业、智能建筑弱电系统的建设监理行业、以及文化、金融、宾馆、酒店、大厦、商场等公共场所的相关工程部门等。

1.2 数字家庭人才培养现状

1.2.1 高校与数字家庭相关的专业教学状况

数字家庭技术快速发展和普及，国内多数高校对于人才的培养却较为落后，多年来一直以讲授相关的基础原理、理论为主，旨在培养学生的基础。虽然目前也有一些高校已经开始针对现状进行调整，将数字家庭一些相关新技术引入课堂，但是数字家庭属于一个交叉学科，涵盖了通信、网络、电子、嵌入式、计算机硬件和软件等多项技术领域的应用，没有足够的技术背景做支撑，很难掌握数字家庭的核心知识和技能。这使得高校培养的学生与企业需求的员工难以匹配。事实上，造成这种现象的一个主要因素是目前大多数高校学生没条件接触数字家庭技术，缺乏实践。数字家庭技术学习和技能训练，需要相应的设备和环境，此外还要具有相关经验的人进行指导学习和实践，显然当前的高校教育还难以满足这种要求。

1.2.2 数字家庭人才培训市场状况

目前市场上与数字家庭相关的培训机构总体来说并不多。从培训性质来分，可以分为针对社会的实用技术培训和针对高校的认证培训。从培训内容上看，主要涵盖家庭网络、家居安防、智能家电、数字社区等实用技术。从培训的学员成分来看，主要来自高校的学生（包括在读研究生）和在职人员，其中在职人员较多。从参加培训的生源背景上看，绝大多数持有电子、计算机及相关学科学位。由此可见，在职人员对数字家庭的培训需求更大一些，这和其他IT培训有很大的区别。分析其原因，主要是高校中数字家庭课程还处于建设初期，在校学生对数字家庭行业不够了解，相反在职人员对数字家庭行业和技术发展较为了解，学习需求较大。他们参加培训主要出自两方面的动机，一是项目需要，二是个人职业发展，培训的目的性很强，对培训内容的实用性要求较高。但是仅靠培训机构的职业训练和技能培养，难以满足产业大规模的人才需求。

1.3 数字家庭人才培养存在的问题

1.3.1 人才基数小、队伍不稳定，缺口较大

现阶段我国数字家庭产业应用型人才基数小、队伍不稳定，缺口较大。一是因为这一产业领域为新兴领域，技术融合度高，涉及或融合了电子信息、通信、网络、嵌入式、计算机等诸多软硬件技术，非专业IT人员很难切入这一领域；二是这一产业技术新、发展快，很多技术出现时间不长或正在出现，掌握这些新技术的人才少。

1.3.2 相对技术的快速发展，人才培养没有得到重视

目前国内还没有一所高校设立专门的数字家庭专业，数字家庭产业所需人才主要来自于各类高校电子信息类相关专业。虽然目前已有一些高校开始针对产业需求现状进行调整，将数字家庭行业相关技术内容引入课堂，但由于数字家庭属于一门交叉学科，涵盖了通信、网络、电子信息、嵌入式、计算机软件和硬件等多项技术领域的应用，如果没有企业支持以及足够的课程背景做支撑，很难掌握数字家庭的核心技术内容和实践技能。

1.3.3 高校培养与企业用人脱节

在数字家庭应用型人才培养上，高校人才培养与企业用人脱节。尽管很多高校的电子、计算机专业都开设有程序设计、通信原理、网络技术、单片机、嵌入式等相关课程，但是仍然满足不了产业的需要。高校学生对该领域技术接触少，缺乏数字家庭行业技术的系统学习和实践经验，这使得目前数字家庭技术发展速度强劲，而人才培养周期却远远滞后于技术发展的速度。企业需要的是具备数字家庭行业“技术理论+岗位技能+职业素养”的应用型人才，而高校毕业生恰恰缺乏的正是从事该行业的岗位技能与职业素养。

1.3.4 高校毕业生缺乏产业技术的系统学习和实践经验

数字家庭产业是一个新兴的产业，产业发展时间短、产业技术发展快。

而当前高校又缺乏有针对性的产业人才培养，因此高校毕业生普遍缺乏对产业技术的了解，也缺乏对产业技术的系统性学习，更缺乏对产业技术应用的岗位实践和项目工作经验。

1.4 数字家庭应用型人才需求定位

探索成功的数字家庭应用型人才培养首先要对数字家庭应用型人才培养需求和规格给予准确定位。即要准确地确定数字家庭应用型人才培养是属于什么性质的教育，属于何种类型的人才教育，应在哪个层次上进行这种教育。同时，在正确认识这些与人才培养定位和规格相关的问题的基础上，进一步明晰由什么教育机构来实施人才培养，并根据数字家庭应用型人才需求特征和结构，对于不同层次的人才，确定其人才培养目标和规格，建构人才培养的内容体系和培养模式，从而确立教育体系，最后制订人才培养教学模式、实施条件和实施标准。

那么，如何确定数字家庭应用型人才培养的教育属性？主要从人才培养所需的专业技术、从业岗位以及工作内容进行分析来确定。

首先，数字家庭应用型人才所需掌握的数字家庭技术是计算机、电子、通信、自动控制、物联网等技术在民用领域里的综合应用。这些数字家庭技术及其应用并不是一门独立的技术学科，而是一类职业岗位技术，如数字家庭产品的设计、生产、安装调试、维修维护等方面的技术就是属于职业岗位技术。这些技术可以根据职业岗位的工作内涵加以归类，并根据岗位职业能力分析分别实施人才培养。

其次，从数字家庭应用型人才企业需求的从业岗位及其工作内容分析可知，这些岗位对从业人员除了特定的数字家庭技术知识要求外，对技能方面也有相应的要求，并且对技能应用的熟练程度和水平也有要求。由此可知数字家庭应用型人才不是一种学科性人才。相反地，据此可以对从业岗位加以分析和归类，从而确定为一种职业。例如，根据对智能家居设备的安装调试、维修维护、技术服务、故障诊断、系统测试等方面工作内容，及其设置的工作岗位、相应的专业知识和技能要求，就可以将其定义为数字家庭技术集成师职业。对于其他方面从业人员的专业知识与技能也都可以定义相应的其他数字家庭技术职业。因此，数字家庭人才从业的职业指向是非常明确和具体的。

第三，从上述数字家庭人才从业岗位的工作内容和技能要求还可以知

道，数字家庭应用型人才是一种高端技能型人才，这种人才的培养不能单从普通高校某一个学科专业知识的学习中培养造就，而必须通过高等职业院校与企业职业岗位直接对接的实训、实习等实践性学习环节而获得，而这种实践性学习环节最有效的学习模式就是“校企合作、工学结合”，也就是在合作企业岗位的实际环境中进行实践训练。

综合以上分析可以清楚得知，数字家庭应用型人才培养具有鲜明的高等职业教育属性，应该将其教育培养需求定位为高端技能型人才培养的职业技术教育，也就是说应在高等职业技术教育这一教育类型中建构人才培养体系，实施数字家庭高端技能型人才培养。

1.5 数字家庭应用型人才培养的研究意义

1.5.1 数字家庭应用型人才内涵

数字家庭应用型人才是指能将专业技术知识和技能应用于所从事数字家庭技术岗位的一种高端技能型人才类型，是熟练掌握数字家庭技术应用一线的基础知识和基本技能，主要从事一线高端技能工作的技术应用型或专业应用型人才。

与其他类型人才培养相比较，数字家庭应用型人才培养主要有以下特点：

（1）这种人才的知识结构是围绕着一线技术应用工作的实际需要加以设计的，在课程设置和教材建设等基本工作环节上，特别强调基础、成熟和适用的知识，而相对忽略对学科体系的强烈追求和对前沿性未知领域的高度关注。

（2）这种人才的能力体系也是以一线岗位技能工作的实际需要为核心目标，在能力培养中特别突出对基本知识的熟练掌握和灵活应用，相比较而言，对于科研开发能力就没有了更高的要求。

（3）数字家庭应用型人才的培养过程更强调与一线工作实践的结合，更加重视实践性教学环节如实训教学、生产实习等，通常将此作为学生贯通有关专业知识和集合有关专业技能的重要教学活动，而对于研究型人才培养模式中特别重视的毕业设计与学位论文，一般就不会有过高的要求。

综合上述，数字家庭应用型人才主要是应用知识而非科学发现和创造新知，目前数字家庭产业对这种人才有着广泛的需求，在社会工业化乃至信息化的过程中，社会对这种人才的需求占有较大比重，应该是大众化高等教育必须重视的人才培养类型，也正是这种巨大的人才需求，为高等职业技术院校的发展提供了广阔的空间。这种人才同样需要经历一个复杂的培养过程，同时也能反映地方产业的发展潜力。

1.5.2　数字家庭应用型人才培养的意义

数字家庭的出现改变了人们的生活方式和工作方式，并牵动信息技术、家电制造、房地产、装潢装修以及物业管理等一大批产业发展，并且迅速发展成为一个规模巨大、产业关联性强的行业。当前数字家庭涉及制造业、内容服务业、运营业等多个环节，其辐射面广、带动性强，具有巨大的发展潜力和重要战略地位。随着数字化产品及信息服务在家庭领域里的不断发展融合，数字家庭产业正成为中国经济发展新的增长点。数字家庭技术与产业的发展，使人才需求不断增长，但同时也出现了人才瓶颈的问题，尤其是高端技能应用型人才。人才队伍的优劣将直接关系到产业的可持续发展进程。因此，基于我国数字家庭产业实际情况，对其人才培养校企合作方式和培养途径进行探索和研究，形成具有产业针对性的职教模式和培养方式，对于数字家庭产业人才培养、促进产业健康持续发展具有十分重要的理论和实践意义。

数字家庭应用型人才培养的研究价值在于为发展数字家庭产业培养计算机高端技能型人才，打造数字家庭技术应用型人才储备池，为数字家庭产业的发展提供计算机应用人才储备。为提高数字家庭产业人才素质、加快数字家庭产业人才培养的步伐提供一个可行的解决方法和途径。

1.6　数字家庭应用型人才需求分析

为了掌握数字家庭应用型人才对高职计算机类专业人才的需求情况，有针对性地为地方数字家庭产业提供计算机专业高端技能型人才，以促进计算机专业更加有效地服务于当地的数字家庭产业，我们对所在地区的数字家庭产业进行了调研，并对行业现状和人才需求、职业岗位（群）、职业资格和行业规范、职业院校课程设置等情况进行了分析。

1.6.1　行业现状和人才需求情况

1.行业现状

2014年，广东省人民政府颁发了《珠江三角洲地区智慧城市群建设和信息化一体化行动计划（2014—2020年）的通知》（粤办函〔2014〕524号），随着国家对《珠江三角洲地区改革发展规划纲要（2008—2020年）》批复实施，数字家庭产业已成为珠江三角洲地区产业转型与改革发展重点支持的信息产业之一。

据统计，到2015年，中国物联网及数字家庭产业达5000亿元的规模，其中关于从业人数，广东省约100万，全国约500万；依据物联网及数字家庭产业在广东省的覆盖率，最近一年劳动力市场供需情况为：物联网及数字家庭产业劳动力市场分布在感知层、传输层、平台层以及应用层企业中，分别占产业用人市场2.7%、22.0%、33.1%、37.5%和4.7%。由此可见，传输层和平台层的技术应用型人才需求已占到70%以上。其中大部分属于智能化系统集成技术人才。

所谓智能化系统集成，就是通过结构化的综合布线系统和计算机网络技术，将各个分离的智能化设备、功能和信息等集成到相互关联的、统一和协调的系统之中，使资源达到充分共享，实现集中、高效、便利的管理。智能化系统集成涉及硬件集成、软件集成、网络集成、功能集成等多种集成技术。它是近年来数字家庭产业中发展势头迅猛的一个技术应用方式，是广东省IT行业中小企业的主流业务，约占95%。

2.智能化系统分类和现行有关系统集成的国家标准与行业规范

（1）智能化系统是智能化系统集成的构成之一，广东省物联网协会以及广东省智慧城市联盟对智能化系统的基本分类如表1–1所示。

表1–1　建筑智能化系统分类

	智能灯光、窗帘控制系统	备　　注
智能家居应用系统	智能监控、报警系统	由于行业还处于快速发展变化中，所以子系统也可能随着变化
	智能空调与家电控制系统	
	智能影音与背景音乐控制系统	
	智能信息互动控制系统	
	智能LED调光与环境监测系统	
	智能终端（PAD/手机）控制系统	
	智能第三方对接控制系统	

（2）现行的主要国家政策与行业规范

智能化系统集成（属于物联网及数字家庭技术应用范畴）是现代信息技术应用之一，采用的是信息技术服务产业相关标准，主要是工业和信息化部信息技术服务标准（ITSS），它是一套体系化的信息技术服务标准库。目前，物联网及数字家庭行业随着技术交叉融合、行业不断发展，其行业标准与规范也在原来相应基础上不断完善、补充和新增。如表1-2所示为国家相关政策、行业规范。

表1-2　国家政策、行业规范

<table>
<tr><th>领域</th><th>名　　称</th></tr>
<tr><td>能家居应用</td><td>《数字家居平台服务接口规范》DB44/T727-2010
《基于RF数字家居通信协议规范》DB44/T405-2010
《ZigBeeLightLinkStandard智能家居通信规范》ZigBeeAlliance
《智能家居设备通信协议》（Q/GDW723-2012）
《家庭网络系统体系结构及参考模型》SJ/T11316-2005
《家庭网络系统体系结构描述文件规范》SJ/T11317-2005</td></tr>
<tr><td colspan="2">其他可能涉及的相关标准</td></tr>
<tr><td>系统集成及建筑智能化</td><td>《智能建筑设计标准》GB/T50314-2006
《住宅小区安全技术防范系统要求（GB31294-2010）》
《综合布线系统设计规范GB50311-2007》
《综合布线系统验收规范GB50312-2007》
《智能建筑工程质量验收规范GB50339-2003》
《安全防范工程技术规范GB50348-2004》
《视频安防监控系统工程设计规范GB50395-2007》
《中国民用建筑电气设计规范》GB50303-2002
《电气装置安装工程施工及验收规范》GBJ232
《电子计算机场地通用规范》GB2887-2000
《低压配电规范》GB50054-95
《建筑物电子信息系统防雷技术规范》GB50343-2004
《综合布线系统工程设计规范》GB50311-2000
《建筑与建筑群综合布线系统工程验收规范》GB50312-2000
《智能建筑弱电工程设计施工图集》GJBT-471</td></tr>
<tr><td>软件开发</td><td>《软件工程产品质量》
《软件工程软件测量过程（ISO/IEC15939；2002，IDT）》
《计算机软件需求规格说明规范》</td></tr>
</table>

领域	名　　称
IT服务	《ITIL（信息技能基础设施库）》 《信息技术服务》等
信息安全	《中华人民共和国计算机信息系统安全保护条例》 《中华人民共和国计算机信息网络国际联网暂行规定》 《规范互联网信息服务市场秩序若干规定》 《安全防范工程技术规范》GB50348-2004 《视频安防监控系统工程设计规范》GB50395-2007

3.人才需求情况

1）企业对高职毕业生的需求情况

从IT行业与人才需求总体情况可以看出，IT行业对高职层次人才的需求占到36.1%（如图1-1所示，数据来源：智联观察招聘数据）。

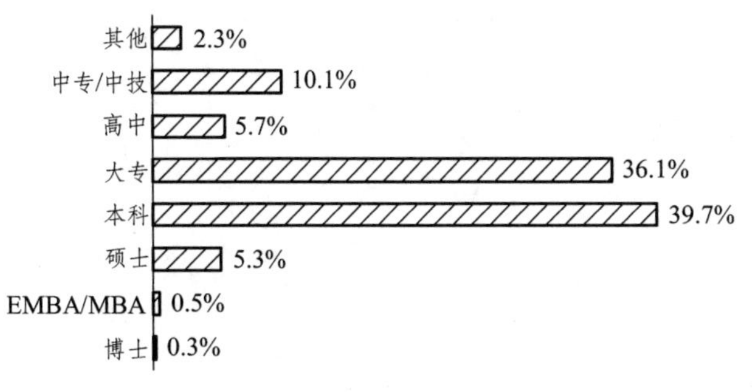

图1-1　IT行业从业人员学历分布情况

在行业薪酬统计中，软件/互联网/通信行业排在第三位，仅次于金融和房地产。行业薪酬连续多年排在前三甲（如图1-2所示，数据来源：2014年众达朴信薪酬调研报告）。

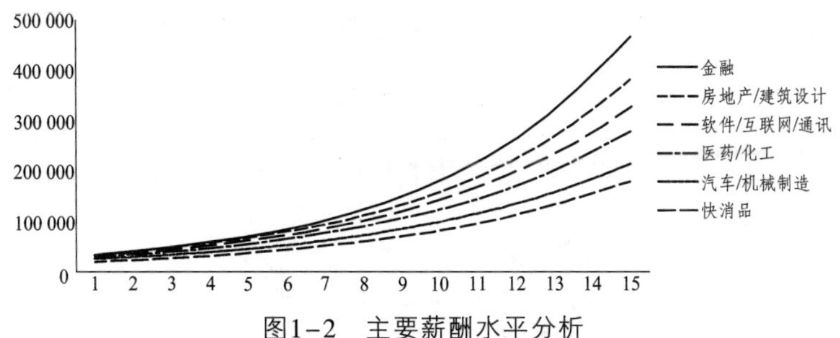

图1-2　主要薪酬水平分析

2）不同规模企业吸纳高职学生就业情况

如图1–3所示，各规模IT企业接纳高职毕业生分布情况显示，大型企业吸纳高职计算机应用技术专业毕业生的比例为19%，中型企业占比的31%，小微型企业接纳高职毕业生比例最大，占43%。

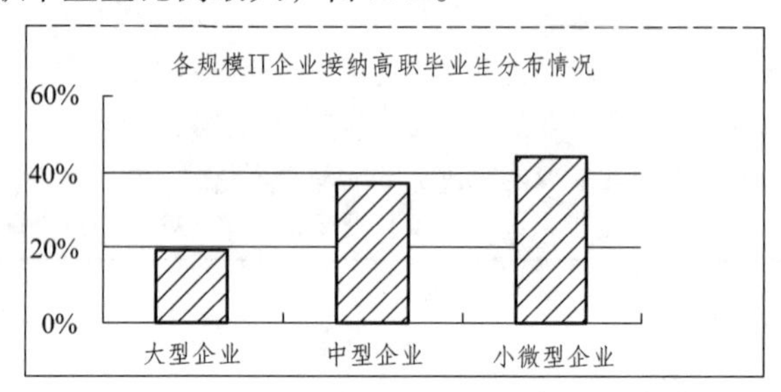

图1–3　各类型IT企业接纳高职毕业生分布情况

3）中小企业技术人员学历结构

中专以下约14%，中专学历25%，高职或大专37%，本科学历21%，本科以上学历约占3%。如图1–4所示。

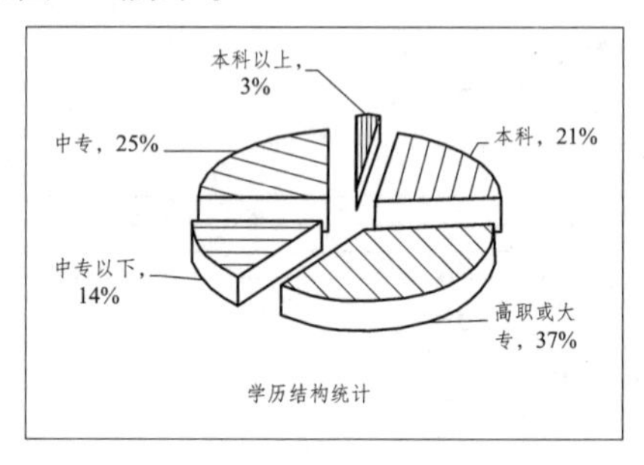

图1–4　中小企业技术人员学历结构

4）中小企业人员层次结构

高级（包括高级工程师、高级技师及企业主管）约占技术人员的10%，中级（包括工程师、技师以及部门负责人）约占49%，助理级（包括助理工程师、高级工及项目组长）约占30%，其他约占11%。如图1–5所示。

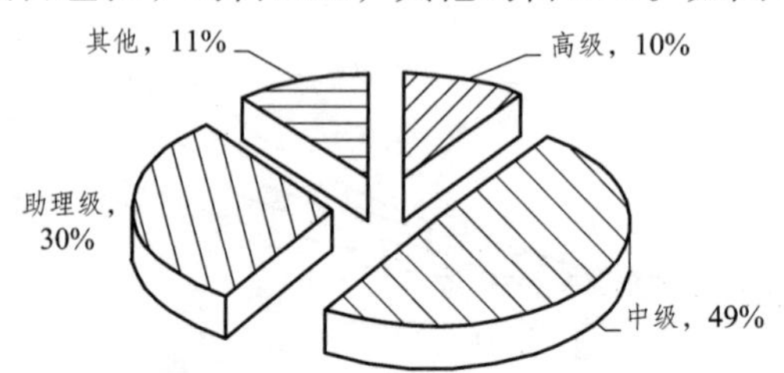

图1–5　技术人员层次结构统计

5）从业年龄结构

18～30岁约占49%，31～40岁约占31%，41～50岁约占13%，50岁以上约占7%。如图1–6所示。

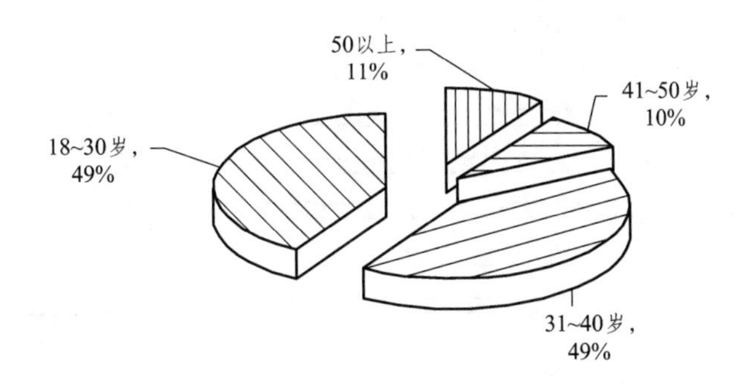

图1–6 年龄结构统计

6）新员工入职培训情况

目前系统集成类型的企业，对新进员工的入职培训情况统计如图1–7所示。所有被调研从事系统集成的企业人事部门均表示，新进员工需要进行入职前培训，一般需要培训1～3个月，占58%。

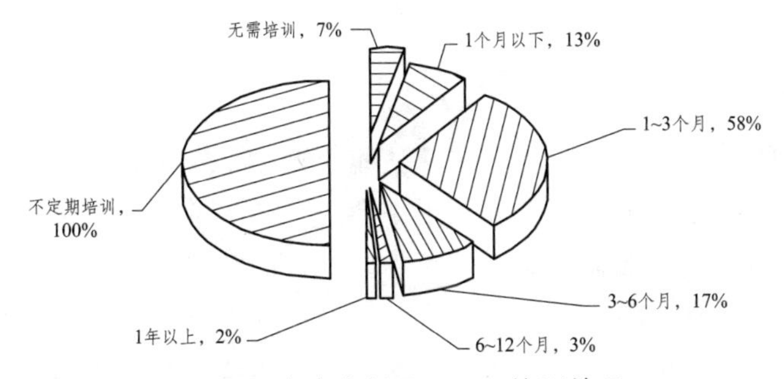

图1–7 各企业新员工入职培训情况

7）系统集成行业企业用人岗位分析

计算机应用技术专业口径宽泛，适应面广，根据我们对于广东省的IT企业调查反馈显示，在系统集成设计与施工、技术支持、系统测试与维护、数据库管理、移动应用开发、生产线管理等方面对人才有更为迫切的需要。企业对各岗位需求的具体情况如图1–8所示，需要说明的是：统计图表中带*的条目均为多选项情况下的统计结果，售前技术支持是业务推广（营销）的核心之一。如图1–8所示。

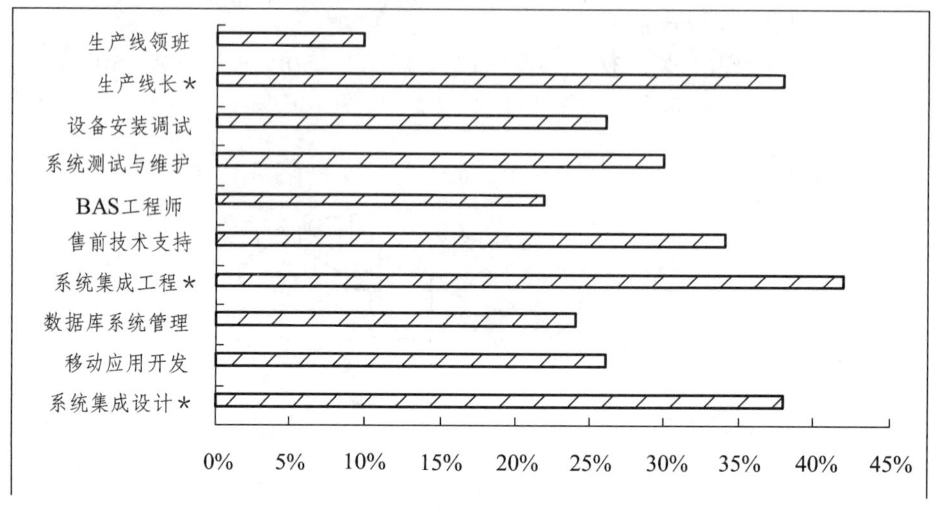

图1-8　企业对各岗位需求情况

8）中小企业对人才共性需求的分析

通过对企业负责人或企业人力资源主管的访谈，整理归纳得出以下的从事系统集成的中小型企业对人才需求的几个共性特点。

①综合性的管理人才备受欢迎。因为该类人才对岗位所涉及的各个方面需要有一定的了解，而且有一定的职业素养要求。应届毕业生在工作能力上并不足以应付该工作所需，需要企业重新进行培养，企业希望把这方面的职业尽早融入到学生的学习工作中去。

②企业的个性化发展需要有特殊技能的人才来支撑。目前，数字家庭系统集成类型的企业，很多都是高新中小企业，从事的也是朝阳行业，他们所需要的技术也是比较前沿或交叉的技术，学校的教育是偏向于基础的，所以企业希望能让毕业生尽快融入并熟悉他们的新技术。为此，企业很愿意提供一些企业任务给学生学习与使用，培养学生尽快适应和熟悉这些企业任务，为企业提供人力资源储备和保障。

③会办事比会技术更重要。企业有一些岗位（如系统集成方案解决供应商），是需要办事综合能力比较强的人才，不是单纯只看一两项技能的。为了招聘到适应这类岗位的员工，很多企业也需要长期招工，如果学徒制的学生能参加这样的岗位的学习和训练，也很受企业的欢迎。

④技术主管的辅助性岗位（主管助理）。一些公司新成立一个业务方向，投入不是很大，但也比较重要，这个时候，他们需要聘请一些技术助理，来辅助他们的技术专业管理人员来共同完成这个任务，这样的岗位也适

合学徒制的高职学生进行学习锻炼。

1.6.2　职业岗位（群）的情况

1.职业岗位（群）与人才需求

根据对广东省内约427家从事数字家庭技术的企业（其中一、二、三、四级资质企业分别为17、63、298、49家）进行的抽样调研，按企业用人管理模式习惯，目前，从事技术应用的职业岗位大体可以分为以下几类。

技术支持：按照销售合同签订前和签订后来划分，签订前的技术支持叫做售前技术支持，主要参与的工作是编写招投标技术方案，它与业务推广（营销）交叉融合。

技术服务：产品销售合同签订之后，需要对产品进行调试，指导施工过程线路的敷设、产品安装、参数的设置、系统运行以及对使用人员的培训。

项目管理：可以是销售项目的管理，也可以是工程项目的管理，项目管理作为目前主流的管理方法，在系统集成中得到广泛应用。

技术推广：这里不是指单一电子产品个体的营销，而是指一个系列产品的营销和推广服务。随着物联网的发展，很多产品都需要后台云端服务器和前台手机APP的共同支持才能运行，需要掌握物联网基础知识的技术员才能全方位服务于客户。

运营维护：物联网技术中的传感与控制技术、现场总线技术、无线传输技术、运储存和服务技术，应用层的人机交互技术等的发展已经渗透到各行各业，任何一个电子设备的运行都越来越依赖于物联网技术，物联网系统的运行和维护，已经不能只靠单一技术的支持，系统运维的技术人员，区别于以往的电工和弱电工，越来越受到企业的重视。

方案设计：依据产品市场需求，以系统的高度为客户需求提供应用的系统模式，以及实现该系统模式的具体技术解决方案和运作方案，即为用户提供一个全面的系统解决方案，开发独立的应用软件。

软件开发：对产品客户端软件的开发和优化，为客户提供软件的安装、部署、运行与维护。针对用户的需求进行软件的优化和升级服务。

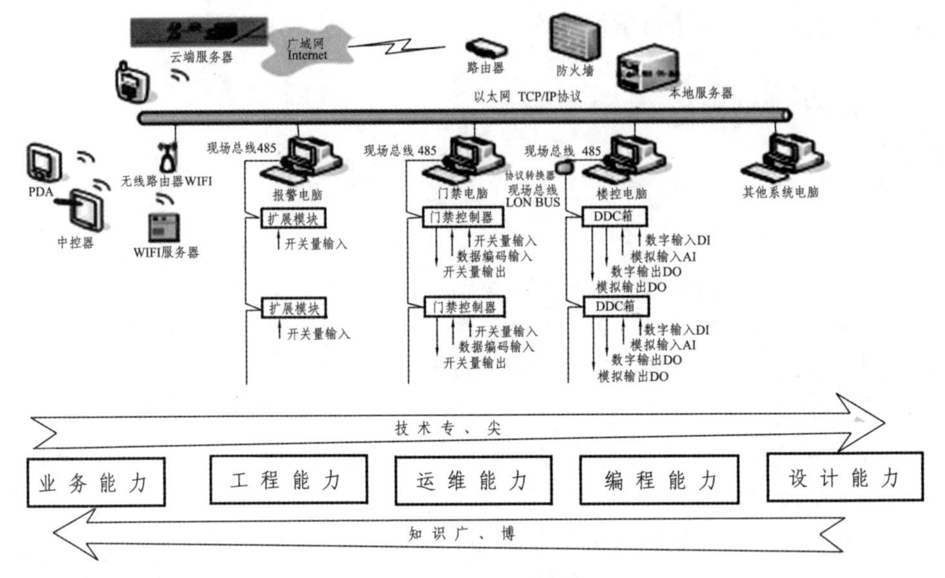

图1–9 各岗位人才需求情况分析

其中，最为紧缺的计算机应用技术人才不仅仅是高精尖人才，更多的是技术应用的服务型人才。中、高职毕业生的就业岗位主要涉及业务推广、技术服务、工程施工、系统维护、软件编程、系统方案设计、生产管理等工作领域，概括起来就是“技术支持类（如装调员、运维工程师）、业务类（如业务员、售前技术工程师）、工程类（如现场施工、系统工程师）、软件类（如移动应用、软件开发工程师）、生产类（如生产线领班、车间主任、生产线长）”这五类岗位。他们所从事的主要工作内容及技术能力特点如图1–9所示。

2.毕业生胜任的职业岗位（群）及岗位能力要求及职业标准

（1）计算机应用技术专业主要针对的职业岗位如表1–3所示，主要包含系统集成工程师、技术支持工程师、产品运营/推广工程师、移动应用开发工程师等岗位。

表1-3 计算机应用技术专业主要面向职业岗位

主要职业岗位	职业岗位描述
1.系统集成工程师	1.系统集成项目的设计与规划，及实施方案的拟订 2.系统集成项目的组织管理与项目实施 3.产品性能、运维系统的优化和改进 4.发现产品问题，提出优秀的解决方案 5.解决集成技术难题，调查与挖掘客户需求，提出有针对性的解决方案 6.制订编写投标文档、项目方案书、行业技术文档 7.参与招投标与施工过程中组织与技术工作
2.技术支持工程师	1.对客户提供技术支持、服务 2.作为技术人员对客户进行产品的操作使用培训 3.进行现场的系统安装、调试及维护，指导并排除可能产生的系统故障 4.收集相关系统产品的问题，结合客户的实际情况撰写技术文档 5.实现增值服务产品的推广工作
3.产品运营/推广工程师	1.熟悉产品运营及推广 2.制订运营、推广及销售策略 3.具备一定编程基础
4.移动应用开发工程师	1.Android程序的整体构架设计和实施 2.参与现有应用的维护和定制开发 3.从事Android平台下的应用软件开发工作 4.设计并实现Android应用层的各种新功能和客户需求，完成对应的模块设计，编码及调试工作 5.Android应用层软件的开发和维护

（2）软件类、工程类及技术支持类的企业职业岗位和能力要求如表1-4所示。

表1-4 企业职业岗位和能力要求（软件类、工程类及技术支持类）

序号	岗位	学历要求	典型工作任务	主要岗位能力要求	职业标准
1	软件开发工程师	高职/本科	1.RFID相关应用软件、信息管理类软件的设计、研发、维护、安装实施 2.数据库管理及应用开发 3. 根据要求进行软件概要设计、详细设计、编码、单元测试工作及说明文档的编写	1.熟悉软件开发流程、设计模式、体系结构 2.能独立解决技术问题，有较强的创新意识 3.熟练掌握B/S架构、WebService及J2EE相关技术，熟悉UML及RationalRose，具有大型应用系统建模的实际经验 4.对Oracle等主流数据库系统有较深的理解	软件开发人员职业标准

序号	岗位	学历要求	典型工作任务	主要岗位能力要求	职业标准
2	Java软件工程师	高职/本科	1.根据项目需求完成项目的设计方案，并按照设计方案和规范进行编码开发 2.成项目的代码设计、调试并解决研发过程中遇到的问题 3.能够独立完成开发和模块自测试的工作	1.熟悉B/S项目客户端技术，包括HTML、CSS、JavaScript、Ajax等技术 2.熟悉Struts2，Hibernate，Spring等框架技术 3.熟悉MySQL、SQLServer关系型数据库的配置与部署技术 4.能够熟练使用SQL语言，能够根据需求进行数据库建模 5.能够独立开发业务模块，有一定的系统分析能力，对UML、设计模式有一定的了解，喜欢对代码进行持续重构	软件开发人员职业标准
3	数据库系统管理工程师	中职/高职	1.基础设施管理 2.操作系统管理 3.应用系统管理 4.用户服务与管理 5、安全保密管理 6.信息存储备份管理 7.机房管理 8.其他管理	1.网络系统管理员主要负责整个网络的网络设备和服务器系统的设计、安装、配置、管理和维护工作，为内部网的安全运行提供技术保障 2.服务器是网络应用系统的核心，由系统管理员专门负责管理信息系统管理员则负责具体信息系统日常管理和维护，具有信息系统的最高管理权限	计算机网络技术人员职业标准
4	智能家居产品设计师	高职	1.负责公司及品牌的视觉形象设计 2.负责产品的外观包装设计 3.了解客户需求，负责对宣传物料设计 4.负责媒体广告、展览展示	1.了解和熟悉装饰装修行业，熟练应用建筑CAD软件 2.熟悉建材产品营销及营销操作流程	智能产品设计人员职业标准
5	物联网系统架构师	高职/本科	1.负责具体物联网产品或项目的方案设计、架构设计及功能模块设计，并带领团队完成产品设计和研发 2.客户需求调研 3.带领团队开展物联网领域的前沿技术研究 4.编写相应的设计报告、技术标准和技术文档 5.配合项目负责人完成项目任务分配和管理 6.指导、解决项目实施过程中遇到的技术问题	1.了解C/S与B/S的开发，掌握HTML、Javascript、CSS、WCF、AJAX 2.熟练掌握MySql、SQLServer、Oracle中至少一种数据库 3.掌握常用的建模工具和软件设计工具，了解常用软件设计方法、开发流程和系统架构 4.精通物联网技术原理，熟悉物联网相关技术趋势 5.深入了解互联网发展历程和基本原理，熟悉web2.0、SOA、DNS等的基本原理，熟悉互联网协议体系 6.具有对系统的总体方案设计能力，较强的方案设计与编写能力	物联网技术人员、通信技术人员、嵌入、式系统技术人员等职业标准

序号	岗位	学历要求	典型工作任务	主要岗位能力要求	职业标准
6	智能化系统集成工程师	高职/本科	1.为客户提供建筑智能化、专业音视频技术解决方案，对客户进行技术指导，以及进行设备调试 2.参与建筑智能化及专业音视频系统集成项目，进行项目实施或参与项目管理 3.负责对智能化工程项目的技术支持，参与编制智能化系统投标方案文件 4.负责完成智能化子系统的系统搭建、清单配置和设计方案描述	1.熟悉智能化工程的各个子系统的构成及相应主流厂商产品； 2.熟悉和理解智能化工程设计标准和规范； 3.能熟练使用AutoCAD等绘图软件完成施工图等图纸的设计，能熟练使用办公软件	智能化系统集成职业标准

3.企业对人力资源的主要关切要素

中小型企业对招聘员的知识能力和专业素质均有一定的要求，大多数新招聘进来的员工都需要经过1～3个月的培训，普遍关注员工完成工作的效率与质量、技能水平与职业素质、性格。

1）企业对员工素质关注度情况统计

调查结果表明，企业对员工的基本素质关注比技术能力的关注相对要高。对在职正式员工“专业水平、吃苦耐劳、踏实诚信”等方面的要求较多。如图1-10所示。

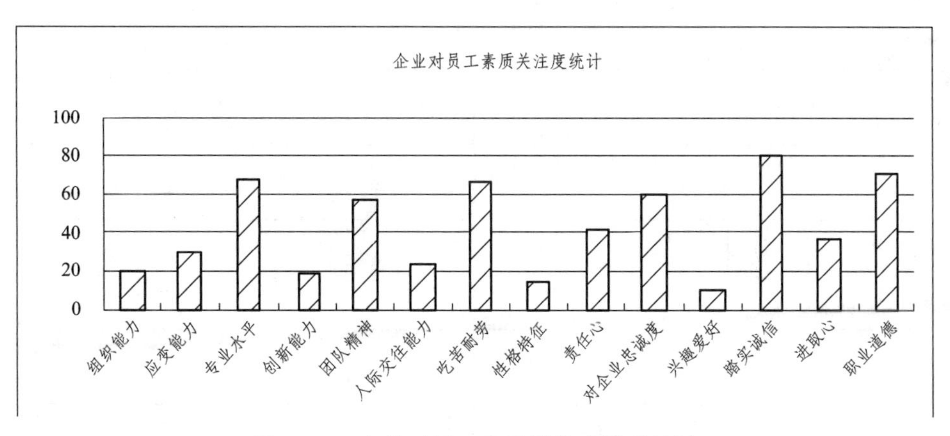

图1-10　企业对员工素质关注度情况统计

2）试点企业对学徒素质关注度情况统计

如图1-11所示的统计结果表明，对于学徒素质关注度，“吃苦耐劳、专业基础能力”则放在重要位置。

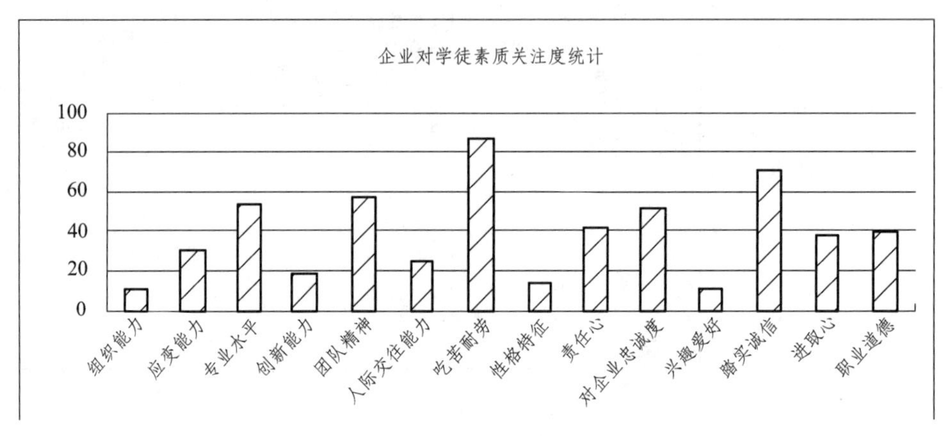

图1-11　企业对学徒素质关注度统计

1.6.3　职业资格和行业规范要求情况

目前中高职院校都要求毕业生获取职业资格证书，但对该职业资格证书的认证内容、认证级别并没有统一的要求，同时，企业在招聘毕业生时，对本行业的资格证书认可度相对较高。如图1-5所示。

表1-5　就业岗位与资格/等级证书

证书类别名称	发证机关	考核内容	适用岗位	企业认可度	阶段要求
系统集成师	人社部	系统集成	系统集成	高	中、高职，分为员级到师级
物联网应用操作	人社部	物联网应用系统	系统集成	高	中高职，分为员级到高级
计算机技术与软件专业技术资格考试	人社部/工信部	软件设计、系统集成	系统集成	较高	中高职，分为员级到高级
企业认证网络工程师	思科/华为/锐捷等公司	网络技术	互联技术	高	高职
Java软件设计师	Sun企业认证	Sun的SCJP证书	软件开发智能产品	较高	高职

目前，智慧广东联盟以及广东省物联网协会，正在制订和推行物联网行业相关标准，以及相应的职业资格标准和技能证书。其中包括系统集成类的有数字家庭集成员、数字家庭系统集成师、智能家居产品设计师等，物联网行业标准也在进一步规范发展中。

1.6.4　职业院校课程设置情况

1.中高职院校人才培养目标与规格比较

通过对相关中高职院校人才培养方案的收集对比，归纳出中高职计算机应用技术专业（含现代学徒制试点）人才培养目标、人才规格的要求，如表1-6所示。

表1-6　中高职计算机应用技术专业人才培养目标与规格比较

定位	高职（非学徒制专业）	高职（现代学徒制计算机应用专业（2年））	中职
培养目标	培养德、智、体、美全面发展，具有良好的职业生涯发展基础，具有计算机软硬件基础、数据库与程序设计、嵌入式系统与物联网应用等方面的知识，具有计算机及嵌入式设备的售前与售后技术支持、网站及数据库的管理与维护、应用软件及移动智能应用的设计与实现、嵌入式与物联网工程应用等方面的能力，从事计算机系统应用、数据库管理与维护、动态网站开发、移动智能互联应用等岗位工作的高素质技术技能人才	培养德、智、体、美等全面发展，具有一定科学文化基础知识，熟练掌握数字家庭产业中小微型企业“弱电系统集成应用工程师”岗位必备知识和专业技能，能从事数字家庭行业弱电设备安装、调试与维护，弱电系统综合布线与施工管理，弱电系统工程项目规划与管理，智能化系统编程与调试等工作，具有一定的创新、创业能力及职业生涯发展能力，具备健全人格的高素质技术技能型人才	培养拥护党的基本路线，德、智、体、美等全面发展，掌握计算机应用专业必备知识，具备计算机操作维护、计算机软件开发、计算机软件测试等专业能力，具有较强的创新能力，服务于软件和信息技术服务业等行业的生产和管理第一线的高素质技能应用型人才
素质结构	1.具有科学的世界观、人生观、价值观、践行社会主义荣辱观	1.具有爱岗敬业、求实创新、团结合作的品质	1.本专业必须的文化素质
	2.具有爱国主义精神、有责任心和社会责任感	2.具有持续学习和终身学习的意识和能力	2.本专业必须的基本技能素质
	3.具有法律意识	3.具有一定的创新意识、创新精神及创新能力	3.钻研精神、创新精神

定位	高职（非学徒制专业）	高职（现代学徒制计算机应用专业（2年））	中职
素质结构	4.具有持续学习和终身学习的意识和能力	4.具备良好的沟通交流能力和一定的组织协调能力	4.长远的眼光和开放的心态
	5.具有一定的创新意识、创新精神及创新能力	5.具备良好的职业道德观和职业操守	5.自学能力
	6.具备良好的沟通交流能力和一定的组织协调能力	6.具有较强的组织观念和集体意识，具有自我保护和安全意识	6.具有本专业必须的职业道德素质
	7.具备良好的职业道德观和职业操守	7.具有健康的身体素质和良好的心理调适能力	7.团队合作精神
	8.具有较强的组织观念和集体意识，具有自我保护和安全意识		
	9.具有健康的身体素质和良好的心理调适能力		
能力结构	1.具有计算机系统应用和软硬件常见故障的处理能力	1.具有一定的技术设计、归纳、整理、分析、写作、沟通交流的能力	1.良好的编码能力
	2.具有计算机网络配置、使用与维护能力	2.熟悉物联网系统应用技术的软硬件配置	2.认识和运用数据库的能力
	3.具有使用程序设计语言进行程序设计及编写的能力	3.具备智能化系统工程设计能力	3.必需的英语阅读和写作能力
	4.具有数据库配置与管理、使用SQL语言进行编程的能力	4.具有初步的物联网系统应用开发能力	4.具有软件工程的概念及应用能力
	5.具有动态网站设计、应用，构建简单网站及维护的能力	5.具有嵌入式系统应用、物联网应用的开发能力	5.求知欲和进取心
	6.具有嵌入式系统应用、物联网应用的开发能力	6.具有基于安卓平台的嵌入式设备编程及应用能力	6.社交沟通能力
	7.具有基于安卓平台的嵌入式设备编程及应用能力	7.具备智能化系统设备安装调试、设备运行维护、系统日常管理及产品营销、技术服务的能力	
	8.具备常用办公软件、工具软件的使用能力，利用AutoCAD绘制电子电工线路图的能力		
	9.阅读并正确理解简单的需求分析报告和项目建设方案的能力		
	10.通过系统帮助、网络搜索、专业书籍等途径获取专业技术帮助的能力		

定位	高职（非学徒制专业）	高职（现代学徒制计算机应用专业（2年））	中职
知识结构	1.掌握计算机软硬件基础知识	1.掌握计算机软硬件基础知识	1.计算机应用基础知识
	2.掌握数据库基本原理及开发设计知识	2.具有计算机应用技术、计算机网络技术、无线通信技术基础知识	2.计算机网络维护基础知识
	3.掌握相应程序设计语言，C、C++、Java、汇编	3.具有数字家庭系统集成技术的基础理论和基本知识	3.计算机组装维护基础知识
	4.掌握嵌入式及物联网开发的基本工作流程及规范	4.应用程序设计C语言	4.程序设计基础知识
	5.掌握计算机网络配置与维护的基本知识	5.具有工程绘图（AutoCAD）基础知识	5.网页制作基础知识
	6.具备计算机网络安全的基本知识	6.具有电工电子技术基础知识	6.图像图像处理基础知识
	7.掌握移动智能应用开发基本知识和开发流程	7.掌握移动智能应用开发基本知识和开发流程	7.数据库基础知识
	8.掌握网络工程质量管理、测试与验收基本知识	8.掌握智能化系统工程质量管理、测试与验收基本知识	8.网站开发基础知识
	9.计算机物联网相关领域的新知识、新技术	9.计算机物联网相关领域的新知识、新技术	

2.现代学徒制与非学徒制专业课程设置、教学组织、教学团队、考核评价等的比较

系统集成学徒制在培养学徒时，一般通过典型工作任务布置、任务讲解、任务锻炼、和任务提升这四个步骤进行。

表1-7　现代学徒制专业与学徒制培养过程比较

<table>
<tr><th>类别</th><th colspan="2">课程设置</th><th>教学组织</th><th>教学团队</th><th>学籍管理</th><th>考核评价</th></tr>
<tr><td rowspan="4">现代学徒制专业</td><td rowspan="4">学徒岗位课程</td><td>职业素质养成情况</td><td>学校课程学习</td><td rowspan="4">校企双导师
校内老师主要完成学徒基础知识与技能训练，企业导师完成学徒岗位课程带徒，这二者之间有合作有分工</td><td rowspan="4">形式多种：弹性学制学分银行学年学分制</td><td rowspan="4">双导师评价机制，以过程性评价为主</td></tr>
<tr><td>专业技术技能基础课程模块</td><td>企业项目学习</td></tr>
<tr><td>岗位（群）技术技能模块</td><td>岗位学徒</td></tr>
<tr><td>学徒职业发展需求课程模块</td><td>顶岗学习</td></tr>
<tr><td rowspan="4">非现代学徒制专业</td><td rowspan="4">传统课程模式</td><td>公共基础课</td><td>课堂教学</td><td>专业教师</td><td rowspan="4">学年学分制或课程学分制</td><td rowspan="4">课程考核模式</td></tr>
<tr><td>专业技能课</td><td>实训实习</td><td>专任老师</td></tr>
<tr><td>专业拓展课程</td><td>项目实践</td><td>兼职教师+专业老师</td></tr>
<tr><td>其他</td><td>顶岗实习</td><td>企业师傅</td></tr>
</table>

学徒在学校的学习分为三大阶段，第一阶段，是基础教育和基础专业课程的培养，第二阶段是非生产性任务的培养，第三阶段是生产性任务的培养。

非生产性任务，主要是对目前系统集成的主流技术，进行实操锻炼，在任务下达的过程中，对学生不懂的知识点进行讲解，以达到即学即用的目的。同时帮助学生建立系统集成的知识体系，为日后学生在学习和工作中遇到的问题能尽快地找到学习的方向和目标。

对于高职学生，因为培养的目标是具有系统性的综合管理人才，因此在这个阶段，要对高职学生进行系统性和抽象思维能力的培养，为下一阶段生产性任务的锻炼打下基础。

生产性任务是学徒最重要的阶段。在这个阶段，学徒作为培训生，参加到企业的生产性任务的工作当中，企业安排师傅对学生布置任务，并监督学生完成。在任务下达之前，根据学生的实际能力，进行企业预培训，让学生更好更快地掌握企业所需要的技能，学生在前期的非生产性任务的基础上进一步提升，更好更快地融入到企业的生产中去。学徒在企业中的学习最大的特点是先做事，再做人，最后才是学习。成长的快慢在于学生的工作态度。获得了企业的认同之后，才能获得企业的资源，才能尽快获得在企业各个岗位上锻炼的机会。第三阶段结束后，企业和学徒双方在自愿的前提下，学徒不需要经过实习期，毕业后就马上能成为企业的正式员工。

在学徒岗位课程中，学员将参与设计并完成真实项目，在实践过程中，学员将接触客户需求分析、系统设计、系统调试、系统维护全工作流程，感受企业工作流程和规范，最终达到培养出具备现场工程经验、复合型系统集成应用人才的目标。

校外实践课程实施分为两个大的阶段：项目实践、企业实习（包括企业内岗位轮训）。前期通过接触企业、完成企业小课题的实践，结合项目所需要的知识点的学习，较快地掌握项目设计必备的知识和技能；后期通过企业实习，结合职业素质养成的课程，通过递进式的学徒岗位训练，使其具备更高的职业素养。

通过比较分析得出，中职计算机应用技术专业培养初、中级技能型人才，而高职计算机应用技术专业则培养高端技能型人才，要求有更宽厚的专业理论基础、岗位适应能力、知识迁移能力。特别的，基于现代学徒制的计算机应用技术（二年）偏重于系统集成能力、职业素养等。

1.6.5　讨论与分析

1.计算机应用技术专业适用行业与目标岗位

计算机应用技术专业行业中职业的变化和更替是较为频繁的，毕业生就业岗位分布和岗位层次更宽泛，其目标岗位主要有：系统集成类（系统调试、综合布线、智能化系统集成，设计施工、BAS工程师）、技术支持类（售后售前技术支持工程师、客户专员、项目助理、软/硬件技术支持）、产品运维（安装工程师、现场技术员、销售代表、商务助理）、移动应用（助理研发工程师、产品研发工程师、软件开发、高级程序员、Android应用开发）等，同时，岗位职责交叉程度较高。

2.企业对计算机应用技术类专业人才能力需求

（1）基本素质需求：学生要有良好的基本素质，主要表现在有良好的思想品德、能吃苦、任劳任怨、虚心学习、对人有礼貌，有较强的语言文字表达能力。

（2）专业技术知识：学生要有扎实的专业基础、精通一到两门最新的应用技术和程序开发软件，能较快地进入角色。

（3）专业技术素养：学生要有良好的技术素质，主要表现在有良好的理解力，通过快速学习掌握新的技术，有较强的自学能力，接受新知识要快，有强烈的团队意识、合作意识。

（4）90%以上的企业员工认为：公司有众多工作岗位，中职（高职）学生都可以胜任。

（5）大部分企业管理层的经理认为：学历不完全代表能力。只要能力强，学历并非必选项。

3.计算机应用技术相关企业发展趋势及人才需求

由于计算机技术的应用已渗透到社会的各个领域，因此，该专业的毕业生具有较广的就业范围，尤其是系统集成作为一种新兴的服务方式，是近年来国际信息服务业中发展势头最猛的一个行业。根据预测，未来3年中国系统集成服务市场将以17.40%的年均复合增长率增长。

这就对系统集成技术人员提出了很高的要求：不仅要精通各个厂商的产品和技术，能够提出系统模式和技术解决方案，更要对用户的业务模式、组织结构等有较好的理解。同时还要能够运用现代工程学和项目管理的方式，对信息系统各个流程进行统一的进程和质量控制，并提供完善的服务。通过企业调研，目前最为紧缺的计算机应用技术（系统集成）人才，不是高精尖人才，而是应用和服务人才。适合中、高职毕业生的就业岗位主要有技术研发、产品研制、应用开发、产品测试、应用系统的实施与维护、物联网技术营销、物联网应用推广等。

4.计算机应用技术专业（现代学徒制）目前发展状况

（1）现代学徒制作为一种新的职业教育制度，越来越受到高职院校和企业的重视。近4年来，19所试点高职院校共有51个专业与先进制造业、现代服务业等领域的企业展开合作开展现代学徒制试点，3000多名学生（徒）在此模式下学习、成长。其中有7所高职院校计算机应用技术（包含网络技术、信息技术、通信、软件等）专业约385名学徒开展现代学徒制试点培训。

（2）当前主流的现代学徒制专业课程体系构建的基本单位是课程，组织结构单位是课和模块。现代学徒制课程体系分为4个模块：职业素质养成模块、专业技术技能基础课程模块、岗位（群）技术技能课程模块和学徒个人职业发展需求课程模块。

5.目前存在的问题

1）高职计算机应用技术毕业生存在的主要问题

从调研情况看，高职计算机应用技术人才的培养工作距用人单位的要求尚有一定的差距，主要存在以下问题：一是价值取向和对职业生涯的规划不成熟。调研结果显示智慧广东中小企业对生产一线（生产线技术员、领班、生产主管）需求总量占比约为%，但毕业生绝大部分不愿意从事该类岗位工作。二是专业综合能力不足，缺乏基本分析抽象问题的能力和独立解决问题的能力，责任心和纪律性不强。

2）企业合作积极性不高，制约了校企合作的发展

企业的四大顾虑：一是担心违反劳动法，二是可能造成经营损失，三是付出的培训成本太高，四是付出没有回报或者回报很少。

3）政府扶持政策没有落实到位，削弱了院校和企业的热情

目前，学校学徒招收与教育培训及企业用工相关的政策法规不齐全，增加了高职院校与各方沟通协调的难度，同时，也增加了企业的风险，因而也削弱了院校与企业推行学徒培养的热情。所以政府的参与对现代学徒制试点

工作的成功开展起着举足轻重的作用。

4）职业院校师资力量不足，阻碍了技能培养的实施

由于我国职业教育发展的局限，职业教育的师资力量不足，缺乏双师素质的专业的教师队伍，尤其对于从事技术更新快的IT行业的专业教师，因为专业教学任务重而缺少到企业实践的机会和时间。2014年全省民办高职院校专业课专任教师“双师型”教师比例仅为36.1%。根据问卷调查的结果，受访教师具有相关企业从业经验的占61.22%，38.78%的受访教师表示无相关企业工作经验。

5）基于工作过程的专业课程体系与教学内容的构建存在缺陷

目前现代学徒制专业教学标准基本是在原有人才培养方案增加相应企业岗位课程或者教学场所等内容后改造而成的，专业课程体系与教学内容尚未完全摆脱传统学科体系的束缚，教师在教学设计时仍是以知识的系统性作为教学内容的逻辑主线，岗位工作任务不能有机地融入课程内容，这虽然强调了“高等性”，却又弱化了“职业性”。此外，按照岗位工作任务选择课程教学内容，基于岗位工作流程组织教学，缺乏以能力培养为逻辑主线的系统学习和训练，这显然也是强调了“职业性”却弱化了“高等性”。这均不能满足高技能人才培养的目标定位。

6）教学组织和管理模式

现行学校教学组织模式和管理体制的相对滞后，从调研结果看，有近六成是采用“专项项目”方式来推进和组织实施现代学徒制专业试点的，是在摸索中前进的。

7）企业老师评估

专兼结合教学团队的建设过程中，由于企业运作是独立的，学校对企业老师的任职资历、职责要求、考核评价模糊，权利与责任参与程度不够，约有九成的企业老师完全是由企业直接确定的，学校方并不介入或者难以友好介入。

8）心理因素

学生对校园文化的渴望是阻碍学生到企业完成岗位课程的心理情结，同时，担任学徒期间学生对企业给予的待遇与期望值之间有差距，也增加了对学生的管理难度。

9）中高职教育仍然没有摆脱以课堂教学为中心的教学模式

调查发现，以课堂为中心的教学模式仍然是目前中高职教育要解决的“老大难”问题，教师过多地采用单向式的讲授法，缺乏师生之间的互动，有必要继续倡导和开展以学生为中心的教学方法的改革。

1.7　数字家庭应用型人才培养思路与建议

1.7.1　培养思路

1.改进校企合作方式，拓宽应用型人才的发展途径

一方面，强调职业教育就是就业教育，以培养应用型人才为主，办学目标以能力为本位、以服务为宗旨、以就业为导向，面向市场，面向社会。

另一方面，使中职教育和高职教育在中国教育体系中有较大的开放性，建立“立交桥”。职业教育与普通教育虽然培养目标不同，但是保持必要的流通性是有益的，有利于培养复合型人才，有利于人们选择更适合的教育。

既不能将中职教育和高职教育办成终极性的教育，也不可以将职业教育引入“学历教育”或“应试教育”的轨道。无论是哪一类教育或是哪一级教育，都应该是开放性的，从而给人才的流动和发展以较大的空间。应用型人才的发展途径畅通，无疑将有利于职业教育的发展和应用型人才的培养。

2.改革人才培养模式，完善培养应用型人才的机制

其一，推行校企合作、工学结合、半工半读的人才培养模式，实行弹性学习制度。职业院校不断深化教育教学改革，实行“2+1”“1+2”“1+1+1”等多种模式，推动订单培养。与企业紧密联系，加强学生的生产实习和社会实践，改革以学校和课堂为中心的传统人才培养模式。建立企业接收职业院校学生实习的制度。逐步建立和完善半工半读制度，在部分职业院校中开展学生通过半工半读实现免费接受职业教育的试点工作，取得经验后逐步推广。其二，坚持以理论知识学习与实践训练相结合的培养模式来进行培养。切实加强实践教学，注重学生的职业技能培养，努力提高学生的综合职业能力。其三，坚持学历教育和职业资格培训并举，推行应用型人才“双证”就业机制。

3.改善教学模式，研制应用型人才教学标准

对于人才培养探索，大多数研究者往往重视人才培养模式和课程体系的

研究，而忽视了教学模式的探索。事实上，教学模式是人才培养模式的延续，是人才培养具体落实的环节。教学模式的研制，有助于人才培养的规范化和标准化，是人才培养质量的保证。探索和改善现有教学模式，从而研制出应用型人才教学标准，为人才培养和教学实施制定规范，避免实施过程走样。

4.改良课程体系，完善基于工作过程的应用型人才课程设置

数字家庭产业是新兴产业，目前没有对应的专业来实现人才培养，因此数字家庭应用型人才培养必须改革课程体系，针对用人企业人才需求和岗位要求制订教学内容。同时基于用人企业的工作岗位及工作过程完善人才培养的课程设置。

5.改进实践教学，构建满足应用型人才的培养氛围和实践环境

实践教学是应用型人才技能培养的重要环节，其中实践场所和实践条件的建设对构建应用型人才的培养氛围和实践环境非常重要。同时要清楚如何发挥校企双方在教学、技术方面的优势融合，共同构建师资队伍，实现对学生技能的有效培养，使学生学有所成，学有所用。

1.7.2 培养建议

根据对数字家庭产业发展现状的分析，以及目前职业院校的教学现状，特别是数字家庭人才培养存在的问题，提出如下建议和对策。

（1）构建“学校—基地—企业”有机合作平台，实现学生、学校、企业的自觉约定。现代学徒制是对传统学徒制和学校教育制度的重新组合，其主要特征是学生和学徒身份相互交替。表现为：一是招工即招生，首先解决学生的员工身份问题。二是校企共同负责培养，校企共同制订培养方案，共同实施人才培养，各司其职，各负其责，各专所长，分工合作，从而共同完成对学生（员工）的培养。学校和企业是两种不同的教育环境和教育资源，实施现代学徒制，需要探索校企合作新模式，突破体制与机制上的瓶颈，使校企合作纵向发展。

（2）采用基于工作过程的方法构建学习载体，实现课程体系的重构、课程内容的重组。

（3）推行工学结合方式，变革教学组织和管理模式，真正实现“工”

与“学”的有机结合，达到工作即学习，在学习中工作。要依据培养过程中学生发展的共性和个性需求选择教学组织方式，实行校企共同参与的“柔性化”的教学管理模式，校企共同实施课程管理、共同评价课程实施效果和评估高技能人才培养绩效，为现代学徒制培养高技能人才提供管理上的支撑。

（4）集聚和明晰教学团队的目标，构建师傅准入制度和学校老师下企业的机制，促进专兼结合教学团队的协作和互补。

（5）坚持可持续发展的价值取向，采取针对性与发展性相协同的学习评价模式，实现“人”的培养。在现代学徒制的制度框架下，学生对于产业文化、行业文化、企业文化的领悟能力，对职业规范的理解，对职业风范的把握，以及创新创业意识的激发，都将有其独特优势。建立以目标考核和发展性评价为核心的学习评价机制，促进学生成长、成才。

（6）联合骨干企业（企业联盟）和相关中高职院校建立职教联盟或职教集团。职教联盟的建立保证了校企之间的沟通渠道，专业发展以企业的用人需求为标准。在企业的参与下，通过开展基于岗位的职业能力分析，制订专业人才培养标准，实现专业人才培养标准和人才市场需求的对接。在人才培养过程，调研企业的生产周期，利用企业生产的空闲期，完成教学任务。

（7）在遵循国家的有关政策和规定下，在招生政策、专业建设经费、专兼职师资建设、工作报酬等方面制订相应的激励政策。

（8）通过专业教学标准的制订，推动政府加快制定相关政策，特别是税收优惠政策、企业人力资源保障等，鼓励支持和调动企业参与职业教育的积极性。

2 校企合作方式和人才培养模式探索

本章引言

依据高职生源特点进行分析，提出了数字家庭应用型人才培养的对策和途径，并对校企合作方式进行探索。提出了“1对1”“1对N”、“N对N”“N+对N+”的校企合作方式，为数字家庭产业人才培养提供校企合作方式的参考和借鉴。同时针对国家数字家庭应用示范产业基地企业规模及人才需求情况，分别对订单班、现代学徒制、中高职衔接的人才培养模式进行探索和分析。

内容提要

2.1 数字家庭应用型人才培养途径；
2.2 校企合作方式探索与实践；
2.3 人才培养模式探索与实践。

2.1 数字家庭应用型人才培养途径

与普通高等教育不同，随着国家职业教育的发展，高等职业院校的招生形式日趋多元化，高职生源的结构和层次也趋向多样化。因此在探索数字家庭应用型人才的培养方式和途径之前，有必要对高职生源的结构、特点等方面进行分析，以便有针对性地实施人才培养。

2.1.1 高职生源的特点与培养思路

1.高职生源结构

为了职业教育的持续健康发展，形成技能型人才的系统培养体系，以体现终身教育理念，随着国家对职业教育的推进和发展，高职招生方式和招生对象呈现多元化、多样化的趋势。高职院校的生源不再局限于参加全国统招高考的普通高中应届毕业生。目前高职院校已经覆盖统一高考、3+证书、自主招生、中高职衔接等多种招生方式。招生对象涵盖了普通高中、职高、中职、中专等生源，往往一个高职院校同一专业已出现了多个生源班级并存甚至混合生源一起培养的现象。目前高职院校生源结构主要有以下几类

1）普高生源

普高生源是指参加全国统一高考的普通高中应届毕业生。这类生源一般是通过全国“统考统招”高考考试所录取的普高生。相对于其他高职生源，这类生源的特点是思想较为活跃，灵活好动，有一定创新意识，经过三年普通高中学习和高考前的系统复习，有一定的理论知识基础和学习方法，但相对于考上一本和二本的普高生，他们的自控能力相对较差，同时存在着对专业认知不高、学习动力不足、竞争意识不强、目标意识不清、视野不够开阔等问题。

2）3+证书生源

“3+证书”指“高等院校高职班招收中等职业学校毕业生”招生考试，简称“3+证书”高考。招生对象包含中职、中专、职高应届毕业生。参加“3+证书”高考的考生总分成绩由语文、数学、英语等三科考试成绩组成，并将“专业技能课程证书”作为考生录取的条件之一。相对于普高生源，这

类生源对专业有些了解，动手能力较强，经过选拔考试，具有一定理论文化知识，同时因为具有专业技能资格证书，这类学生拥有一定的专业技能，具备一定的技能水平。

3）自主招生生源

自主招生分为单独招生和对口招生。单独招生是国家授权高职院校独立组织考试录取的一种方式，于高考前完成录取。单独招生对象主要是普通高中毕业生，也可试点招收部分中职毕业生。对口招生是指高职院校自主招收中等职业技术学校对口专业学生的招收方式，招生对象可以是中职院校对口专业应届毕业生和中职学校相关专业毕业、有两年以上实践经验的社会人员。由此可见，自主招生生源比较复杂，包含应届高中毕业生，中技、中职、中专学校毕业生，以及企业有工作实践经验的社会人员，他们的理论知识基础和技能水平参差不齐，个性突出，但总体文化基础较差，学习自控能力较差，没有养成良好的学习习惯。

4）中高职三二分段生源

“中高职三二分段”指在中职学校和高职院校选取对应专业，联合制订中职学段（三年）和高职学段（二年）一体化的人才培养方案，分段开展教学活动。学生经过三年中职学段学习，期间通过转段考试，在取得中等职业教育毕业学历证书后再进入高职学段学习。该类生源的特点是针对对口高职专业进行“定制”，因此专业认知和认同感强，技能培养目标明确，生源的专业技能培养不但对口而且水平较强。此外，因为需要转段考试，因此相对比其他中职生源，三二分段生源的文化知识有所提高。

2.高职生源分析

我们对高职的四类生源在文化知识、专业认知、技能水平、自控能力、自学能力、学习动力、竞争意识、创新能力、学习习惯等方面进行了比较，得到了如表2-1所示的结果。

表2-1　高职四类生源的比较

序号	比较项目	普通高中	3+证书	自主招生	三二分段
1	文化知识	较好	较好	较差	一般
2	专业认知	较差	一般	一般	较好
3	技能水平	较差	较好	一般	较好
4	自控能力	较差	较差	较差	较差
5	自学能力	较差	较差	较差	较差

序号	比较项目	普通高中	3+证书	自主招生	三二分段
6	学习动力	一般	较差	较差	较差
7	竞争意识	较强	一般	较差	较差
8	创新能力	较好	一般	较好	一般
9	学习习惯	较好	一般	较差	较差

从表中可以看出，普高生源的文化知识相对其他生源，知识基础较为扎实。而从专业认知方面来看，三二分段生源对专业的认知度较高。从技能水平上看，中职生源明显优于普高学生。而从自控能力、自学能力、学习动力上看，四类生源均表现不好。在竞争意识、创新能力和学习习惯上，普高生源表现得比其他生源好。

3.高职生源特点

从上述分析可以知道，高职生源具有以下一些特点。

1）生源结构呈现多样性和多层次性

高职生源由于来源不一（来自于普通高中、中职、中技、中专、职高等院校），因此生源呈现多样性。此外，生源层次不一样，这主要体现在文化知识和技能水平上。在文化知识方面，普通高中生源相对扎实，而在技能水平上，中职、中技生源技能水平明显较好。因此，生源呈现了多层次性。

2）文化知识基础差，理论知识薄弱

相比高校一本、二本生源，无论是普高生源还是中职、中专等其他生源，他们的语文、数学、英语等文化知识基础都比较差。在学习上，这往往体现出对老师讲述的知识和对技术的描述难以理解。另外，高职生源普遍英语基础差，常常对新技术和新理论的英文资料存有畏惧心理。由于理论知识薄弱，学生还时常有意无意的逃避理论知识学习。

3）对教师依赖性强，独立思考、解决问题的能力弱

由于受传统以讲授为主的教学影响，学生对老师教学仍然具有相当的依赖性，老师不教的内容，学生往往不会去主动学习。因此其主动学习和解决问题的能力比较弱，经常需要老师进行指导和讲解，这一点在刚刚入学的新生身上表现得尤为突出。

4）个性突出，但自制力较差

虽然高职生源的学习基础不牢，但是学生个体个性突出，喜好参与各类社团活动，容易使自身用于学习的时间不足。同时学生自制力比较差，不懂得如何合理安排好时间，这导致学生没有课余时间参与学习，课后练习和训

练往往敷衍了事。

5）缺乏学习热情，厌学现象较为普遍

由于高职生源基础薄弱、依赖性强、自制力差，因此在学习过程中容易出现学习脱节的现象，常常对老师讲授的内容因为不理解而导致学习热情锐减，甚至缺乏学习的兴趣和热情。随着课程内容的深入，学生厌学现象较为普遍。

6）专业认知不高，缺乏对企业岗位和工作内容的了解

高职生源毕竟年轻，并且受到学识、经验、社会经历等限制，普遍对专业认知不高，缺乏对企业需求、工作过程、职业岗位等方面的了解，因此对于专业的学习、技能的培养、以及实践经验的获取往往没有清楚的认识，不懂得如何将这些方面的内容与自身兴趣特长结合起来，规划好自己的职业发展路径。

4.培养思路

针对高职生源的上述特点可以知道，高职生源的教育和培养方式不能采用传统的本科教育教学方式，而应该根据产业需求和高端技能型人才培养的要求，创新人才培养模式。据此，我们提出了以下的培养思路。

1）树立正确的培养目标

高职院校培养的是技能型人才，人才培养不同于本科高校，其人才培养要以就业为导向，走产学结合发展的道路，以服务地方产业为宗旨，为地方企业培养高端的技能型人才。而对于技能型人才的培养，应注重对扎实的专业能力、良好的职业核心能力和职业基本素质的培养。由此可知，高职生源与本科生源不同，它的培养模式要以技能培养和职业发展作为重要的培养目标。对高职生源的培养应该结合专业发展和产业需求，围绕高端技能型人才培养，确定正确的培养目标和定位。

2）实施校企合作联合培养人才

要实施技能型人才培养，单靠学校本身是难以完成的，必须建立紧密的校企合作，制订共同育人的有效机制，创新人才培养模式。通过校企合作联合培养，共同制订人才培养方案，共同参与教学资源、教学团队、实训条件、管理机制等方面的建设工作，共同实施人才培养的教学和实践，共同评估教学质量并持续改进，共同推荐就业。并根据合作企业的用人岗位需求和生源特点，有针对性地实现企业岗位职业技能的培养，并制订行之有效的人才培养方案。

3）改革教学内容和课程设置

在人才培养方案的制订里，改革的核心是教学内容和课程的设置。高职人才培养要为产业服务，因此要结合用人岗位、职业标准、行业规范及生产过程来制订教学内容和设置专业课程。通过企业岗位职业能力分析，归纳提炼岗位的典型工作任务，确定岗位对人才能力、知识和素质的要求，归纳整合典型工作任务形成学习行动领域，构建基于工作过程系统化的课程体系，在强化专业能力的基础上，把职业核心能力和职业基本素质贯穿始终。

4）改进教学模式和制订教学标准

教学活动是培养学生知识技能的主要学习形式，也是培养学生职业核心能力和职业基本素质的核心环节。在职业教育中，教学活动更贴近今后的工作内容、工作流程，技能培养的效果就会更明显。同时考虑到生源的特点，以及校企师资融合的问题，应对现有教学模式进行改进，探索更适合高职生源的教学方法、教学手段、教学组织以及教学管理方式，以形成有针对性的教学模式和教学标准，为学校专任教师和企业兼职老师提供有效的课堂教学指引。

5）重视技能培养，改革实践教学

高职教育要重视技能的培养，由于高职生源从总体而言，仍然缺乏对专业的认知，以及对企业职业能力和岗位工作的具体了解，要完成对学生的技能培养，这就要求要营造与企业工作相近甚至相同的环境和氛围，因此改善实践教学条件和实践氛围势在必行。对此，需要改革原有的实践教学体系，实现工学结合，不但要在学校中营造企业工作的教学氛围和实训场所，将企业工作过程作为教学和实训活动引入课堂，而且还应该在企业中建立学生的实习场所，形成有效的校企管理机制，以便学生能够顺利完成在企业中的岗位实践，从而使学生在学习过程中不断了解企业岗位工作的要求和工作流程，进而掌握专业技术和技能。

6）注重个性化和差异化培养

高职生源个性化突出，学习过程中差异化明显。因此在培养过程中可以结合岗位职业能力要求实施差异化培养。由于企业不同岗位对高端技能型人才的要求不同，利用这一需求特点，在高等职业教育中可以针对高职生源个性化体现和个人特长，有针对性地引导学生向其有利的岗位方向发展，从而使学生学有所成。

2.1.2 人才培养对策与途径

针对以上高职生源特点和培养思路，结合数字家庭产业的人才需求，提出了以下的人才培养对策和实施途径。

1. 人才培养定位要与区域产业发展相适应

高职人才的培养定位要与区域产业发展需求相吻合，专业建设与规划始终要以服务区域经济发展为宗旨。因此，数字家庭应用型人才的培养不能脱离产业，对高职院校而言，一定要围绕数字家庭产业及其产业链，培养适应该产业发展需求的高技能应用型人才。以广州为例，广州大学城拥有国家首个数字家庭应用示范产业基地，该产业基地具有技术、设备以及企业等资源优势，且人才需求旺盛。可以将其作为专业人才培养的方向和定位，谋求合作，依托其优势，校企合作、共育人才，使专业培养人才满足产业需求，服务于产业发展。

2. 校企联合订单培养，构建校企合作平台，共建培养机制

数字家庭应用型人才培养不能脱离企业而单靠学校自身培养。这是因为数字家庭产业作为快速发展的新兴战略产业，无论在技术上还是用人上，都在不断更新变化中。因此，必须依托产业，构建良好的校企合作平台，实现校企联合订单的培养，以满足产业中企业的用人要求。此外，校企合作要围绕产业链，可以根据实际情况与多家企业建立多种形式的合作模式，从人才培养到共建实训室、共建实习基地、共同开展职业技能鉴定等，建立多形式的校企合作模式，实施定制培养，依托产业企业集群优势，通过产业基地面向企业集群联合培养高技能应用型人才。

3. 基于多层次生源探索应用型人才的系统培养

根据数字家庭产业人才需求量旺盛、人才需求多样化的特点，可以针对不同层次生源，采用多种招生方式来培养解决，形成数字家庭应用型人才的系统培养体系，以体现终身教育理念。招生形式可以涵盖“3+证书”“自主招生”和“三二分段”，面向社会和中职、高中应届毕业生招收学员，与中职学校对接进行中高职衔接三二分段试点。以应对产业发展所需的人才多样化需求，满足企业用人所需。

4. 依据行业企业用人标准，确定岗位能力目标与规格

基于行业标准和企业用人要求，对数字家庭产业典型工作进行职业岗位能力分析，确定数字家庭应用型人才培养的目标与规格、技能要素、教学内容等。并以此为教学主线，设计训练项目融入对应的专业课程，贯穿人才培养全过程，培养学生的首岗适应能力和岗位核心竞争能力。

5. 基于工作过程改革教学与实训模式，实施现代学徒制工学结合培养

基于企业工作过程改革教学及实训模式，在专业学习中采用项目化模块教学提升课堂教学和实训效果，在企业岗位实践中实施现代学徒制培养以提升实战技能培养质量。

专业课程采用“技术理论+技能训练+项目实战”的项目化教学，以项目导向、任务驱动来设计“教、学、做”一体的讲授方式，强化职业能力、创新能力和就业能力培养。改革考核方式，采用项目化课程考核评价办法，注重过程性考核，形成过程性评价机制。

6. 依托产业基地构建企业工作站，校企共育共建的新型双师教学队伍

师资队伍决定了人才培养成效和质量。企业工作站的建设，为高职院校现代学徒制培养和校企合作共建共育的师资队伍提供了新的途径和思路。通过企业工作站，学校和企业共建互派互聘机制，共建师资队伍，实现了企业能工巧匠与学校教师的互派互聘，从而形成了稳定的兼职教师团队。同时，完善校企对学徒的管理，构建“专业教师+企业师傅”的新型双师教学队伍，保障工学结合实践教学环节管理的落实到位。

2.2 校企合作方式探索与实践

2.2.1 校企合作方式内涵

校企合作方式是指学校与企业建立的一种合作关系。由于经济发展和产业结构调整，企业对技能型人才的需求和要求日益增加，国内职业院校为谋求自身发展，抓好人才培养质量，采取与企业合作的方式，有针对性的为企业培养人才，注重人才的实用性与实效性。校企合作是一种注重培养质量，

注重在校学习与企业实践，注重学校与企业资源、信息共享的“双赢”模式。校企合作方式应做到应社会所需，与市场接轨，与企业合作，实践与理论相结合的全新理念。

针对人才培养，校企合作的出发点在于通过学校和企业的合作，实现人才培养和技术研发的资源共享、优势互补，共同发展。在现代职业教育中，校企合作是人才培养的前提和基础，是培养高素质技能型专门人才的有效途径。在高等职业教育中，合作方式灵活多样，校企合作的内容和形式非常广泛，涵盖了人才培养、课程开发、教材建设、实训基地建设、技术研发等方方面面。在高等职业教育中，校企合作方式主要是指学校和企业合作共同实施人才培养及其培养过程的合作关系。

对于高职人才培养而言，校企合作有利于实现“校、企、生”三赢。对于学校方面，校企合作符合职业教育发展的内在规律，有利于促进学校教育和教学的发展。在合作过程中学校能够提高人才培养和就业的质量，实现学校与用人企业的“双赢”。在企业方面，校企合作符合企业培养人才的内在需求，有利于企业实施人才战略。在合作过程中，企业可以获得实惠与利益。主要表现在：①学校让合作企业优先挑选、录用实习中表现出色的学生，使企业降低招工、用人方面的成本和风险；②学生顶岗实习可以转化为有效的劳动生产力，降低企业生产成本；③企业可以将人力资源发展计划与学校的人才培养对接，也可以将员工培训委托学校进行，降低人力资源开发与员工培训成本；④通过校企合作，将企业文化与产品技术传输给学校师生，扩大了企业品牌影响，赢得更多潜在客户和合作伙伴。对于学生方面，校企合作符合学生职业生涯发展需要，有利于学生提高就业竞争力，促进学生就业的解决。通过校企合作培养，学生普遍具有良好的职业意识，在实习中初步具备了顶岗工作的能力。学生在生产、服务第一线接受企业管理，在实际岗位上接受师傅手把手的指导。和企业员工同劳动、同生活，可以切身体验严格的生产纪律、一丝不苟的技术要求，感受劳动的艰辛、协作的价值和成功的快乐，最终实现毕业与就业的无缝接轨。

2.2.2 国外校企合作方式

对于校企合作实施人才培养的研究，德国、日本、美国、澳大利亚、新加坡等先进国家在多年探索和总结之后，提出了符合自身发展需要的校企合作方式，如“双元制”“产学合作”“CBE”“TAFE”“教学工厂”等校企合作方式。这些校企合作的方式、成果和模式都为我们研究适合数字家庭产业人才培养的校企合作方式提供了宝贵的借鉴经验。

1.德国“双元制”合作方式

德国的“双元制”是指整个人才培养过程是在工厂企业和国家的职业学校进行的，这种教育模式以企业培训为主，企业中的实践和在职业学校中的理论教学密切结合，被誉为是德国经济腾飞的秘密武器。教学过程分别在企业和职业学校里交替进行，六成时间在企业，四成时间在学校。在培训的组织方式上，采用由企业负责实际操作方面的培训，培训学校完成相应的理论知识的培训，企业与职业学校两者共同完成对职业学校学生的培训工作。在这种教育模式下，政府作为校企合作的主导者，发挥着宏观管理部门的重要作用，受教育者具备学校学生、企业学徒双重身份。双元制模式下，学生大部分时间在企业进行实践操作技能培训，而且所接受的是企业目前使用的设备和技术，培训在很大程序以生产性劳动的方式进行，从而减少了费用并提高了学习的目的性。学生学习目的明确，从而大大激发了学生的学习动机，同时有利于学生在培训结束后立即投入工作。

2.日本“产学合作”方式

日本的“产学合作”方式也是当今职业教育成功的范例。在日本，大学同产业界的合作形式主要有三种：校企双方进行人员交流、产业界向大学投资、企业委托大学进行科研项目攻关等。“产学合作”方式下人才培养的目标主要侧重于培养适应地区发展要求的实践性人才，为地方的经济发展服务。为地方产业服务，是日本职业教育校企合作的特点，也是让日本高等职业教育机构具有很强地域性特征的重要因素。

3.澳大利亚TAFE模式

TAFE（TechnicalandFurtherEducation）模式是澳大利亚职业教育培训模式。TAFE学院是澳大利亚专门提供职业教育和培训的机构。在澳大利亚TAFE模式下，学院的专业和课程都由企业、行业组织、学院和教育部门联合制订，课程内容涉及广泛，无论学生还是从业人员都可以选择适合的课程进行学习以提高其专业技能。针对性强，实用性强，是TAFE模式的显著特点。其核心是“以职业能力为本位”，学员八成时间是在工作场所，进行工作本位的学习，只有两成时间在TAFE学院进行知识本位学习。澳大利亚各级政府

都非常重视TAFE学院，会投巨资为其建设实验室并不断更新，来满足教学发展的需要。

4.加拿大CBE模式

CBE（Competency-Based Education）模式的主要特点就是学校聘请行业中一批具有代表性的专家组成专业委员会，按照岗位群的需要，层层分解，确定从事这一职业所应具备的能力，明确培养目标。再由学校组织相关教学人员，按照教学规律，将相同、相近的各项能力进行总结、归纳，构成教学模块，制订教学标准，依此施教。其教学大都直接按职业岗位能力的要求来制订，因而岗位针对性很强。课程内容由岗位的知识和能力结构来确定，课程在教学计划中的位置，也是按岗位能力的形成过程来排序的。教学中更重视专业课程教学，在各类课程中，专业技术课程所占的比例最大，占六成以上。其科学性体现在它打破了以传统的公共课、基础课为主导的教学模式，强调以岗位群所需职业能力的培养为核心，保证了职业能力培养目标的顺利实现。在教学过程中，CBE模式强调教学内容与生产实践的紧密结合，高度重视实践教学环节，学校和企业都要派专人负责指导实践课程，实践课程学时数占总学时数的一半以上。

5.美国“合作教育”模式

美国“合作教育”是指职业学校与工商企业、服务部门等校外机构之间合作，把学生的理论学习与实际工作结合起来，学生在学校接受理论知识和技能学习的同时，还到企业参加实践。合作教育实质是一种把理论学习与实际工作结合起来的教育模式。学生的企业实践事实上是参与企业的实际工作，有专人指导，并有收入。这种工作经历与学生的学习目标相关联。美国的合作教育具有以下特点：一是办学以学校为主，学校根据设置的专业与企业联系，双方签订合同；二是企业提供劳动岗位和报酬，派人指导学生实践，与学校一起评价学生成绩；三是时间分配上，学校学习和企业实践各占一半；四是合作范围广泛，涉及理工、农医、法律、教育、卫生等领域。

6.新加坡“教学工厂”合作方式

“教学工厂”是新加坡南洋理工学院在借鉴德国“双元制”的基础上，提出的一种新的校企合作方式，它将真实的企业环境引入学校，把学校按工厂模式办，形成学校、企业、实训中心三位一体的教学模式。“教学工厂”

模式要求校企双方接受统一领导，并按统一的教学计划执行。其突出特点是为学生营造了一种工厂式的学习环境，学生可以在实际工作中巩固和应用所学内容。

7.英国“三明治”合作方式

在英国，为了培养适应企业需要的工程技术人才，许多工科技术学院都实行“工读交替制”，被形象地形容为“三明治”模式。这种合作方式的人才培养分为三个阶段：学生中学毕业后，先在企业实习一年，了解企业的生产环境，工艺流程。对企业有了初步了解后，再到学校学习两年到三年的理论课程，最后一年再到企业实践一年。经过这种方式训练的学生，既具有扎实的理论知识，又具有较强的实践能力，深受企业的欢迎。

2.2.3 国内校企合作方式

随着我国对职业教育的重视和职业教育的快速发展，通过对国外职业教育先进教育理念和校企合作方式的研究分析和借鉴，并通过自身的探索与实践，国内逐步形成了自身的一些校企合作方式。其中常见的校企合作方式有以下几种。

1.订单班方式

学校招生前与企业签订联合培养协议，学生录取时与企业、学校签订委培用工三方协议，企业录用时与学生综合测评成绩挂钩，实现了招生与招工同步，实习与就业联体。培养过程中，校企双方共同制订教学计划、课程设置、实训标准；学生的基础理论课和专业理论课由学校负责完成，学生的生产实习和顶岗实习在企业完成，毕业后就在该企业就业。使校企双方实现人才培养的目标。订单班具体分为定向委培班、企业冠名班、企业订单班等合作方式。

订单班的特点是学生入学就有工作，毕业就是就业。实现招生与招工同步、教学与生产同步、实习与就业联体。这种方式校企合作针对性强，教学内容符合企业用人需要，培养的学生适应性强，就业率高，就业稳定性好。但是，这种合作方式也有其不足之处，就是学校较为被动，培养多少人，什么时候培养，完全根据企业需要决定。

2.现代学徒方式

现代学徒方式是由企业和学校共同推进的一项技能型人才育人合作方式。其教育对象既包括学生，也可以是企业员工。对他们而言，学习即就业。在培养过程中，一部分时间在企业生产，一部分时间又在学校学习，同时学生还可以从企业领取相应的工资。

3.工学交替方式

工学交替合作方式是企业因用工需求，向学校发出用人订单，并与学校密切合作，校企共同规划与实施的职业教育。其方式为学生在学校上理论课，在合作企业接受职业、工作技能训练，每学期实施轮换。

实施方式一般采取了以下两种：一是工读轮换制。把同专业同年级的学生分为两半，一半在学校上课，一半去企业劳动或接受实际培训，按学期或学季轮换。二是全日劳动、工余上课制。学生在企业被全日雇佣，顶班劳动，利用工余进行学习，通过讲课、讨论等方式把学习和劳动的内容联系起来，学生在学校学习的系统的课程，到企业去是技能提升训练。

4.教学见习方式

教学见习方式是学生通过一定的在校专业理论学习后，到合作企业对企业产品、岗位工作、生产工艺、操作流程、经营理念、管理制度等进行现场观摩学习的一种校企合作方式。通过这种方式，学生可以系统地了解岗位工作知识，还可以实地参与企业的相应工作。它能够帮助学生提高协作意识、就业意识和社会适应能力。

5.校企互动方式

校企互动方式是指学校与企业实现“优势互补、资源共享、互惠互利、共同发展”的合作方式。如校企双方合作实现人员互聘，一方面企业优秀管理者或企业工程师走进学校给学生讲课，另一方面学校教师到企业进行员工培训。企业参与学校制定人才培养计划和教学内容，为学生提供实习基地和设备原料。学校为企业提供员工培训课程和培养的学生。通过这种方式企业得到人才，学生得到技能，学校专业获得发展。

6.顶岗实习方式

顶岗实习方式即学生前两年在校完成教学计划规定的全部课程后，采用学校推荐与学生自荐的形式，到用人单位进行为期半年以上的企业实习。学校和用人单位共同参与管理，合作教育培养，使学生成为用人单位所需要的合格员工。

7.产学研方式

产学研合作方式是指学校和企业之间的合作，通常指以企业为技术需求方与以学校为技术供给方之间的合作，其实质是促进技术创新所需各种生产要素的有效组合。产学研方式发挥学校专业师资优势，加强校企合作研发，帮助企业解决相关的科研难题，使专业建设与产业发展紧密结合，帮助企业走健康持续发展之路。

8.引企入校方式

引企入校方式是利用学校的场地条件和硬件措施，吸引企业利用学校实训设备、场地和实习学生，减少生产成本。学校则借助企业生产和技术指导，减少实训教学成本；学生因此可以在校内接触生产过程，更早、更好地实现由学生向职工的角色转变，实现校、企、生三方共赢。将企业引进学校后，也就是将企业的一部分生产线建在校园内，就可以在校内实行“理论学习”和“顶岗实训”相结合的教学模式。这种方式既可以解决企业场地或设备不足的问题，同时也解决了学校实习实训条件不足的问题，真正做到企业与学校资源共享、产学结合的多赢途径。

2.2.4 数字家庭应用型人才校企合作方式的探索与实践

1.数字家庭应用示范产业基地发展现状

国家数字家庭应用示范产业基地是我国部、省、市、校、区共建的产、学、研结合的特色产业园区，是探索部委与地方协作，形成资源集聚，实现关键技术突破和产业升级的重要举措。我国已在广州、江苏、湖北、浙江、绵阳、福州、济南、大连、青岛等地建立了多个国家数字家庭应用示范基地。

随着国家对数字家庭应用示范产业基地的规划布局和推进发展，当前我国数字家庭建设基本上位于经济发达的沿海一带，地域分布相对集中。从城市分布来看，主要是广州、深圳、上海、杭州、宁波、青岛等东南沿海发达地区的城市。数字家庭试点搞得比较成功的地区也几乎分布在杭州、青岛、广州番禺、佛山南海、深圳等地。

广东省的数字家庭产业发展较早也比较成功。其中位于广州大学城的数字家庭应用示范产业基地是我国首个国家数字家庭应用示范产业基地。它成立于2009年1月，按照“部省市校共建、产学研用结合”的发展思路，立足广东，通过四网整合，建设综合业务家庭网、多屏互动，发展信息文化云服务的模式，在培育消费新热点、促进产业转型升级、推动自主创新等方面做出了众多有益的探索。

该基地也是国家工信部授牌的国家高新技术产业基地，规划包含有“数字家庭研发园”“数字家庭商务园”和“数字家庭制造园”三个园区。其中“数字家庭研发园”已实现数字家庭国家标准的5大技术支持中心和71家单位的入驻，成为“标准聚集和企业对接之区”。数字家庭商务园规划建在番禺新城，定位为现代信息服务业总部基地，目前广东省RFID公共技术支持中心、深圳远望谷公司等现代信息服务业龙头企业均已进驻该园。数字家庭制造园位于番禺区，规划用地面积约200万平方米，主要承接大型数字家庭产品制造企业落户，计划引进嵌入式基础应用软件、核心芯片、集成电路、智能网关、家庭存储、4G移动通信设备、视听设备、数字电视一体机及其周边设备等大项目，带动平板显示、数字家电、数字安防、电子商务等产业环节的快速发展，打造成为数字家庭产业尤其是高端产品制造企业的集聚区。

得益于地方政府的大力扶持，目前产业基地汇聚了大量物联网行业智能家居应用领域的高新技术企业。自2012年以来，在产业基地企业集群的基础上成立了广东省物联网协会，集群成员得以进一步扩充，目前成员达600多家，全部为广东省具有代表性的互联网、移动互联、物联网企业，是广东省物联网行业最具代表性的产业集群。

2.校企合作的总体思路

1）立足地方产业人才需要

数字家庭人才培养要立足于地方数字家庭产业发展对人才的需要。从广州国家数字家庭应用示范产业基地发展情况可以看出：第一，国家通过在地方规划和布局国家级数字家庭应用示范产业基地来促进和推动各地区数字家庭产业的快速发展。第二，数字家庭应用示范产业基地是“标准聚集和企业对接之区”，既是产业标准形成的发源地，也是企业集群之地，并形成了产业链。有鉴于此，对数字家庭应用型人才培养可以依托数字家庭应用示范产业基地实施校企合作。

数字家庭应用型人才毕竟是属于高端的技能型人才，仅仅依靠学校本身是难以实现对其的培养的。尤其像数字家庭产业这种快速发展的新兴战略产业，无论在技术上还是用人上，都在不断更新变化。因此，必须依托产业基地，构建校企合作平台，实现校企联合订单培养，以满足产业中企业的用人要求。

2）实施多形式的校企合作方式

从数字家庭应用示范产业基地企业类型和数量来看，产业基地内既有大型知名的龙头企业，也有各类中小型的高新技术孵化企业，而且在企业数量上以中小企业居多，并且形成了一定规模的产业链。由此可以判断，产业基地内企业的人才需求岗位具有多样化的特点，对于大型龙头企业，单个岗位的人才需求数量会比较大，而对于中小企业而言，每个岗位的人才需求数量不会太多。因此，数字家庭应用型人才培养的校企合作要围绕产业链，可以根据实际情况与多家企业建立多种形式的合作模式，从人才培养到共建实训室、共建实习基地、共同开展职业技能鉴定等，建立起多形式、多样化的校企合作方式。

3）多层次生源探索产业人才培养

从生源特点的角度来看，高职生源适合于高端技能型人才的培养。考虑到数字家庭产业发展对人才需求的急迫性，可以针对数字家庭应用示范产业基地内企业对人才的具体需求，尝试通过普高招生、3+证书、自主招生、中高职衔接等不同招生方式招收不同层次的生源，通过二年制和三年制人才培养实现产业所需的数字家庭应用型人才的培养。

3.数字家庭人才培养校企合作方式的探索

根据数字家庭产业对人才需求具有多样化、多层次的特点，我们提出了依托国家数字家庭应用示范产业基地开展多形式的校企合作方式来实现数字家庭人才培养。并以计算机类专业为例，依托广州国家数字家庭应用示范产业基地，对接广东省地区数字家庭产业及产业链的发展，探索并实践了“1对1”“1对N”“N对N”“N+对N+”和现代学徒制试点等多种形式的校企合作方式。

1）“1对1”合作方式

“1对1”合作方式是指在学校和企业的合作中，以某个专业的人才培养

单独面向某个企业，实现面向该企业的订单班培养。这一合作方式适合针对大、中型企业用人需求比较集中的岗位实施人才培养。在这种合作方式下，学校可以通过数字家庭应用示范产业基地与该企业实施三方联合培养，也可以直接与该企业实现联合培养。人才培养主要面向该企业某个岗位或者多个岗位人才需求，针对该企业的岗位职业能力分析构建教学内容和课程设置，校企双方共同构建技能培养师资团队，完成校内技能实训和校外岗位实习。

对此，产业基地内一些软件企业合作开展软件开发订单班人才培养，并制定了计算机应用技术专业软件开发方向校企联合培养方式，实现产业链中软件开发紧缺人才的“1对1”订单培养。人才培养主要围绕企业软件开发方向的人才需求，针对Java软件开发、软件系统运维、数据库管理等3个岗位实施人才培养。并将该企业这3个岗位职业发展规划、技能需求和工程流程引入教学内容中，以实现人才培养与岗位的无缝对接。

2）“1对N”合作方式

“1对N”合作方式是指在学校和企业的合作中，以某个专业的人才培养面向多个企业，依托国家数字家庭应用示范产业基地实现对基地内多个企业的人才需求。这种合作方式适合针对基地内数量居多的中小型企业，这类企业有用人需求，但是苦于用人少且提供岗位数量也不多，因此无法通过与学校合作的方式联合培养人才。因此，可以利用国家数字家庭应用示范产业基地企业集群优势，通过产业基地的穿针引线，聚集不同企业的典型岗位人才需求，以“1对N”的合作方式实现人才培养。该合作方式依托国家数字家庭应用示范产业基地，以“学校—基地—企业”构建三方育人平台，通过对企业岗位人才需求的分析和梳理，提炼出典型岗位人才需求，明确人才培养目标和规格，并以此构建教学内容和课程体系，形成人才培养方案。在实施中，由“学校-基地-企业”三方共同构建师资团队，学校负责校内教学，基地负责技能训练和实践，企业负责顶岗实习，并形成三方共育、共建、共管的育人模式。

在实践中，依托广州国家数字家庭应用示范产业基地，学校与基地数字家庭人才教育中心以及基地内多家企业的合作，开展了计算机应用技术专业数字家庭方向的人才培养。并通过合作，将基地的优质技术资源引入学校，共建了数字家庭系统集成实训室，实现了校内学生的实训教学和技能训练，同时利用基地设备资源优势，校企合作在基地内构建了“数字家庭人才培养基地”，实现了学生的校外实践培养，此外在合作的多个企业中构建了多个不同的实习岗位，以完成学生的校外顶岗实习，使学生在实习结束后能够顺利地进入合作企业。通过该方式，学校与基地联合招收了多届学生进行“1对N”订单培养，实现了面向国家数字家庭应用示范产业基地的企业集群培养数字家庭应用型人才。

3）“N对N”合作方式

“N对N”是指在学校和企业的合作中，以多个专业或专业方向的人才培养面向企业集群或产业链中多个企业。这种方式是在“1对N”方式的基础上进一步发展起来的一种合作方式。该方式通过学校与基地或是某家企业合作，借助基地或合作企业的技术优势和企业资源，实现人才技能的培养和就业。这种方式的特点是可以融合多个专业和某个专业多个专业方向为产业提供人才培养，进而扩大了专业在产业中的影响力。

在实践中，与广州东方标准信息科技有限公司合作，对现有专业和群内专业进行了打破专业的合作，进行了跨专业的“N对N”订单对计算机软件开发和技术应用型人才进行了培养。

4）“N+对N+”合作方式

“N+对N+”是指在学校和企业的合作中，打破专业界限面向产业优秀或知名企业客户群的个性化定制培养，为产业提供优质的技能型人才。这种方式是通过学校与产业内的优质企业或知名企业的合作育人，有针对性的为产业中提供较为优质的高端技能型人才。这种方式是对技能型人才实施差异化培养的一种尝试。该方式借助产业内优质企业的技术培训优势，将企业的优秀技术资源和培训方式引入学校，打破专业界限，在专业群甚至全校招收有意向的优质学生组成订单班，通过学校和企业的联合培养，学生在完成技术学习和技能训练合格后，即可进入产业优秀或知名企业实习并就业。

在实践中，与甲骨文（中国）软件系统有限公司合作进行“N+对N+”的高端软件开发技能型人才培养，通过引入甲骨文公司的Java软件技术和培训教学资源，为产业优质企业提供优质的高端技能型人才。

5）“现代学徒制”合作方式

根据教育部对职业教育实施现代学徒制试点的要求，在实践中，以广州国家数字家庭应用示范产业基地为纽带，以“学校—基地—企业”三方合作的方式，针对数字家庭应用示范产业基地内应用型人才的需求，实现了以基地为依托，面向广州合立正通信息科技有限公司等企业实施计算机应用技术专业现代学徒制试点班的人才培养。通过学校招收学徒（学生）—学徒进入基地学习—企业提供学徒岗位—校企共同教学的流程，以工学结合的培养方式，完成对广州合立正通信息科技有限公司等企业对高端技能型人才的需求。

2.2.5 对多形式校企合作方式的分析

由于数字家庭应用示范产业基地对应用型人才的需求具有多样化的特点，因此在人才培养的实践中，我们尝试并探索以上多种形式的校企合作方式。通过对数字家庭产业计算机高端技能型人才的培养与探索，我们依托广州国家数字家庭应用示范产业基地，通过对“1对1”“1对N”“N对N”“N+对N+”“现代学徒制”等多形式校企合作方式的实践，针对普高、3+证书、自主招生、中高职衔接（三二分段）等在内的不同生源类型，探索并研究适应数字家庭产业人才需求的校企合作模式。

通过对多形式校企合作方式的探索和实践，我们对各形式校企合作方式的优缺点和适应范围做了比较和分析，具体如表2-2所示。

表2-2 各形式校企合作模式的优缺点和适应范围

合作形式	1对1	1对N	N对N	N+对N+	现代学徒制
合作特征	单个专业面向单个企业	单个专业面向多个企业	多个专业或方向面向多个企业	打破专业界限面向业内优秀企业	单个专业面向单个或多个企业
培养形式	校企订单班培养	“学校—基地—企业”三方联合培养	校企联合培养	校企联合培养	“学校—基地—企业”三方联合培养
人才培养特点	1.按订单企业用人要求订制培养人才 2.专业课程及教学内容围绕企业岗位职业能力制定 3.知识和技能岗位针对性强	1.针对基地内企业典型岗位用人标准订制培养人才 2.专业课程及教学内容围绕典型岗位，按职业标准制定 3.技能培养内容适应基地企业典型岗位用人需求	1.根据行业用人标准订制培养人才 2.专业课程及教学内容按行业标准制定 3.技能和知识培养的系统性强且全面	1.根据企业客户群用人标准订制培养人才 2.专业课程及教学内容按雇主客户群公认标准制定 3.技术培养全面，技能要求较高	1.按企业用人标准订制培养人才 2.专业课程及教学内容围绕企业岗位职业能力制定 3.岗位技能针对性强且对技能训练要求高
适用企业	岗位需求明确且人才需求数量较多的大中型企业	产业基地内具有典型岗位需求的中小微型企业	行业内具有技术优势和丰富培训资源的企业	具有业内知名主流技术优势且拥有优质培训资源的优秀企业或知名企业	产业基地内岗位需求明确且有技能紧缺人才需要的企业
适用生源	普高生源	普高生源、3+证书、自主招生、三二分段	普高生源	普高生源	自主招生、三二分段

通过上表各形式校企合作方式的特点和适应范围的描述和分析可以看出以下两点。

1.多形式的校企合作方式有利于满足基地企业对技能型人才的多样化需求

通过“1对1”“现代学徒制”合作方式，可以实现对数字家庭产业大、中型企业高端技能型人才的订制培养，其中“现代学徒制”的合作方式还可以针对企业中某些技能型急缺岗位实施人才专门培养和训练，解决企业的燃眉之急。而“1对N”“N对N”合作方式可以实现对数字家庭产业中、小、微型企业对高技能人才的需求。由此可以看出，多形式的校企合作方式能够满足数字家庭产业不同类型企业对不同岗位的高端技能型人才需求，从而满足对数字家庭应用型人才的多样化需求。

2.多形式的校企合作方式可以实现对不同生源结构的多层次人才培养

从表中可以知道，多形式校企合作方式对不同生源类型实施高端技能型人才培养，并且满足数字家庭产业用人所需。无论是“1对1”“现代学徒制”采用的企业标准订制方式，还是“1对N”“N对N”采用的职业标准或行业标准订制方式，都能够满足企业不同岗位的技能型人才需求。此外，通过“N+对N+”方式还能实现对某些企业所需较高层次的高端技能型人才培养。可见，多形式校企合作方式可以满足对不同生源结构的多层次人才培养。

通过表中的分析可以知道，“1对1”适合于大、中型企业具体岗位的订单式应用型人才培养；“现代学徒制”适合于针对企业某些岗位的紧缺技能型人才培养；“1对N”则适用于中小微型企业的应用型人才培养；而“N对N”适合于为产业提供不同专业或专业方向的技能型人才；“N+对N+”则能够为产业中优秀企业提供较高层次的高端应用型人才。

2.3 人才培养模式探索与实践

2.3.1 人才培养模式内涵

人才培养模式就是指在一定的现代教育理论、教育思想指导下，按照特定的培养目标和人才规格，以相对稳定的教学内容和课程体系、管理制度和

评估方式，实施人才教育的过程的总和，它由培养目标（规格）、培养过程、培养制度、培养评价四个方面组成，它从根本上规定了人才特征并集中体现了教育思想和教育观念。它具体可以包括四个方面的内容：

◎培养目标和规格。

◎为实现一定的培养目标和规格的整个教育过程。

◎为实现这一过程的一整套管理和评估制度。

◎与之相匹配的科学的教学方式、方法和手段。

人才培养模式概念包括以下几层含义。

（1）人才培养模式是建立在一定人才培养思想或理论基础之上的，可以把人才培养模式看成是某种人才培养思想或理论的应用化、具体化、操作化。

（2）人才培养模式并不是唯一的，人才培养的标准形式（或样式）是相对于同一人才培养思想或理论指导下的其他人才培养形式而言的。建立人才培养模式的人才培养思想或理论的不同，会使人才培养模式不一样。

（3）人才培养模式是较为稳定的人才培养活动结构框架和活动程序。这种结构框架和活动程序是人们可以效仿的。

（4）人才培养模式具有规范性和可操作性。

人才培养模式是通过对学校的人才培养目标、学习内容、培养方式、保障机制等总体运营程序和运行方式的归纳与抽象所形成的规范的、整体的结构体系，其中包含培养目标、培养途径、专业建设、课程建设、教学活动等构成要素。由于教育理念的差异、专业区别等原因，不同学校往往对人才培养过程的关注点不同，形成了各式各样的人才培养模式。

2.3.2　人才培养模式构建的总体思路与设计原则

1.总体思路

人才培养模式是高职院校人才培养的总体规划，是专业人才培养的基本指导，是实施人才培养的主要依据。人才培养模式的构建和创新要以提高培养质量为核心，以立德树人为根本，以服务发展为宗旨，以促进就业为导向，并持续推进技能培养改革，深化专业内涵建设，以培养具有工匠精神、创新精神的高端技能型人才。如图2-1所示。

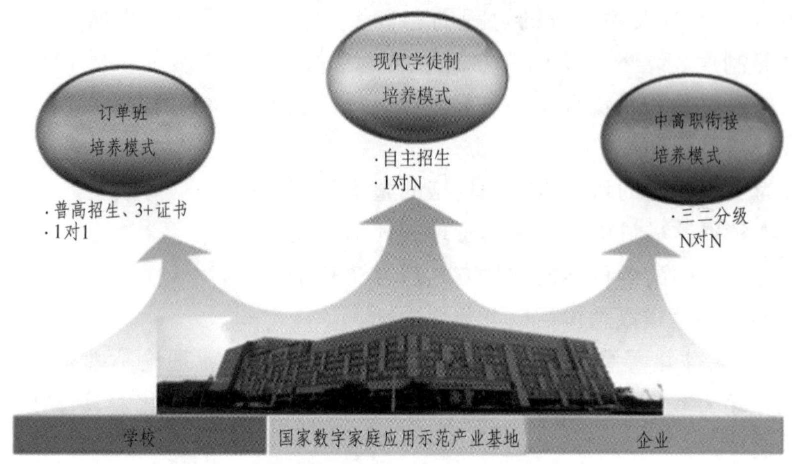

图2–1　人才培养模式构建的总体思路

由于数字家庭产业属于新兴产业，技术发展快，中小型孵化企业多，企业对高端技能应用型人才的需求数量和技能要求各不相同，对人才培养的层次和要求也不相同，因此如何构建能够适应产业发展所需的人才培养模式是保证人才培养质量的重要保障因素。

对此，我们提出了在多形式校企合作下，依托国家数字家庭应用示范产业基地，实施“学校—基地—企业”三方共育数字家庭应用型人才的总体思路。

根据企业类型、人才需求量以及生源类别，分别实施了对订单班、现代学徒制以及中高职衔接等3种人才培养模式的探索与实践。

2.设计原则

1）坚持产业需求、紧贴产业发展

主动适应数字家庭技术发展需要，围绕数字家庭应用示范产业基地高端技能型人才需求，紧贴当地数字家庭产业发展需求，深入基地企业广泛开展专业调研，分析专业面向的职业岗位、职业能力要求、任职资格等，合理确定专业人才培养目标和规格，使专业人才培养具有鲜明的专业特点和产业特色，使人才培养质量能够较好地满足产业发展的需求。

2）坚持校企合作、产教融合

选择与技术先进、管理规范、社会责任感强的企业深度合作，通过推行“订单培养”“现代学徒制试点”等工学结合的人才培养模式，建立校企共建专业的长效机制。与行业企业共建共管专业、课程和生产性实训基地，

共同制订和实施专业人才培养方案，共同深化人才培养模式改革，共同确定《专业教学标准》《课程标准》《岗位职业标准》与《人才培养质量要求》，为各项教学活动提供依据。

3）坚持能力本位、工学结合

以培养学生技能为主线，从专业技术应用能力出发，演绎出知识结构、能力结构、素质结构，一直到培养方案、课程标准。课程体系设计突出校企合作、工学结合，以实践能力培养为主，文化课程和技能课程既要各成系统，又要相互融通。

4）坚持改进教学、与时俱进

基于岗位职业要求和工作过程开发专业核心课程。根据专业对应的产业发展和技术变革等多方面的变化，与时俱进，及时更新调整课程教学内容，将新技术、新工艺、新方法、新设备和新产品等引入课程教学，深化教学改革。

2.3.3 订单班“933”人才培养模式的探索与实践

1.实施背景

随着产业迅猛发展，数字家庭人才需求也逐年增大，其中技术人才在企业中的作用越来越重要，并对企业的发展起着至关重要的作用。产业发展离不开人才，数字家庭产业作为刚起步的新兴产业，无论生产方式、运营模式、市场推广等都在探索之中，急需大批的专业技术人才，尤其是高技能应用型人才。然而对比数字家庭技术的高速发展，数字家庭产业人才培养相对滞后，目前国内还没有一所高校专门设立数字家庭专业，数字家庭产业人才主要来自于各类电子信息技术相关专业。这些专业大多并没有专门针对数字家庭产业用人需求进行培养，也没有形成相关的人才培养模式和教学体系，使得输送的人才与产业需要的人才没有对接上，造成人才供需矛盾，制约着产业的发展。

从数字家庭产业人才现状上看，目前我国数字家庭应用型人才基数小、队伍不稳定，缺口较大。这是因为一方面这一领域为新兴领域，不仅要懂微电子、电子信息、计算机软件和硬件等多项技术，而且还要懂相关硬件的工作原理，所以非专业IT人员很难切入这一领域；另一方面是这一领域新、发展快，很多技术出现时间不长或正在出现，掌握这些新技术的人比较少。

从数字家庭行业招聘市场上看，多数用人单位为中小微型企业，需要的数字家庭应用型人才必须熟悉信息技术、数字家庭相关解决方案和标准、掌握智能家居系统集成技术、或具备相关语言编程经验、嵌入式系统、驱动程序开发经验。而大多数毕业生缺乏对数字家庭行业的认识，不了解对应职业和岗位的工作内容和技能要求，难以符合用人单位的要求。

从高校专业教学状况上看，人才培养滞后于技术发展的速度。国内多数高校在专业教学方面跟不上产业发展的步伐，多年来一直沿袭以讲述相关的基础原理、技术理论为主的思路，旨在培养学生的基础。也有一些高校已经开始针对现状进行调整，将数字家庭一些相关的课程引入课堂，但数字家庭属于一个交叉学科，涵盖了微电子技术、电子信息技术、计算机软件和硬件等多项技术领域的应用，没有足够的课程背景做支撑，很难掌握数字家庭的核心知识和技能。尽管很多高校的电子、计算机专业都开设了程序设计、微机原理、单片机、嵌入式等课程，但仍然不能满足企业用人要求。

由此可见，在数字家庭应用型人才培养上，高校人才培养与企业用人标准脱节，学生对该领域技术接触少，缺乏针对数字家庭行业的系统学习和实践经验。事实上，企业需要的是具备数字家庭行业“职业素养+知识+技能”的应用型人才，而毕业生缺乏的是这个行业的职业素养与岗位实战技能

2.“933”人才培养模式的培养思路

数字家庭人才队伍的优劣将直接关系到未来数字家庭产业的可持续发展进程。如何提高数字家庭人才队伍的质量，关键在于人才培养。针对数字家庭产业以中小微型企业多、人才需求旺却又缺乏时间和资金用于培养人才，而学生对数字家庭技术接触少且缺乏实践经验的问题，根据对数字家庭产业发展现状的调研分析、企业的岗位分布和需求、以及产业链职业岗位（群）的任职要求，提出了“933人才培养模式”。其基本内涵为：“职业能力九个一，能力递进三阶段，能力培养三环境”。即以九个能力为教学主线夯实学生的职业技能，分三阶段递进实施人才培养，通过“课堂、工作室（站）、企业”三环境培养学生的专业技能和职业素养，实现由学生到企业员工的转变，并通过项目监理式教学监控体系，保障实施的过程顺利进行。如图2–2所示。

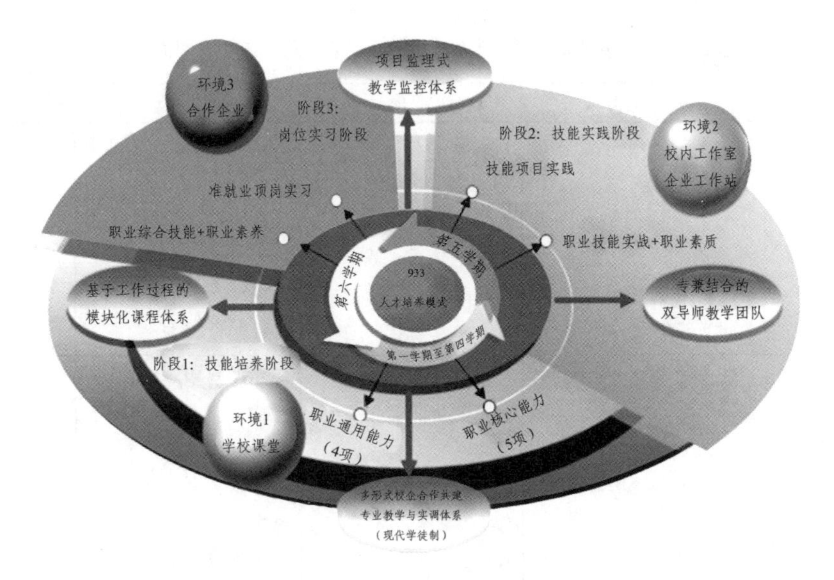

图2-2 933人才培养模式示意图

3.实施方案与内容

1）对接产业，校企合作开展“订单”人才培养

针对数字家庭产业技术发展快、中小微型企业人才需求多样化的特点，如果没有企业的参与，学校是不可能单方面培养出符合企业要求的人才。因此，必须对接产业，了解行业、企业人才需求，校企联合订单培养数字家庭应用型人才，这样对人才的岗位技能定位才能精准，学生所学的技术知识和实践经验才能更贴近企业实际，从而学以致用，持续发展。实施933人才培养模式必须对接产业，实施校企合作开展“订单”人才培养。根据合作企业的用人需求，与企业共同制订培养目标与方案，为企业进行专门化培养。这样，学校的培养目标要与企业用人标准高度一致，学生能够达到企业用人标准，顺利实现就业。

2）依据行业用人标准，确定人才培养的“九个一”能力培养目标

针对数字家庭产业中小微型企业对应用型人才的基本要求，提炼出9个职业能力（其中职业通用技能4个，专业核心技能5个），并以此为教学主线，设计9个训练项目融入相关专业课程的学习，贯穿人才培养全过程，培养学生的岗位适应能力和岗位核心竞争力。如表2-3所示。

表2-3 数字家庭应用型人才培养（订单班）的9个职业能力

技能	9个能力	训练项目	开设课程	就业岗位
职业通用技能（4个）	1.计算机及办公设备维修维护能力 2.小型局域网搭建及维护能力 3.IT技术文档撰写能力 4.网页设计与制作能力	1.电脑及外设办公设备组装与维护 2.局域网组建与应用 3.技术方案文档制作 4.网站设计与制作	1.计算机组装与安全维护 2.路由型与交换型网络互联技术 3.高级办公自动化 4.网页设计与制作	技术服务 软件应用
职业核心技能与岗位能力（5个）	1.数字家庭设计与制图能力 2.嵌入式系统开发能力 3.智能家居系统设计与实施能力 4.安防系统应用与维护能力 5.移动终端应用软件开发能力	1.数字家庭图纸设计 2.嵌入式产品设计与开发 3.智能家居设计与实施 4.安防系统设计与实现 5.Android应用软件开发	1.工程制图（CAD） 2.嵌入式系统原理及应用 3.智能家居设计与实施 4.安防系统设计与实现 5.Android项目开发	系统集成 产品设计 产品推广

3）围绕学生职业能力的培养，实施“三段式”教学组织

根据高职学生的能力形成规律，分三阶段进行教学设计和教学组织。第一阶段完成职业基本素养课程和职业通用能力课程的学习；第二阶段完成职业核心能力课程的学习和项目训练；第三阶段在企业按岗位要求进行实习和工作。

第一阶段注重职业素养和职业通用能力的培养。学生首先需要了解入职行业和从事职业的基本要求和职业需求，掌握自身发展和职业技能提升所必需的政治、文化、道德、法律等知识和规范。其次，学生必须重点掌握电脑及常见外设的组装与维护、小微型企业局域网搭建、IT技术文档撰写、企业网站制作等4项职业通用技能，使之能够适应数字家庭产业各企业的通用岗位技能要求。

第二阶段强调职业核心能力的培养和实践。学生按培养计划完成专业核心课程的学习，重点强调数字家庭设计制图、嵌入式系统开发、智能家居系统集成、安防系统维护、移动终端应用软件开发等5项职业核心能力的训练。根据学生性格特征、技能特长、岗位兴趣以及合作企业工作需求，按岗位方向在教师工作室或企业工作站完成项目实战训练。

第三阶段重视企业岗位实践能力培养。根据校企合作订单培养协议，对接企业岗位需求，经过招聘、技术考核、面试等企业用工流程，学校、企业、学生签订三方协议，学生进入企业工作岗位实习。此阶段注重学生在企

业中的岗位实践能力和工作经验积累，养成良好的工作习惯和职业素养。

4）以9个能力为导向，基于工作过程在“课堂—工作室（站）—企业”三环境中完成人才的培养

从高职学生学习的特点与职业教育的规律出发，引导学生逐渐从课堂学习过渡到企业实践，由“学生”的角色转变为“企业员工”的角色，在“课堂—工作室（站）—企业”三环境中来完成人才专业技能和职业素质的培养。如图2-3所示。

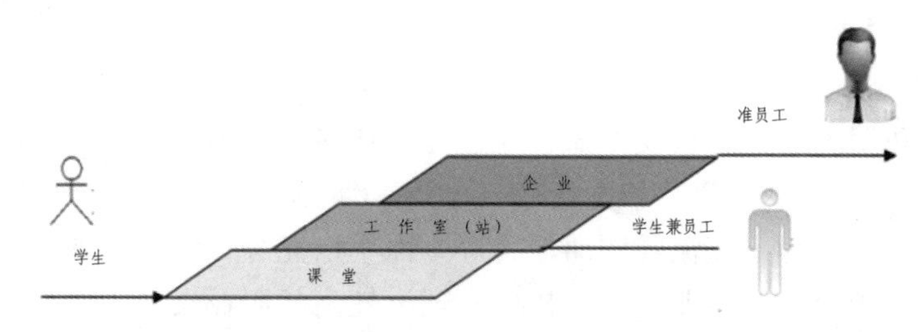

图2-3 数字家庭应用型人才培养角色在“三环境”中成长变迁图

环境一：在课堂中，学生以学生的身份在教师的教授下完成基础技能的学习，教师以此环境为背景构建适合课堂教学的教学资源。

环境二：在教师工作室（或企业工作站）中，学生具有了学生与准员工的双重身份，在此环境中，在导师的指导下，强化专业技能的学习，导师以此环境为背景构建适合工作室（站）指导的教学资源。

环境三：在企业中，学生以准员工的身份完成顶岗实习，在此环境中，在师傅（项目负责人或项目经理）的引领下完成专业技能的夯实与应用，师傅以此环境为背景构建适合企业工作学习的教学资源。

5）依据高职学生学习特点，推进教学模式改革

针对高职学生具有基础理论知识比较薄弱，自学能力较差，缺乏适当的学习方法以及没有养成良好的学习习惯的学习特点，能力培养课程采用项目教学模式，以项目导向、任务驱动来设计“教、学、做”一体化的教学内容，引入Oracle培训体系中的沉浸式情境教学方法，强化职业能力、创新能力和就业能力培养。

4.人才培养实施成效

1）学生专业技能、职业素养得到显著提高

以广州铁路职业技术学院计算机应用技术专业为例，该专业于2011年与国家数字家庭应用示范产业基地广东数字家庭人才教育中心签订了人才订单

培养协议，通过实施“933人才培养模式”，学生的专业技能和职业素养得到显著提高。毕业生获得高级职业资格证的比例书达到75%，在国家、省、市各类技能比赛中获奖累计达到50多项。通过技能项目训练，还涌现出不少优秀学生作品，部分作品还被合作企业采用。

2）学生就业满意度明显提高

依据2013年麦可思（中国）对广州铁路职业技术学院毕业生社会需求与培养质量调查的结果，计算机应用技术专业毕业生就业现状满意度达到82%，位于本校各专业之首。

3）毕业生得到用人单位的肯定

通过和用人单位的访谈得知，经过九个技能项目训练，用人单位对毕业生的职业素质、敬业精神和责任心、学习和掌握技术的能力、集体协作精神、独立工作能力、交流与沟通能力等方面予以充分肯定，特别是在基层岗位上，用人单位认为毕业生在工作中表现出较高的职业素养，并对他们的实践技能给予了较高的评价。

5.结论

针对数字家庭产业发展快、技术新、中小企业多、人才需求大，而高校人才培养不适应产业需求的情况，提出了933人才培养模式。其特点在于通过九个一职业能力的培养，有针对性地培养学生的职业通用技能和岗位核心技能，使学生能够根据自己的性格特点和技能专长在数字家庭产业找到属于自己的岗位，从而提高就业质量，有利于学生职业生涯的持续发展；其次根据职业能力的形成规律，分阶段培养学生的职业通用技能和岗位核心技能，有利于学生对职业技能的认知和掌握，提高自身在行业中的适应性和竞争力；在“课堂—工作室（站）—企业”三个环境中进行学习和训练，则有助于学生到职业人才的转变，提升了学生职业素养，从而弥补了目前专业教学的不足，为产业提供了所需的技术应用型人才。

2.3.4 现代学徒制人才培养的探索与实践

1.实施背景

目前数字家庭产业发展迅猛，数字家庭的技术创新非常活跃，应用需求非常旺盛，是实现信息消费的重要领域。产业链涉及了内容创意、软硬件、

电信、互联网、广播电视服务等信息文化产业的方方面面，具有高融合性、高附加值的特点，倍增和带动效果显著。它正成为中国经济发展新的增长点。随着数字家庭产业的快速发展壮大，对技术的研发与推广、以及产品的生产、安装、维护、服务、销售、管理等人才需求迅速增长。从数字家庭人才的需求结构来看，除了从事数字家庭技术和产品研发的高端人才以外，需求量更大的是数字家庭产品使用、维护与管理的技术应用型人才。然而相对于技术和产业的快速发展，数字家庭技术应用型人才培养相对滞后。目前数字家庭产业人才主要来自于高校各类电子信息技术相关专业。这些专业大多不针对数字家庭产业用人需求培养人才，也没有形成具有行业针对性的人才培养模式和技能培养体系，这使得高校培养的学生在技能和实际岗位上不能够满足数字家庭产业的用人需求。因此，如何针对我国数字家庭产业应用型人才的技能培养体系和实践教学模式进行探索，形成有效的、具有产业针对性的职业教育培养模式和技能培养体系，对于数字家庭产业人才培养、促进产业健康持续发展具有十分重要的理论和实践意义。

2.数字家庭应用型人才现代学徒制培养的思路和设计

现代学徒制是将传统学徒培训与现代学校教育相结合的合作教育制度，是现代职业教育制度的重要组成部分。它是实现高职教育功能定位和高技能人才培养目标的有效途径。它既不同于传统的学徒制，也不同于单纯的学校职业教育。它改变以往理论与实践相脱节、知识与能力相割裂、教学场所与实际情境相分离的局面，是产教融合的基本制度载体和有效实现形式，也是国际上职业教育发展的基本趋势和主导模式。国内职业院校近年来在探索现代学徒制方面，提出了一些新形式和新做法，取得了一定成效。如浙江工商职业技术学院“带徒工程”改革实践、广东省清远职业技术学院“双元育人”学徒制模式、广州工程技术职业学院以工作室为基础的现代学徒制培养模式等。这些做法的共同特点是企业由传统的单纯用人和参与育人，转变成为育人的重要主体。企业具有用人和育人的双重功能，扭转了企业被动育人的现状，促进了产教的融合。因此，针对数字家庭这种新兴产业，将现代学徒制引入到数字家庭应用型人才培养中，符合目前产业对用人的要求，可以有效地实现高技能人才的培养目标。

为适应数字家庭产业快速发展对高素质技能应用型人才的需求，依据国内现代学徒制的研究与实践经验，提出了依托广州市大学城国家数字家庭应用示范产业基地实施数字家庭应用型人才现代学徒制培养的思路和设计。利用基地

内企业多、技术集中、技能人才需求旺的优势和特点，针对高职学生普遍对数字家庭技术接触少而又缺乏实践经验的现状，通过学校、基地企业的深度合作与教师、师傅的联合传授，实施以技能培养为主的现代学徒制培养，在技术知识和技能培养方面紧跟产业发展，有效、快速地提升学生从事该产业的技能水平和职业素质，满足产业用人需求。

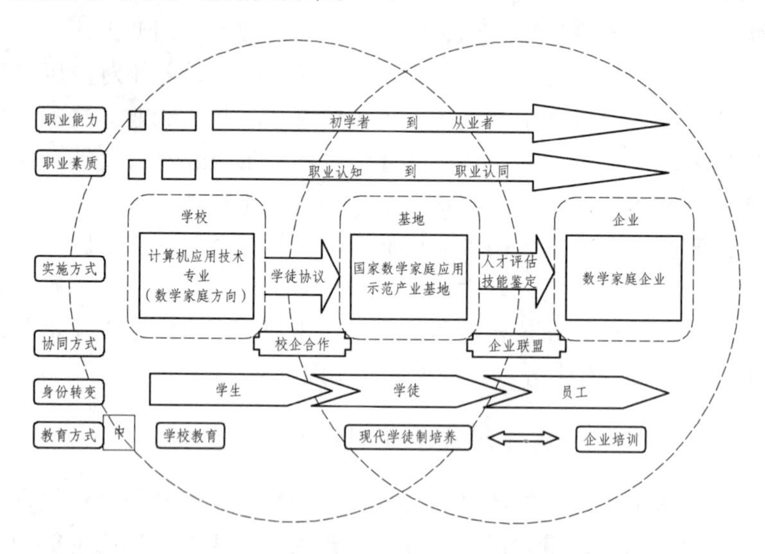

图2-4 依托基地实施现代学徒制培养的设计框架

其设计框架如图2-4所示，以校企合作、工学结合为基础，按照基地产业链的岗位分布、人才需求、以及岗位要求，由基地企业和学校的双主体联合培养，以学生的职业技能培养为核心、实践课程为纽带、师傅和教师的深入指导为支撑，通过“学校—基地—企业”三个不同实施环境，让学生循序渐进地完成技术学习、技能训练和岗位实践，最终实现就业。其中在学校课堂完成基础技能培养和专业技术学习，在基地内完成新技术和核心技能的学习和实践，在企业中进行学徒培养并完成岗位技能学习和岗位工作实践，并在通过基地技能鉴定考核与校企人才评估考核后推荐进入基地企业工作。通过学徒培养过程，使学生实现由学生到学徒再到员工的转变、从职业认知到职业认同的职业素养转变、由初学者到从业者的职业能力转变。

3.依托基地实施现代学徒制培养的举措与实践

1）依托基地，对接产业，开展高技能应用型人才订单培养

高职实施数字家庭应用型人才培养必须对接产业、依靠产业力量，了解

产业中企业的人才要求，通过校企联合培养，这样对人才的技能定位和培养目标才能精准。学生所学的专业技术知识和岗位实践经验才能更贴近企业实际，从而学以致用，促进可持续发展。针对数字家庭产业技术更新快、人才需求多样化的特点，如果没有企业的参与，学校不可能单方面培养出符合产业要求的人才。

因此，提出以基地为依托，将适应基地企业用人需求和学生个体发展需要作为目标，借助基地的技术平台和企业聚集效应，围绕现代学徒制的内涵以及现代学徒制的管理机制建设开展人才技能培养体系的探索，利用学校的教育优势和基地的资源优势，共同开展对数字家庭应用型人才的联合培养。对此，广州铁路职业技术学院计算机应用技术专业于2009年就开始与基地广东数字家庭教育中心就合作开展数字家庭应用型人才培养进行了相关的论证和交流。并于2010年与广东数字家庭教育中心签订了联合培养数字家庭应用型人才协议，在计算机应用技术专业的基础上开设数字家庭方向，实施校企合作开展“订单”人才培养。根据基地企业的用人要求，与合作企业共同制订培养目标与方案，为基地企业进行专门化培养。这样，学校的培养目标与基地用人标准高度一致，满足基地企业用人标准，保障学生学以致用、顺利实现就业。

2）校企共建“数字家庭人才培养基地”，搭建校企双主体现代学徒制育人平台

与基地企业一起共建“数字家庭人才培养基地”，搭建校企双主体现代学徒制育人平台。探索数字家庭行业现代学徒制培养的架构，解决人才技能培养的针对性、岗位安排、学徒管理等方面的问题，化解新兴产业人才需求与人才教育培养相对滞后的矛盾，形成与基地合作企业共同设计、共同实施、共同评价专业人才培养的合作组织架构和机制。

①在基地内共建“数字家庭人才培养基地”，按照项目管理模式构建“管委会—监事会—工作站”的合作组织架构。其中管委会由基地合作企业和学校组成，负责确定“培养基地”发展规划、制订资源筹集目标、建设双师团队、搭建实训与就业平台、寻找合作项目、组织技术研发等内容。监事会保障校企双方权益最大化。工作站依据职责分工开展教学、实践训练与技能鉴定服务。

②设置监事会保障合作基地的权益。监事会对校企双方投资人以及员工负责，对基地的运营、管委会的决策以及经营行为、业绩进行评估和监督。

③设置企业工作站，负责校企共同进行招生、教学管理、技能鉴定、就业指导等人才培养工作，并接受监事会的监督。

3）依据基地用人标准，确定校企能力培养目标和规格

针对基地企业对应用型人才的要求，与企业一起提炼出9个职业能力（如表2-4所示，其中职业通用技能4个，职业核心技能5个），并以此为教学主线，将9个能力及其训练项目融入对应专业课程的学习，基于典型工作任务过程，共同优化专业课程体系，贯穿人才培养全过程，按岗位方向培养学生的首岗适应能力和岗位核心竞争力。教学设计和教学组织分三个阶段：第一阶段完成职业基本素养课程和职业通用能力课程的学习；第二阶段完成职业核心能力课程的学习和项目训练；第三阶段在企业按岗位要求进行实习和工作。在“学校—基地—企业”三环境中完成人才专业技能和职业素质的培养：环境一，在学校课堂中，学生以学生的身份在教师的讲授下完成基础技能的学习，教师以此环境为背景构建适合课堂教学的教学资源；环境二，在基地中，学生具有学生与学徒的双重身份，在此环境中，在导师的指导下强化专业技能的学习，导师以此环境为背景构建适合企业工作站指导的教学资源；环境三，在企业中，学生以学徒的身份完成顶岗实习，在此环境中，在师傅（项目负责人或项目经理）的引领下完成专业技能的夯实与应用，师傅以此环境为背景构建适合企业工作学习的教学资源。

表2-4　数字家庭应用型人才培养（学徒班）的9个职业能力

技能	9个能力	开设专业课程	数字家庭岗位方向
职业通用技能（4个）	1.计算机及办公设备维修维护能力 2.局域网组建及维护能力 3.IT技术文档撰写能力 4.网页设计与制作能力	1.计算机组装与安全维护 2.路由型与交换型网络互联技术 3.高级办公自动化 4.网页设计与制作	技术服务类 业务助理类 网页设计类
职业核心技能（5个）	1.数字家庭设计与制图能力 2.嵌入式系统开发能力 3.智能家居系统设计与实施能力 4.安防系统应用与维护能力 5.移动终端应用软件开发能力	1.工程制图（AutoCAD） 2.嵌入式系统原理及应用 3.智能家居设计与实施 4.安防系统设计与实现 5.Android项目开发	系统集成类 软件开发类

4）依托基地开展学徒培养，完善工学结合运行机制

学生第一、二学年在学校接受职业教育，企业工程师到校讲授专业技能课程；第三学年“校企生”三方签订协议，学生进入基地集中学习和实践。实践期间实行学徒培养，让学生从基地课堂训练逐渐过渡到企业岗位实践。

培养过程如图2-5所示，其中第三学年第五学期在基地中以现代学徒制

形式实现企业项目式教学，由企业工作站专业教师驻企任课，和企业指导教师一起完成对学生的集中培训和训练，学生以学徒身份完成实践课程。第六学期顶岗实习，由基地企业实施“师傅—学徒”的岗位工作指导，在此环境中，在企业师傅的引领下完成岗位技能的夯实与应用，师傅以此环境为背景构建适合企业工作学习的教学资源。与基地合作企业共建工学结合管理机制，保障实践教学环节的落实到位，使学生的专业技术和岗位技能得到有效的锻炼。最后学生在企业导师和专业教师的共同指导下完成实习考核。

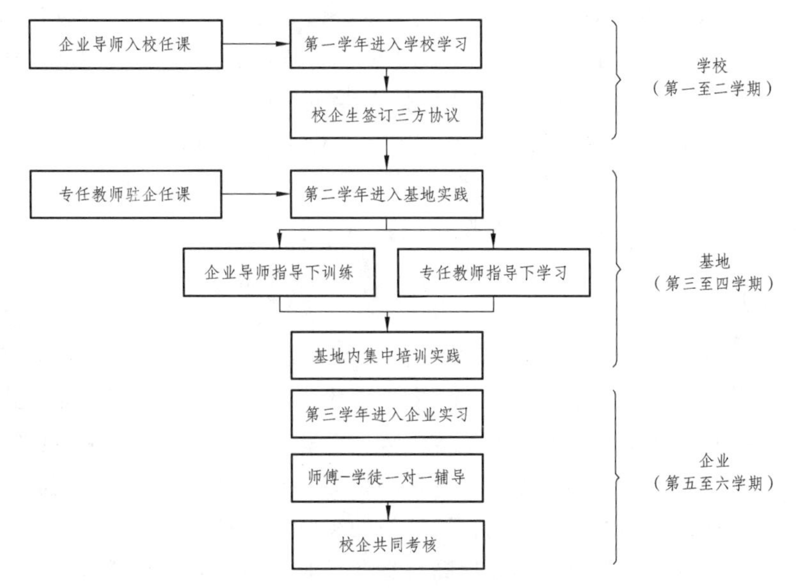

图2–5　依托基地实施现代学徒制培养的流程

5）设立企业工作站，以项目管理的形式进行实践课程管理和考核评价

按照合作协议和组织架构，在基地内设立企业工作站，并成立由校企双方成员共同组成的实践项目管理小组，校方企业工作站负责人担任召集人，企业方担任技术审订并按校企双方提供的需求标准组织实施。由企业工作站负责制订、监管、跟踪人才培养、以及订单就业的规划与实施。

①制订校企责任，制订项目式教学管理办法。根据校企双方的合作约定，确定双方在教学运行过程中的责任与权力，按照IT行业项目式管理模式，进行教学过程监管，形成校企协同的项目式教学管理办法。

②制订工学交替教学组织办法。依据数字家庭产业相关企业的用人需求及产业特征，实行分段式工学结合教学组织模式，实现教学与生产从形式到内容的结合。

③制订素质与能力并重校企联合考核评价办法。以项目管理的形式创新考试方式，建立课程考试、工作考核、技能鉴定相结合的考核评价体系，校企双方从素质和能力方面全方位地对学生进行综合考核评价。

6）建立校企互派共育合作机制，打造专兼结合“教师与师傅”双师教学团队

通过校企互派互聘，建立校企双方互兼工作岗位、互派专业人才、互聘技术职务、共同培育教师、共同解决教学课题和生产技术难题的“互派共育”机制。学校聘请基地企业骨干担任专业指导委员会委员、专业带头人、兼职教师（师傅）等职务，参与专业建设、实践课程教学、实训基地建设、竞赛指导等工作。而基地合作企业聘任企业工作站驻站专业教师参与企业项目研发、技术服务与技能培训鉴定等工作。校企携手打造由专业教师、企业工程师组成的专兼结合“教师与师傅”双师教学团队。调动校企双方指导教师的积极性，不断提高指导教师队伍的整体水平。

4.结论

针对数字家庭产业发展快、技术新、人才需求旺，而高校人才培养不适应产业需求的情况，提出了依托基地实施现代学徒制的培养模式。该模式的特点在于依托基地技术资源和企业集群优势，有针对性地培养学生从事数字家庭行业岗位工作的职业通用技能和专业核心技能，并通过学徒培养，完成岗位实践和技术积累，使学生能够根据自己选择的岗位方向和技能专长在数字家庭产业中找到属于自己的岗位，从而提高自身在行业中的适应性和竞争力，成为产业所需的技术应用型人才，从而服务于区域数字家庭产业经济发展。

2.3.5 中高职衔接人才培养的探索与实践

1.实施背景

《国家中长期教育改革和发展规划纲要（2010-2020年）》提出“到2020年，形成适应经济发展方式转变和产业结构调整要求、体现终身教育理念、中等和高等职业教育协调发展的现代职业教育体系，满足人民群众接受职业教育有需求，满足经济社会对高素质劳动者和技能型人才的需要。”这是“统筹中等职业教育与高等职业教育发展”的战略思想。由此可见，中高职衔接是建设现代职业教育体系的关键环节和重要任务。

中职与高职教育是同类性质的两个不同阶段和层次的教育，在经济社会发展需求的不同时期担当起应用技能型人才培养的重任。进入21世纪，随着中国经济增长方式的转变，产业结构的调整，社会经济发展对人才需求结构的改变，人才需求趋向高层次已成为不争的事实，经济的发展对职业技术教育提出了新的要求。在大力发展高等职业技术教育的同时，如何做好中、高职之间的衔接已经成为关系到职业教育健康发展的重要而迫切的问题。

当前，我国已提出职业教育到2020年的发展目标，即建设中国特色、世界水平的现代职业教育体系。中等和高等职业教育协调发展问题涉及的因素很多，其中很重要的一点就是中高职教育衔接培养模式的研究与实践，这个问题解决不好，中等和高等职业教育就难以协调发展，现代职业教育体系也难以形成。从政府、政策的宏观层面解决经费、机制等问题固然是关键，但在现有的条件下从学校层面探索如何突破办学体制瓶颈，构建职业教育体系，提高人才培养质量，也尤为重要。近年来，广州铁路职业技术学院计算机应用技术专业依托广州国家数字家庭应用示范产业基地，开展订单班、现代学徒制试点等多种形式的数字家庭应用型人才培养模式，此外，还进行了中高职教育衔接培养，为如何构建现代职业教育体系、发展现代职业教育、为地方产业发展助力进行了积极的探索，既满足人们对更高层次的职业教育的要求，也满足专业提升服务产业的需求，对同类高职院校开展中高职教育有一定的借鉴作用。

2.中高职衔接的培养思路

有鉴于此，我们在实施数字家庭应用型人才培养的探索和实践过程中，针对数字家庭应用示范产业基地内中小企业对应用型人才的迫切需求，我们提出了基于中高职衔接来实施数字家庭应用型人才培养的解决方案。然而，中高职衔接的实施，与订单培养和现代学徒制培养不同，人才培养的过程不仅仅涉及合作企业，还涉与中职学校的人才培养衔接。因此，在中高职衔接人才培养中，应该处理好以下关系：

首先，中职与高职人才培养要衔接好。中高职衔接人才培养模式下，需要考虑的是中高职人才培养的衔接问题，即培养目标和规格的衔接、教学内容和课程的衔接、教学方式和师资的衔接等，以确保中职学生能够顺利达到高职生源的培养要求。

其次，高职与企业人才培养要对接好。要通过校企合作共建育人平台，针对企业用人要求，通过企业岗位职业能力分析，校企双方共同制订好人才

培养方案，使教学内容、专业课程设置、技能培养能够对接好企业需求，保障高职培养的人才可以满足企业用人需求，实现就业的无缝对接。

最后，学校与企业培养过程要链接好，对于从中职到高职的过程中，课程设置、教学内容要对接好，人才技能教学要链接好。而高职到企业，整个人才培养过程要链接好，不要出现脱节。即技能培养和岗位实践要对接好，岗位职业能力的训练和就业渠道要链接好。

对此，我们提出了数字家庭应用型人才——中高职衔接人才培养的思路。

1）生源衔接上，打破传统，实施“1对多”的衔接模式

针对数字家庭中小型企业对人才需求具有岗位方向多、用人数量少的特点，在中职与高职的衔接上，打破一所中职院校对接一所高职院校的传统模式。实施“1对多”的衔接方式，即实施一所高职院校对接多所的中职院校中高职衔接。这种方式的优势在于使生源多元化，技能多样化，使人才培养具有差异化，能够满足企业不同岗位的需要。此外，由多所中职院校提供生源，也能够保证对接专业的生源充足。

2）人才培养上，注重技能，实施学徒培养

在人才培养上，根据企业的用人标准和中职生源在技能上的优势，我们借鉴现代学徒制的培养经验，强化技能培养和实践，对接企业，实施学徒培养，让学生在学徒培养的环境中获得企业专业技术、岗位职业能力和工作经验。为学生后续工作和发展奠定基础。

3.实施方案与内容

我们以广州铁路职业技术学院计算机应用技术专业为试点的“三二分段中高职衔接”。在吸收已有成功经验的基础上，在“1对多”的中高职衔接下实施“双主体三元制”学徒人才培养模式的探索和实践。具体实施方案和内容如下。

1）搭建“学校—基地—企业”三方协同育人长效机制

为积极探索工学结合、校企联合培养高素质技能型人才的培养模式，打造校企合作平台和长效运行机制，实践共建特色人才培养模式，并充分发挥行业协会、企业、学校等各方面的资源优势，本着“平等自愿、取长补短、分工合作、各取所需”的原则，由广东数字家庭人才教育中心牵头，联合行业内骨干企业和多所高职院校共建“物联网行企校协同育人中心”。如图2-6所示。

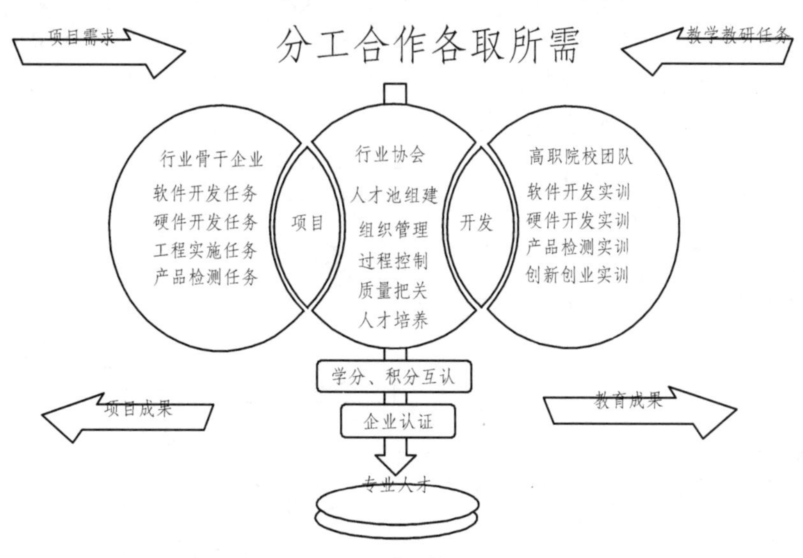

图2-6 物联网行企校协同育人中心

基地在合作院校中优选学生（学徒）组建人才池，由骨干企业提供小型开发项目，由协同育人中心的人才池提供学徒，在高职院校骨干师资的带领下，以项目的形式进行开发。由协同育人中心进行项目管理，由企业进行项目验收。企业获取开发项目成果，高职院校获取教育教研成果，协同育人中心获取人才培养成果。

长效机制建设：实现“需求—培养—满意—培养”的不断循环反复的监控过程，建设动态化的现代学徒制的育人质量监控长效机制，主要措施包括：进行年度的企业需求调研、组织学徒职业资格考证、建立联盟企业认证机制、进行年度职业能力测评、建立人才培养标准修正机制进行招生方案、人才培养方案的调整。

2）实施“双主体三元制”学徒人才培养模式

“双主体三元制”是指以高职院校和主导企业作为双主体为主导，形成由协同育人中心、用人企业、中职学校等三方参与的人才培养的机制，其中高职院校和主导企业作为双主体承担人才培养的主要任务。

高职院校和主导企业签订人才培养合作协议，与协同育人中心、用人企业、中职学校等三方一起确定人才培养目标和需求，制订中高职人才培养方案；按照企业的需求和学校的人才培养规律，依托广州国家数字家庭应用示范产业基地，通过非生产性任务和生产性任务，实施岗位能力的培养；学生毕业，用人企业与学徒签订劳动合同，正式成为企业员工，实现毕业即就业的无缝对接。用人企业由主导企业在数字家庭产业链中的合作企业中挑选。由于二者有合作关系，因此在主导企业进行岗位实践培养的学徒也能够顺利适应用人企业要求。如图2-7所示。

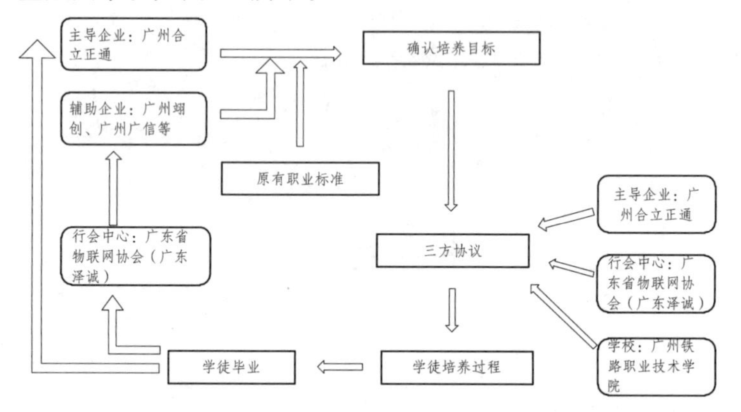

图2-7 “双主体三元制”学徒人才培养模式

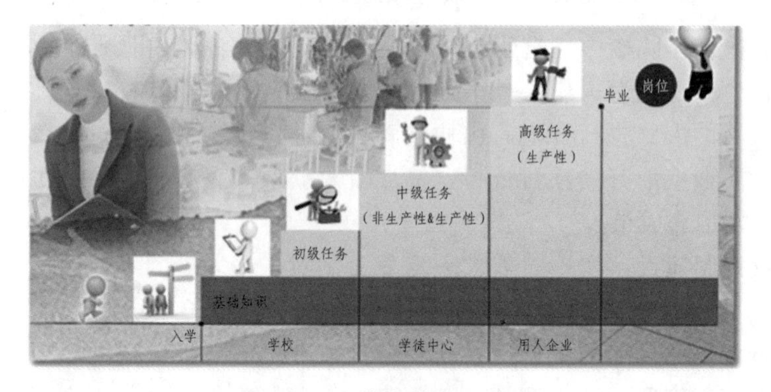

图2-8 人才培养的三阶段

人才培养分成三个阶段：第一阶段在学校进行基础知识的学习和初级任务的培养，第二阶段在学徒中心通过非生产性任务进行行业共性的核心技能的培养，第三阶段在企业进行生产性任务的培养，由企业对具有一定行业共性技能的学徒进行重点培养，使其掌握具有本企业的特色的企业文化和工作技能，大大增强了学徒的行业适应性和就业面。因为更能切合企业需求，也吸引了更多的企业主动参与到人才培养计划中来。同时也弥补了单一企业与学校合办专业的培养模式中人才需求不能稳定和不能适应行业企业快速变化的需求这两个缺点。如图2-8所示。

3）校企共同开发学徒培养课程体系，实施四大对接

开展深入而广泛的调研，分析与预测区域产业对本专业技能型人才的需

求，确认了典型工作任务及学徒岗位能力要求，理清专业技术技能课程、学徒岗位能力课程与职业能力的对应关系。强化学徒培养系统设计，统筹、考虑中职学段与高职学段的课程设置和教学内容。以职业岗位群构建课程体系，贯穿“专业与产业对接、课程内容与职业标准对接、教学过程与生产过程对接、学历证书与职业资格对接”的思路，形成中高职衔接学徒培养课程体系，突出针对性和应用性，实现四大对接。如图2-9所示。

专业技术技能课程（必修课程）	高级办公自动化	48
	工程识图与制图	48
	面向对象程序设计	72
	计算机组网技术	54
	自选课程2门	96
	已安排课程小计	
	……	……
	小计	318
学徒岗位能力课程（限选课）	综合布线	36
	智能系统设计	54
	工程实施与项目管理	42
	物联网技术及应用	54
	移动互联技术及应用	54
	自选课程1门	36
	设计岗位实践	180
	施工岗位实践	180
	运维岗位实践	180
	毕业设计	100
	已安排课程小计	916
任选课（含专业拓展课程）	企业文化	36
	招投标管理	36
	沟通技巧	36
	团队协作	36
	工程概预算	36
	新技术讲座	36
	信息安全	36
	知识产权保护	
	……	108

图2-9 学徒课程体系构建示意图

4）培养方案体现一体设计、分段培养、整体优化

按照“共同制订培养目标，共同制订教学内容、共同制订评价方法”的原则制订三二分段中高职衔接的专业人才培养方案。中职学校负责实施前三年的学生管理工作和教学任务，其中第六学期为过渡学期；高职院校负责实施后两年的学生管理工作和教学任务。中高职人才培养方案要聚焦于培养数字家庭产业生产、服务、软件开发一线的高端技能型专门人才。制订人才培养方案应以培养学生高职职业技能和素质为主线，同时对课程模块选择配置、有效组合和合理进行排序，给学生提供一个毕业后多渠道发展的平台，实现人才培养方案的整体优化。

5）校企共同实施工学交替、分段教学

改革以学校和课堂为中心的传统教学方式，改进教学组织方式。教学过程实行工学交替，校企联合交互培养的方式，将课程分为学校理论课程和企业项目课程。第1学期，以学校老师为教学主体，采用学习和见习交替的方式，教学地点设置在学校；第2学期，以基地培训老师为教学主体，进行专业课程教学一体化的技能训练；第3学期在基地进行岗位项目实践；第4学期由企业落实学徒的工作岗位，以企业为主，采用企业导师岗位师带徒、学校导师理论辅导的方式进行多岗位在岗培养，强化应用型人才高素质、高技能的能力培养。如图2-10所示。

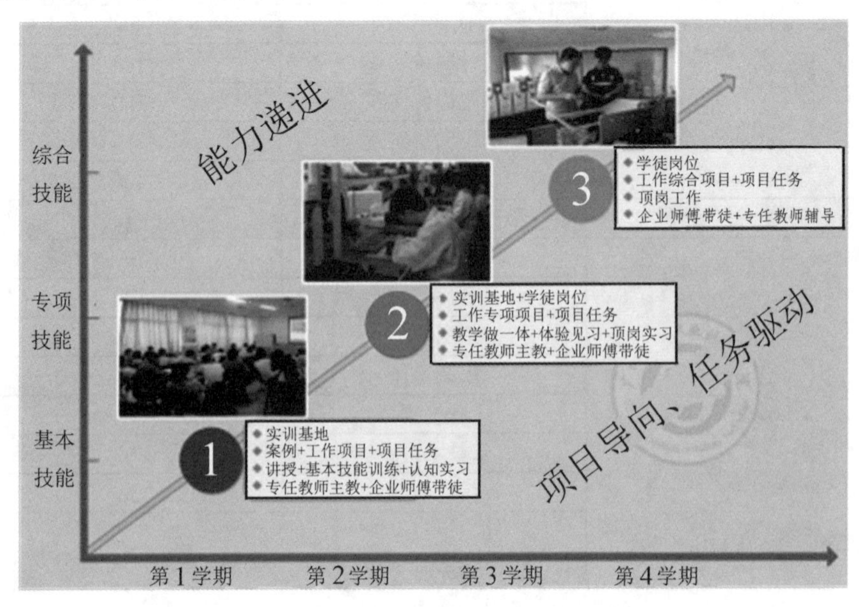

图2-10　工学交替的学徒分段教学过程

6）校企共建现代学徒制“双导师”教学团队

实行双导师制，“校企行”互聘互派，共建“教师与师傅合一”双导师教师团队，“校企行”三方共同组建学徒培养教学团队，学校老师负责的公共基础课程和专业基础课程（含基础实践课程），基地人才中心（物联网行业协会）师傅负责的行业共性的非生产性任务课程，企业师傅负责本企业专项岗位技能生产性任务课程。三部分课程根据人才培养的要求，实行交叉轮换分阶段教学，实现学生职业能力在课堂中学、在实践中学和在实战中学的相互促进，循环提高。

7）建立学徒育人质量监控机制

以“校企共管、多元评价”的原则，建立由学校、基地、企业、行业协会等多方参与教育教学质量的监控、评价、反馈的过程监控与质量保证体系，特别是本行业协会协助人社部引入“职业资格证书”和“育人联盟认证”作为学徒考核的重要评价方式。如图2-11所示。

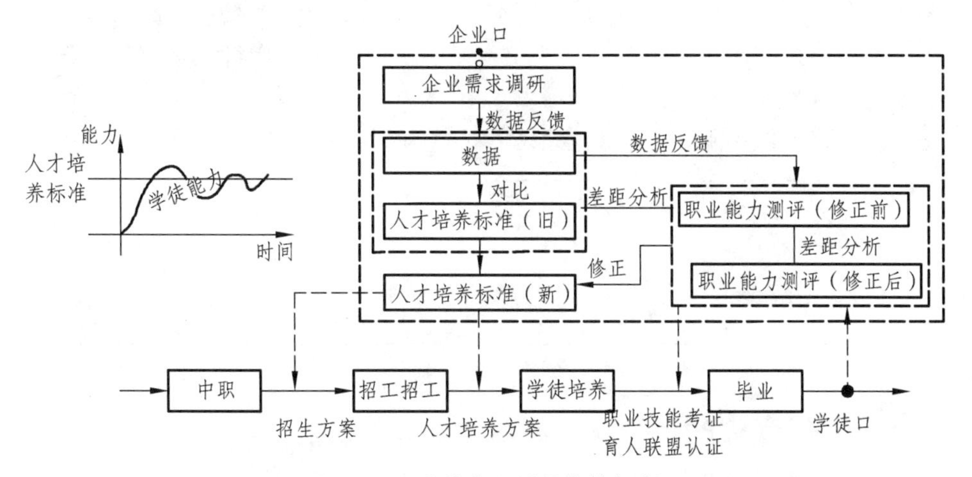

图2-11　学徒育人质量监控机制

企业口调研：开展企业需求调研，包含对职业能力需求调研和满意度调研，获得调研数据，对学校现有的人才培养标准进行分析，发现差距，利用测评工具分析差距产生的原因。将差距分析结果反馈到学校，学校根据反馈结果修改其人才培养标准，包括人才培养方案的修订、招生方案的修订。

学徒口评测：学校根据修改后的人才培养标准，进行培养。学徒在非生产性任务完成后，进行职业技能证考核；根据育人联盟积分体系要求，生产性任务结束时，根据积分获取联盟企业等级认证。并对培养效果进行反馈并测评。学徒毕业时，对其实施测评，检验人才培养标准是否有效。

3 课程体系改革与实践

本章引言

根据数字家庭企业用人岗位的职业能力分析，对数字家庭应用型人才培养的课程设置和教学内容进行探讨和分析。依托广州国家数字家庭应用示范产业基地，对订单班培养、现代学徒制培养、以及中高职衔接培养的课程体系构建进行探索和实践。提出基于工作过程的“平台+方向+岗位”课程体系设计，为数字家庭高端技能型人才培养提供一个可供借鉴的课程培养体系。

内容提要

3.1 课程体系改革的原则；
3.2 数字家庭应用型人才培养课程体系构建思路；
3.3 订单班人才培养课程体系改革与实践；
3.4 现代学徒制课程体系的改革与实践；
3.5 中高职衔接课程体系的改革与实践。

3.1 课程体系改革的原则

随着国家经济发展和产业结构调整，企业所需的应用型人才呈现综合化的趋势。这种趋势是科技和社会快速发展的现实反映，也是对人才全面和谐发展的要求。产业发展对人才需求的特征已不再单一，在人才培养上，不但要求培养对象具有足够的专业知识，而且要具备有一定的人文社会知识，不但要求其具有专业技术而且要求具备从事岗位工作的职业技能，不仅要求其具有职业素养，而且要求具备道德素养。应用型人才培养的课程体系和教学内容的设计不但要使培养对象具备必要的专业技术、职业能力和职业素养，而且还要掌握岗位核心技能和实践经验，最后还要具备人才持续健康发展必不可少的科技知识、人文修养和道德素养。有鉴于此，课程体系和教学内容的制订需要对上述要求进行足够的关注，以便在人才培养模式的指引下，顺利的培养出数字家庭产业所需的人才。因此，我们对课程体系改革提出了以下的原则。

1.适应产业发展原则

《国家中长期人才发展规划纲要（2010—2020年）》和《国家中长期教育改革和发展规划纲要（2010—2020年）》指出，人才培养要适应发展现代产业体系的需要，加大重点领域急需的紧缺的专门人才的开发力度，要适应产业结构优化升级的要求，以提升职业素质和职业技能为核心，形成一支门类齐全、技艺精湛的高技能人才队伍，要把职业教育纳入经济社会发展和产业发展规划，促使职业教育规模、专业设置与经济社会发展需求相适应。由此可见，人才培养要适应产业发展的需求。

对于人才培养，课程体系和教学内容确立了人才培养的学识、能力和素质，决定着向产业输送人才的质量。因此，为了确保人才培养满足产业需求，以保障和促进产业健康持续发展，对于课程体系及教学内容的改革要适应产业发展。

2.课程整体优化原则

整体优化对于课程体系来说就是指综合考虑社会对人才的各种知识、技能和素质的基本要求，确定课程的数量、内容、课程间的关系及其评价标准，使之形成一个相互联系、彼此照应、相互促进的合理结构。对教学内容来说，则是根据课程在课程体系或结构中的地位和作用，确定要传授多少、如何传授及其内在关系。

对于应用型人才培养，不但需要专业技术课程、还需要技能拓展课程，此外公共素养课程也不能缺失，因此如何确定课程设置，优化课程结构，构建适应产业发展需求的教学内容，对于人才培养来说尤为关键。

3.重基础强实践原则

应用型人才需要具备高端的技术和娴熟的技能，同时也需要扎实的文化基础。对此在培养过程中，应该重视基础知识的学习和强调技能训练和实践。考虑到高职学生的基础知识薄弱，因此在规划课程时，要注重文化基础课程和专业基础课程的设计和安排。而文化基础课和专业基础课既是学生学历提升的重要部分，也是学生职业生涯发展的重要基础。因此在课程体系构建的过程中，要重视对基础课程的设置，既要满足学生个人学历发展的需要，也要体现课程体系系统性、完备性、稳定性。

此外，专业核心技能培养是应用型人才的根本。不但要加强专业核心技术的认知和学习，而且还要强化岗位核心技能的实操和训练，并且要强调企业实际岗位和项目的实践。这样才能有效地培养出产业要求的应用型人才。

4.课程综合化发展原则

课程综合化发展原则就是强调各个学科领域之间的联系性和一致性，避免过早地或过分地强调各个领域的区别和界限，从而防止各个领域之间彼此孤立、相互重复或脱节的隔离状态的一种课程设计思想和原则。

首先，课程综合化发展是与社会与科技发展同步进行的。科技的飞速发展，各个学科技术的融合，科技综合性加强，使新兴产业对复合型人才需求成为趋势。仅靠传统的几门孤立的专业技术课程是难以做到的。

其次，在知识结构对人才培养具有重要影响。随着科学技术研究的高速发展，一方面在纵向上使学科内部的分化更加精细，另一方面也在横向上使学科之间进一步交叉渗透。这种渗透不仅使各门学科向广延发展，使它们之间的界限模糊且融合，而且它还是各门学科向纵深发展必须借助彼此的知识和方法的需要。课程设置和教学内容要反映产业科技发展的新成果，并促进知识的再生产，就必然再纳入一些重要的综合性知识，而只通过对原有专业课程做一些内容调整显然是不够的。

最后，课程综合化是学生认知发展的客观需要。传统的专业课程设置主要为了适应学生认知分析的需要，在发展学生技能综合应用方面明显不足，

这势必造成学生认知发展的不完整性。此外，企业岗位所接触的事物和现象大都以综合的形式存在，把学生在学校中所学的知识在内容和形式上进行一定程度的综合，将有利于学生更快地把学习的知识纳入自己的认知结构。再者，学校课程在内容和形式上的综合化将利于学生进行知识和思维方法的相互迁移，提高综合运用各种知识解决问题的能力。

现代学校教育的根本目标在于促进学生个性的全面发展，这种发展是综合性的，它有助于学生更快地适应综合化的社会环境和社会生活，为改造社会发挥作用，并在其中逐步实现整体的自我。反之，社会的发展也客观要求其建设者具有综合性的知识和能力。而把社会和学生协调统一在一起的是从社会中提炼出来并让学生系统学习的课程知识。这些知识必须具有一定的综合性，才能真正发挥自己的桥梁作用，使社会发展与学生发展相互促进。

5.教学内容与方法、手段改革相结合原则

教学内容、教学方法和教学手段的改革是职业教育改革的重要部分，也是教育改革的难点。与本科教育不同，应用型人才培养，教学内容来自于对企业工作岗位的职业能力分析，在分析岗位职业所涉及技能的基础上，构建技能训练目标和教学内容。由于教学内容以岗位技能和职业能力为主线，教学方法和教学手段也要随之变化。不同技能的培养和训练存在着一定的差异，所需的培养方式和手段也会有所不同，因此应用型人才的培养在改革教学内容的同时，也要积极运用现代科学技术和教育信息化技术来改良教学方法和手段，以提高学生的积极性。

6.跟踪科技前沿技术原则

数字家庭技术发展迅速，新技术层出不穷，这一点和传统产业是不一样的。因此，在进行课程体系设计时要充分考虑技术的变化和变化周期，使学生对技术的学习既要有广度又要有深度。在课程内容上引入当前主流的新技术、新内容，使课程内容紧贴时代前沿技术，这样既能解决学生为什么要学的困惑，又有利于提高学生的学习兴趣。

3.2 数字家庭应用型人才培养课程体系构建思路

针对数字家庭应用型人才培养，在确定了校企合作方式和人才培养模式

之后，培养的关键就在于如何以就业导向实施课程体系开发，按照“学校—基地—企业”的校企共同育人模式，实施与职业岗位工作过程对接的教学内容设计，基于数字家庭企业工作过程设置专业课程，构建以“平台+方向+岗位”的模块化课程体系。该课程体系应以岗位群所需职业能力为框架，以技能训练为主线，按照平台基础课程、方向核心课程、岗位实践课程三个模块设计模块化课程体系。

随着企业岗位对数字家庭应用型人才要求的变化，应依托数字家庭应用示范产业基地，根据职业岗位和岗位群对岗位人才综合素质的要求，确定人才的培养方向，分析人才能力培养目标，设置科学合理的课程体系，优化课程结构，制订高效的教学内容。平台课程设置以实用、够用为原则，并确保方向核心课程的教学效果。以职业岗位为依据，构建实践教学体系，把岗位实践课程的强化训练和职业资格考证衔接起来，注重顶岗实习的有效开展。

为把学生培养成基础知识牢、实践技能强、岗位适应快、创新意识高、综合素质好的高端技能型人才，要以能力为本位。依据岗位工作过程要求，将专业课程构建成项目化课程。课程体系设计，遵循“两个规律”。一是高等职业教育人才培养规律，设计教学内容和课程时，要考虑学生素质的培养和扎实的基础理论知识学习与储备，为学生继续深造和发展奠定坚实基础；二是职业能力成长规律，设计教学内容和课程时，要考虑学生所面对的岗位典型工作，为逐级提高学生的职业能力和岗位适应能力奠定基础。在此思想指导下，与企业共同设计与开发方向核心课程，形成面向数字家庭产业的计算机专业课程体系。项目化课程可以设置若干个项目，通过项目完成教学任务，项目完成，课程即结束。专业课程学习结束，学生即可考取相应的职业资格证书，实现人才培养目标。

3.3 订单班人才培养课程体系改革与实践

3.3.1 订单班人才培养课程体系实施背景

围绕数字家庭产业及产业链，对珠三角地区生产型企业、服务型企业、机关事业单位3类近百家中小型企业与信息技术相关的岗位进行分析（见表3-1），发现珠三角地区与数字家庭相关的岗位主要集中在技术应用、内容服

务和软件开发上，其中，技术应用占据主流需求。

表3-1　百家中小型企业IT岗位分析

调研单位类型	IT相关岗位分布	按照技术领域进行归类		
		技术应用类	内容服务类	软件开发类
生产型企业	软件开发；软件测试岗位；二维动画制作岗位；影视特效制作岗位；数字家庭技术集成岗位；嵌入式产品开发岗位；智能家居系统维护岗位	62%	22%	16%
服务型企业	IT运维；IT商务运作岗位；信息管理岗位；数据库应用与管理；平面广告设计岗位；数据恢复岗位；智能家居产品设计岗位；网络规划、配置实施	50%	22%	28%
机关、事业单位	IT运维；IT商务运作岗位；信息管理岗位；数据库应用与管理；平面广告设计岗位；数据恢复岗位；智能家居产品设计岗位；网络管理；数据恢复	48%	19%	33%

依据调研数据分析，结合专业办学实际，将计算机应用技术专业订单人才培养定位为：服务数字家庭产业基地中小企业，以培养智慧城市以及数字家庭技术集成应用岗位人才为主线，以培养软件开发和技术服务人才为支撑，能够适应珠三角地区中小企业数字家庭产业岗位基本需求的，并能够动态对接企业专项岗位需求的，具备数字化社区以及家庭智能化建设、Java软件开发、信息技术运维服务等岗位能力的高端技能型人才。

3.3.2　订单班人才培养课程体系构建

1.依据典型工作岗位，细化培养岗位及能力结构

根据对区域IT市场的调研分析，得出专业培养方向的典型工作岗位（见表3-2）。按照“瞄准职业岗位→分析归纳岗位实际工作任务→确定行动领域→行动领域转化为学习领域→创设学习情境、设计教学过程”的基本路径，遵循高职教育的基本规律，针对高职学生的认知特征，以使学生拥有首岗适应能力和岗位迁移能力为目标，确定具备T型能力特征的课程体系架构，如图3-1所示。

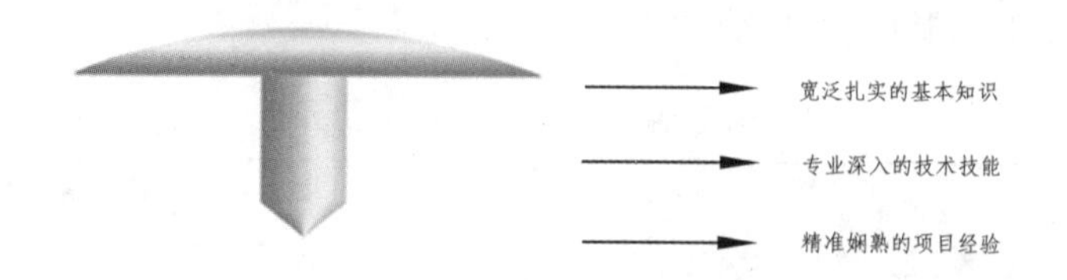

图3-1　T型能力特征示意图

表3-2　典型岗位分析

岗位（方向）	典型工作岗位（区域中较集中）	培养岗位
平面设计	平面广告设计岗位；UI界面设计岗位网页设计岗位；产品包装设计岗位；标志设计岗位；版式设计岗位；影视广告岗位；艺术摄影岗位；造型设计岗位卡通产品及衍生品开发与制作岗位	平面广告设计岗位 UI界面设计岗位
动画设计	动画角色与场景设计岗位；二维动画制作岗位；原画/动画制作岗位；三维建模岗位；材质和灯光制作岗位；三维特效制作岗位；剧本创作岗位；影视后期合成与编辑岗位；影视特效制作岗位	三维建模岗位 影视特效制作岗位
软件开发	信息管理岗位；IT运维岗位；IT商务运作岗位；Java软件开发岗位；软件测试岗位	IT运维岗位 Java软件开发岗位
技术服务	网络系统集成岗位；网站构建、管理与安全维护岗位；网络设备售前、售后服务岗位；网络工程施工、检测岗位；网络服务器构建与管理岗位；网络系统配置与优化岗位	网络工程施工、检测岗位 网站构建、管理与安全维护等岗位
技术集成	数字家庭技术集成岗位；智能家居产品设计岗位；嵌入式产品开发岗位；智能家居系统维护岗位；数字社区产品推广岗位	智能家居系统维护岗位 数字社区产品推广岗位

2.构建能力递进的“平台+方向+岗位”课程体系。

从IT应用与数字家庭企业岗位共性需求入手，采用信息技术大平台与相近专业小平台相结合、专业方向内递进设置岗位专项模块的方式，构建基

于项目导向、任务驱动、能力细化的“平台+方向+岗位”课程体系（见表3-3），以满足对学生首岗适应能力和岗位迁移能力的培养。

表3-3 “平台+方向+岗位”课程体系

<table>
<tr><td>课程体系</td><td>顶岗实习</td><td colspan="5">国家数字家庭应用示范产业基地</td></tr>
<tr><td rowspan="2">岗位</td><td rowspan="2">岗位课程</td><td>OA系统开发；电子政务系统开发；电子商务系统开发</td><td>系统调试；系统开发；数据库管理</td><td>企业1网站开发
企业2网站开发</td><td>企业网络工程项目
网吧布署项目</td><td>数字家庭互动项目开发，智能家居系统数字安防；数字家庭项目管理</td></tr>
<tr><td>JAVA
软件开发</td><td>IT运维</td><td>网站开发</td><td>网络工程</td><td>数字社区集成</td></tr>
<tr><td rowspan="8">+
方向
+
平台</td><td rowspan="4">方向课程</td><td colspan="2">1.计算机行业规范
2.软件行业规范
3.Java程序员编码规范
4.计算机软件保护条例
5.中国IT服务管理行业指导规范</td><td colspan="2">1.网络机房管理规程
2.网络管理员操作规程
3.网络设备操作规程
4.信息化网络安全管理规范
5.信息化网络故障停机检修规程</td><td>1.智能家居布线施工规范
2.电子产品设计规范
3.数字家庭互动应用规范
4.互联网视听节目服务管理规定</td></tr>
<tr><td colspan="2">行业规范、规程</td><td colspan="2">行业规范、规程</td><td>行业规范、规程</td></tr>
<tr><td colspan="2">J2EE程序设计；Java&XML高级编程；JavaSE平台程序设计与实战；基于Struts的Web应用开发；Java高级程序设计；软件架构设计</td><td colspan="2">网络互联技术；PHP网站开发初级；网络服务器构建；服务器安全管理；网络优化与安全管理；PHP网站开发中级；设备安全管理</td><td>AutoCAD制图；数字电视技术；数字家庭小区智能化系统；综合布线；数字社区概论</td></tr>
<tr><td colspan="2">软件方向</td><td colspan="2">网络技术方向</td><td>数字家庭方向</td></tr>
<tr><td rowspan="4">平台课程</td><td colspan="5">电工基础；局域网组建、应用与维护；数据库设计与应用</td></tr>
<tr><td colspan="5">信息化技术基础平台</td></tr>
<tr><td colspan="5">计算机应用基础、计算机组装与维护；计算机专业英语；程序设计基础；网页美工设计；网页设计与制作</td></tr>
<tr><td colspan="5">公共基础平台</td></tr>
</table>

3.引入行业企业技术标准及区域IT市场开发专业课程

借鉴国内先进的专业技能和培训技术，引入行业企业技术标准，面向企业用人需求，按一体化课程模式建设“平台、方向、岗位”全部课程（见图3-2）。平台课程建设融合省级计算机技能竞赛，按“知识性（30%）+核心（基本）技能（60%）+整体性（10%）”实现标准化、技能化。方向课程与企业联合共建，开发各方向及岗位模块的技能训练内容，实现模块化、规范化。岗位课程以校企合作为途径、工学结合为内涵进行建设，全部采用企业真实项目作为教学内容，实现任务化、项目化。

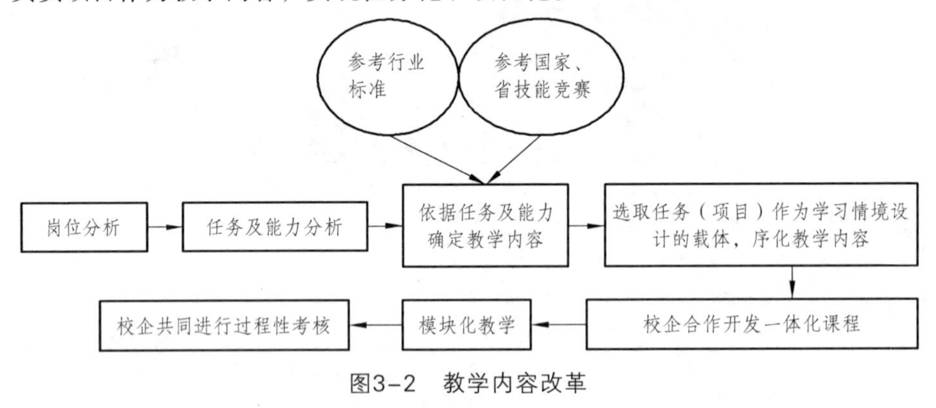

图3-2　教学内容改革

3.3.3　订单班人才培养课程体系实施措施

1.“校、企、机构”多方推进“933分方向”人才培养模式改革

1）实施“933分方向”人才培养模式改革

面向珠三角地区信息产业及数字家庭产业的发展需求，积极引入行业、企业对人才培养全过程的参与，以满足中小企业IT职业岗位的共性需求。以此为出发点确定专业基本能力，以满足珠三角区域企业IT紧缺人才需求。以此为立足点确定专业核心能力和职业专项能力，以满足数字家庭企业岗位急需人才需求。进而实施“933分方向”人才培养模式改革，构建以信息技术基础能力为平台的“平台+方向+岗位”课程体系。

“933分方向”人才培养模式改革的基本内涵是：基本能力“9个1”，专项技能分方向，人才培养三阶段，资源平台三方建。

①“9个1”能力培养为主线。基于信息技术基础能力，针对中小企业对

信息化人才的基本要求，提炼出IT行业的个基本技能。并以此为教学主线，设计个训练项目融入相关专业课程的学习。要求学生从入学到毕业的过程中逐步完成：组装与维护一台电脑、组建一个局域网、设计一个网站、掌握一个开发平台、熟悉一种图形处理软件、撰写一份IT技术文档、开发一件IT作品、参与一个IT项目开发、走进一家IT公司实践。以此培养学生的基本就业能力和基本信息素养，保障学生基本就业。

②三阶段细化人才培养过程。按照学生认知规律和技能渐进形成规律，分三阶段细化人才培养过程：IT行业基础能力共享养成阶段、专业核心能力分方向培养阶段、职业岗位技能强化阶段。

第一阶段：打破IT类专业界限，不分专业学习信息技术基本技能平台课程，重点培养职业基本能力。

第二阶段：按照学生特长、专业兴趣以及典型IT工作岗位需求，分专业方向学习专业骨干、核心课程，培养职业核心能力。

第三阶段：根据市场需求进一步细分培养岗位，按职业岗位能力设置项目课程，动态对接区域中小企业IT紧缺人才需求，提高就业的针对性。

③“校—企—机构”三方共建人才培养平台。以学校、企业、社会培训机构三方作为人才培养联动平台，整合学校的教学资源、企业的就业资源、社会培训机构的培训资源。三方共同参与人才培养全过程，共同构建双师结构的双导师教学团队，共同开发“平台+方向+岗位”的课程体系，共同进行项目监理式的教学运行监控，共享教学成果。

2）教学改革

（1）以真实项目为载体，按照项目开发流程组织课堂教学。

“9个1”基本能力训练的实施是基于典型案例的一体化课堂教学，依托项目工作室延伸实践技能训练。职业专项技能训练实施是基于真实项目的集中式模块教学，引进企业真实项目，按照项目开发流程组织课堂教学。将学生转化为“员工”和“客户”角色，分成小组进行学习，以团队的形式完成一个全真的项目。组长是“项目经理”，教师是“项目总监”。每个模块完成后，小组之间互为客户进行产品验收并写出验收报告。每一模块以完成项目的过程以及作品的质量进行考核。

（2）按企业项目监理的形式，进行教学评价和质量监控。

一体化课程以完成模拟案例的过程以及作品的质量进行考核，模块课程以完成项目的过程以及作品的质量进行考核，强调过程的时效性和协作性。质量监控以项目监理的形式开展，成立由专业、企业和社会机构相关教学管理人员组成的“教学改革项目管理委员会”，制定《课程改革管理委员会章程》，形成由项目管理委员会、教研室和课程负责人组成的三级教学管理机制。

（3）对接“平台+方向+岗位”课程体系，实行三段式教学组织模式.

一阶段打破专业界限共享平台课程的学习，二阶段按专业方向分班组织教学，三阶段在专业内按岗位进一步分班组织模块教学。

表3–3　三段式教学组织模式

顶岗实习	主：企业 辅：学校	顶岗工作	主：企业 辅：学校 学时总数：476 企业带课时：380（80%）	实践考核：实践技能50%，方法能力20%，社会能力30%	实习企业主管
岗位课程	真实的项目为载体进行教学组织，特点：产生一定的经济和社会效益	多媒体教学、动画、视频教学、网络教学、虚拟社区	主：企业、社会机构 辅：学校 学时总数：418 企业带课学时数：250（60%）	分阶段考核，实践考核为主。 实践技能50%，方法能力20%，社会能力30%	校外兼职教师
方向课程	1.以已开发的项目作为学习情境设计的载体 2.构建学习过程与工作过程一致的教学实施方案	多媒体教学、动画、视频教学、网络教学、虚拟社区	主：社会机构；学校 辅：企业；项目工作室 学时总数：712 企业带课学时数：320（45%）	分阶段，过程性考核 实践考核为主，理论考核为辅。 理论20%，实践技能40%，方法能力20%，社会能力20%	校外兼职教师 校内专任教师
平台课程	教、学、做一体化	多媒体教学、动画、视频教学、网络教学、虚拟社区	项目工作室（学校、企业和社会机构三方共筑） 学时总数：372 企业带课学时：120（33%）	分阶段进行考核 以理论考核为主，实践考核为辅。理论70%，实践考核30%	校内专任教师
阶段	教学组织	方法手段	三方联动的培养平台	考核形式及方式	考核主体

3）三方联动开展教学评价与考核

（1）考试形式多样化，评价主体多元化，吸纳企业专家参与教学评价。

根据课程特点，采用灵活、多样的考核方法，如开卷、闭卷、笔试、口试、操作、论文、报告与答辩等。考核评价以校企双导师教学团队为主体，以学生的自评和互评为参考，考核内容以形成性评价与终结性评价相结合，

理论与实践相结合，技能与态度相结合，第一课堂与第二课堂相结合，参照企业管理规范与开发技术要求进行评价。

（2）建立以学生的就业水平和“双向”满意度为核心的质量评价标准。

就业水平评价指标包括学生毕业率、专业对口率、薪酬水平值、工作适应性、职业稳定性等，“双向”满意度指企业对员工的满意度和员工对企业的满意度。由学分导师、班主任、辅导员组成毕业生就业跟踪小组，一方面通过专门制作的的网站采集用人单位对学生专业技能、个人素养、敬业精神等满意度的打分评价，同时接受学生对所在企业的满意度评分；另一方面在学生毕业第一年每3个月进行一次毕业生就业水平调查，之后每两年进行一次调查，连续调查5年。依据调查结果评价人才培养质量，并从教学内容是否满足企业需求、学生素养能否适应企业环境等进行分析，适时修正培养方案，改进教学方法，优化教学设计。

2.“校、企、机构”三方联动共建优秀教学团队

（1）以“工作室”为平台提高专业教师双师素质。成立教师个人工作室，工作室下设项目部，项目部内或各项目部之间根据需要动态组建项目开发小组，形成“专业群—工作室—项目部—项目组”的教师技能培养平台。作为教师顶岗实践的重要途径，推动专业教师课余时间潜心于工作室进行技术研发，寒暑假深入企业参与生产项目开发。依据学校《教师下企业实践实施办法》《教师工作室管理方法》等管理办法，形成专业教师职业能力评价标准。逐年对专业教师进行职业能力考核与评价，尽可能使双师素质教师比例达100%。

（2）三方联合打造双导师教学团队。①建立校、企、社会机构三方合作机制，借助社会机构的人力资源网络和行业协会的社会影响力，通过工作室平台组建灵活机动的项目研发团队，吸引1～2名具有行业影响力的企业专家作为专业带头人指导专业建设和技术研发；②专业技能课采取双导师课程团队授课方式，由1名具有IT企业工作经验的工程师（主）与一名专任教师（辅）共同完成，双方在教学能力与技术技能方面互补，打造校企融通的双师结构队伍；③借助社会机构的纽带作用，集中管理兼职教师，实现兼职教师队伍的相对稳定。

（3）实行课程负责人制构建三级专业团队。坚持责任与利益双引导，实施考核与激励相结合的师资管理措施，实行课程负责人制。课程负责人接受专业带头人的指导，对课程团队和课程建设全面负责，并负责与相关专业进

行沟通协调，形成“专业带头人—课程负责人—主讲教师”三级专业建设团队。

3.构建具有“校中厂”功能的实习实训基地

1）依托学院现在资源，建设校内信息技术实训基地

以技术应用能力为主线，以培养学生的专业技能和工程实践能力为核心，建设开放性、共享型、智能化的行业和区域领先的信息技术校内实训基地。按“资源集中，功能综合，纵向管理，横向共享”的原则，规划为“专业实训室+项目工作室”模式，依托项目工作室延伸实践技能的训练。

2）依托信息技术校内实训基地，“校、企、机构”三方合作构建校内生产性实训平台

以能力为本，细分实训项目，优化实训设备选型，将校内实训基地各中心划分成专业技术基础教学区、专业技能实训区和科技开发服务区三个功能区。以项目实训室为平台构建相对真实的企业氛围，吸引企业的生产性项目开发订单，按照公司化、工作间的形式进行布局，基地即工作间，工作间即课堂，努力实现“校内基地工厂化”的目标。

项目工作室是实现项目教学改革、技能拓展、岗位特色能力培养与技术服务的纽带和重要部分，本着建设主体多元化的原则和多个企业合作，以项目工作室的形式模拟企业，把教室搬到工作室，让学生在校其间具备双身份，在课堂学习时是学生，走进工作室就是一个项目开发人员，在人才培养过程中，发现并给企业输送人才，最终实现三赢（学校、企业、学生）。

3）校企合作，共建校外实习基地

本着以综合职业能力为本的教育思想，加强学生技能培养，实现学生就业“零适应期”。依托广州国家数字家庭应用示范产业基地，以产业基地数字家庭人才教育中心为中心，带动更多企业，构建集培训、实习与技能鉴定为一体的校外实训基地。

4.校企合作、工学结合运行机制建设

1）构建多形式校企合作模式

①深化与国家数字家庭应用示范产业基地的合作，构建数字家庭人才培养基地，探索基于董事会领导的管理运行模式，创新体制机制，形成与企业共同设计、共同实施、共同评价专业人才培养方案的合作机制，重点解决学校人才批量培养与中小企业人才零散需求的矛盾。

②开拓与南方电网信息外包服务公司等大型企业的订单合作，扩大IT业务外包服务人才培养，探索制订适应信息技术外包服务（ITO）需求的工学交替运行机制。

③依托广东省职业培训联盟，与省内中职学校、培训机构、社会组织等合作，紧贴市场需求开发职业培训项目，重点解决职业短期培训与高职学历教育的衔接与互补。

2）构建三层次管理架构，形成校企合作激励保障机制

依托职业教育集团及广东省职业培训联盟，建立“专业群—专业—课程”三层次校企合作管理架构，制订三个层面的管理制度，解决企业参与教学、兼职教师聘任、教学内容更新、实习实训基地建设和学生就业等问题。

①建立以行业企业为主导的专业群智囊团，制订相关运行机制。依据区域劳动力市场的需求以及IT行业的发展趋势，设计并调整专业群的整体规划，引领专业人才培养方向，依托广东省职业训练局和省职业培训联盟，根据企业需求培养人才，以实现人才供需平衡。

②制订专业专、兼双带头人管理制度，校企共同构建课程体系，更新教学内容、兼职教师聘任以及实训基地的建设等问题。

③建立课程专兼双负责人制，校企合作开发课程，校内专业教师和企业兼职教师共同进行教学设计、教学方法、考核评价等教学改革。

3.4 现代学徒制课程体系的改革与实践

3.4.1 现代学徒制课程体系实施背景

目前数字家庭产业发展迅猛，数字家庭的技术创新非常活跃，应用需求非常旺盛，是实现信息消费的重要领域。产业链涉及了内容创意、软硬件、电信、互联网、广播电视服务等信息文化产业的许多方面，具有高融合性、高附加值的特点，倍增和带动效果显著。它正成为中国经济发展新的增长点。随着数字家庭产业的快速发展壮大，对技术的研发与推广、以及产品的生产、安装、维护、服务、销售、以及管理等人才需求迅速增长。从对数字家庭人才的需求结构来看，除了从事数字家庭技术研发的高端人才以外，需求量更大的是数字家庭产品应用、维护与管理的技术应用型人才。然而相对于技术和产业的快速发展，对数字家庭技术应用型人才的培养相对滞后。究

其原因，一是数字家庭产业具有技术宽泛性、发展快、标准不统一等特点，学校难以独立完成人才的培养；二是产业中以中小微型企业居多，对应用型人才的需求最为强烈，但这些企业难以独自承担对人才的培养工作；三是高职学生普遍缺乏对行业的认知和实践经验，难以胜任工作岗位。由此可见，如果没有形成具有行业针对性的人才培养模式和技能培养体系，高校培养的学生在技能和实际岗位上将不能够满足数字家庭产业的用人需求。因此，如何针对我国数字家庭产业应用型人才的技能培养体系和课程体系进行探索，形成有效地、具有产业针对性的职业教育培养模式，对于数字家庭产业人才培养、促进产业健康持续发展具有十分重要的理论和实践意义。其中采用现代学徒制是一种较为有效、值得探索的培养途径。

3.4.2 现代学徒制下数字家庭应用型人才培养课程体系的设计

“学徒制”是一种在实际工作过程中以师傅的言传身教为主要形式的职业技能传授形式，这是传统意义上对学徒制的界定。“现代学徒制”是学校与企业合作以师带徒强化实践教学的一种人才培养模式，它得到政府的支持和法律保障，是一种产教结合的方式。由于政治经济和文化等影响，各国现代学徒制在发展时呈现不同的特色。如德国的双元制、澳大利亚以“TAFE”为基础的新学徒制、英国的“青年训练计划（YTS）”等。

根据广州国家数字家庭应用示范产业基地内中小微型企业对计算机类应用型人才的需求情况和本专业的专业特色，提出了依托国家数字家庭应用示范产业基地实施现代学徒制试点培养的设想和构思。具体思路是借助国家数字家庭应用示范产业基地企业集群和技术资源优势，构建“学校—基地—企业”三方共同参与的现代学徒培养环境，其中学校利用其计算机类专业在高等职业教育和学历教育上的专长完成对学徒学生的学历教学，基地负责对学徒学生的技能训练和职业培养，企业完成对学徒学生的岗位实践和就业录用。

该培养模式通过“学校—基地—企业”三方的参与并发挥各自优势解决了上述校、企、生三方在人才培养上所面临的困境，使学徒在三方环境中逐渐地完成学历、技能、岗位等内容的学习和教育，最终成为产业发展所需的应用型人才。

根据对广州国家数字家庭应用示范产业基地内中小微型企业岗位能力需求分析和人才培养构思和设计，提出了构建数字家庭应用型人才现代学徒制培养的“平台+方向+岗位”课程体系（见图3-3）。其中：“平台”表示平台课

程，指的是学徒完成学历教育所需的综合文化知识和专业技术基础，主要包含学历教育所需的基本素养课程和专业所需的职业通用技能课程。“方向”表示方向课程，指的是学徒就业方向所需的专业核心技术和核心技能，包括专业核心课程和技能实践课程。“岗位”表示岗位课程，指的是学徒进入企业工作岗位所需的岗位工作能力和实践经验，主要包括岗位实践课程和顶岗实习课程。

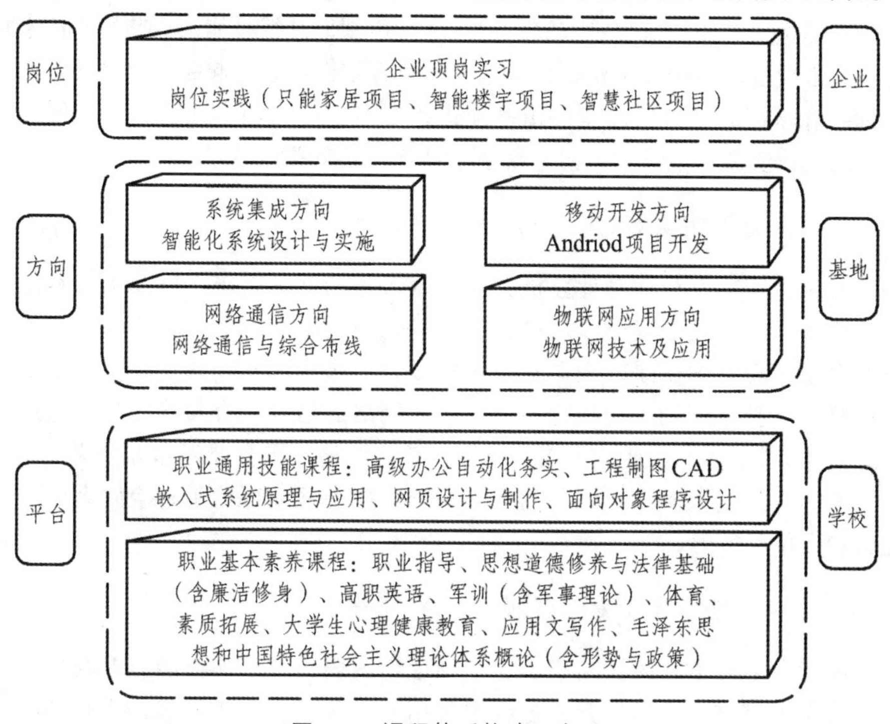

图3–3　课程体系构建示意图

课程教学和实施过程分为三部分，其中平台课程由学校负责，完成学徒的学历教育和专业技术教学；方向课程由基地负责，完成学徒的技能训练和核心技术教学；岗位课程由企业负责，完成学徒的实习就业和岗位实践教学。

3.4.3　现代学徒制下数字家庭应用型人才培养课程体系的实施措施

1.依托国家产业基地实施现代学徒制，校企联合实施学徒培养

依托广州国家数字家庭应用示范产业基地实施现代学徒制培养，在实施过程中，入学选拔、课程设置、教学模式、培养方式、岗位实习、就业方向等方

面的内容由学校、基地、企业三方联合共同制订、共同实施，确保学徒在培养完成后能够满足企业用人需要。通过自主招生方式招募学徒，在考试中需经过学校、基地、企业三方考官的联合面试和技能考核，入学前签订校企生三方培养协议。学徒培养过程采用“1+1+1”模式，即第一阶段学徒在校学习，完成学历教育课程和专业技术课程的学习，达到平台课程规定的学分要求；第二阶段学徒进入广州国家数字家庭应用示范产业基地进行技能训练和核心技术学习，由学校驻基地企业工作站和基地人才教育培训中心一起完成方向课程的技能训练和学习；第三阶段学徒由基地进入实习企业，由企业实施“师傅—学徒”的岗位实践，最终学生在企业导师的指导下完成实习考核。

2.依据企业用人标准，确定能力培养目标

针对数字家庭行业对计算机类应用型人才的基本需求，以及重实践的用人标准，通过对学徒企业的岗位能力分析，归纳出高级办公自动化实务、数字家庭工程制图CAD、面向对象程序设计、企业网站制作、嵌入式系统应用、物联网技术应用、智能化系统集成、网络通信与综合布线、移动应用软件开发等9项主要的职业能力培养目标，并由此构建平台课程和方向课程，将能力培养目标融入到相应课程的教学和训练中，从而保障了学生的企业适应能力和岗位竞争力。

3.借鉴企业项目开发工作模式，推进教学模式改革

针对自主招生生源的高职学生基础理论薄弱，自主学习能力差的特点。借鉴数字家庭IT企业项目开发过程中常用的螺旋模型工作模式，实施螺旋式项目化教学模式改革，以项目导向、任务驱动来设计“教、学、做”一体化的教学内容，并以螺旋式的情境教学方法和技能训练方式，由浅入深地强化专业技术、职业技能和实践经验的培养。

4.基于工作过程，构建“沉浸式”的教学及实训环境

依托国家数字家庭应用示范产业基地的企业和技术资源优势，充分利用学校、基地、企业这三者的优势，通过在学校的技术学习、在基地中的技能实践、以及在企业中的岗位训练，在“学校-基地-企业”三环境中构建“沉浸式”的教学及实训环境。引导学生在从学校到基地再逐步过渡到企业的过程中，由在校学生到基地学徒再到企业员工的转变中来完成人才专业技能和职业素质的培养，最终完成从一个初学者到一个从业者的转变。

5.实施项目化管理和考核评价

（1）定校企责任，制订项目式教学管理办法。根据校企双方的合作约定，确定双方在教学运行过程中的责任与权力，按照项目式管理模式，进行教学过程监管，形成校企协同的项目式教学管理办法。

（2）产教结合，制订工学交替教学组织办法。依据数字家庭产业企业的需求及用人标准，实行分段式工学结合教学组织形式，实现教学与生产从形式到内容的结合。

（3）素质与能力并重，制订校企联合考核评价办法。创新考试方式，建立课程考试、工作考核、技能鉴定相结合的考核评价体系，校企双方从素质和能力全方位的对学生进行综合考核评价。

3.4.4 结论

我们针对数字家庭产业快速发展而人才培养难以适应产业人才需求的问题，提出了基于现代学徒制实施数字家庭计算机类应用型人才学徒培养的思路和方法。依托本地的国家数字家庭应用示范产业基地，利用产业基地内企业集群、人才需求、以及技术资源优势，通过“学校—基地—企业”三方联合制定基于工作过程的“平台+方向+岗位”学徒培养课程体系，有针对性地培养学徒从事数字家庭行业岗位工作的专业知识、技能和经验，从而提高学徒自身在企业中的适应力和竞争力，成为适应产业需求的技术应用型人才，服务于区域数字家庭产业的发展。整个构建思路和探索过程值得同类专业参考和借鉴。

3.5 中高职衔接课程体系的改革与探索

3.5.1 实施背景

实施中高职衔接，构建现代职业教育体系，才能满足产业结构调整对不同层次技能人才的需要。随着珠三角经济发展和产业结构调整，产业对技能型人才的需求逐步出现了由中低端转向高端的趋势。从广东数字家庭产业来看，产业逐渐由传统的低端生产制造转向高端智能制造和技术服务发展，由

于技术发展快，又是新兴产业，其高端技能型人才基数小，导致了中低端人才过剩而高端人才急缺的窘境，高端技能型人才短缺已成为制约数字家庭产业发展和技术推广的因素之一。中高职衔接的发展正好为解决这一窘境提供了新途径。通过中高职衔接教育，一方面为中低端技能型人才的发展提供了新出路，另一方面又为产业提供了急需的高端技能型人才。中高职衔接不是简单的由某所高职院校与某所中职学校进行衔接，而是通过专业衔接实现的，而专业衔接最终通过课程体系衔接来完成，因此课程体系衔接是中高职衔接的关键。有鉴于此，针对数字家庭计算机类高端技能型人才需求，提出了一个高职院校计算机专业衔接多个中职院校计算机类相关专业的构思，对计算机应用技术专业高职学段课程体系进行改革，从而实现在中高职衔接下对产业所需高端技能型人才培养课程体系的构建。

3.5.2　中高职衔接下计算机类专业课程体系改革的思路

1.依托国家数字家庭应用示范产业基地，实施中高职衔接人才培养

数字家庭应用示范产业基地是为了推进数字家庭产业发展，优化数字家庭在全国的布局结构，由国家工信部提出在产业基础较集中的地区，以数字家庭技术链、产业链、服务链为基础和纽带，通过部委与地方协作，形成资源集聚，实现关键技术突破和产业升级的重要举措。位于广州番禺区的国家数字家庭应用示范产业基地是工信部与广东省政府共建成立的首个国家级示范基地。由于示范产业基地具有技术、企业等方面的资源优势。因此依托国家数字家庭应用示范产业基地实施中高职衔接人才培养是一个好的思路，对于人才培养及就业，实现培养的人才为地方产业服务都非常有利。以广州铁路职业技术学院计算机应用技术专业为例，该专业于2010年就与广州国家数字家庭应用示范产业基地建立了合作关系，并实现了校企联合实施订单班人才培养的目标，这为中高职衔接人才培养实施奠定了基础。

2.根据产业人才需求，探索“1对多”中高职衔接方式

与生产制造业不同，广州国家数字家庭应用示范产业基地虽然具有技术、企业集群的资源优势和人才需求旺盛的特点，但是基地内以中小企业居多，不同企业需要的人才和岗位不同、技能特长要求不一，因此如果中高职衔接采用“1对1”衔接方式，即一所高职院校专业对接一所中职院校相应专

业的方式，由于生源来源于同个院校同个专业，虽经高职对口专业培养，其技能倾向仍然明显，显然难以满足基地内不同企业对不同岗位的需求。有鉴于此，提出了“1对多”衔接方式，采用1所高职院校专业对接多个不同中职院校的对口相关专业的方式，由于来源于不同中职院校，生源技能具有一定差异性，经过高职学段培养，反而能够满足基地内企业的不同需求。

3.根据企业岗位要求，调整课程设置

由于基地内不同企业具有不同岗位的人才需求，因此要根据对基地各企业岗位类型和岗位要求进行调研，与衔接的中职院校一起，梳理和分析人才岗位需求，将初、中级技能与高级技能需求有效地区分开来，并以此制订和调整中高职院校的专业课程设置，做到既能够区别中高职课程的技能培养，又避免了课程设置重复和技能学习倒挂，还满足了企业用人岗位所需。

4.基于岗位工作过程，优化课程结构

在对企业岗位类型分析的基础上，进一步摸清各岗位类型工作过程以及岗位类型间的链接关系，以此对已经确立的课程进行优化，按照职业教育技能培养和知识认识规律，捋清楚各个课程技能培养间的先后次序，对设置课程的结构进行进一步的优化和调整，使课程开设和讲授不但符合学生的认知规律，同时还符合企业的实际岗位工作过程，让学生在课程学习中逐渐熟悉在企业的工作过程。

5.根据岗位能力分析，构建课程内容

针对企业实际岗位的职业能力分析和要求，制订中高职衔接课程的教学和学习内容，通过对典型岗位的职业能力关键点进行分析和梳理，形成项目化的学习内容或学习模块，并以此制订相应的任务点，以项目导向、任务驱动的方式完成课程内容的构建。

6.根据中职生源特点，改革教学模式

由于中职生源具有文化基础差、理论知识薄弱、学习动力不足、学习自控能力差、竞争意识不强、目标意识不清、个性突出、没有养成良好的学习习惯、容易厌学等特点。因此在课程学习中容易出现脱节现象，即会因为某个课程学习不好导致后续课程跟不上，从而产生厌学心理，进而放弃学习。为解决这一问题，借鉴软件工程行业中的螺旋模型理念，改革教学模式，提出了螺旋式项目化教学

模式，并以此对课程体系进行优化，使学生在螺旋式的项目化教学过程中得到知识和技能的提升，避免了因跟不上教学内容而出现脱节的现象。

3.5.3 中高职衔接下数字家庭应用型人才培养课程体系的构建

1.总体设计

从职业岗位设置入手，分析岗位职业能力，以工作任务为参照点设置课程，以工程项目为载体设计课程内容，按照工作过程程序化教学工程，将“数字家庭系统集成技术”“物联网与嵌入式技术”“移动应用软件技术”引入专业课程体系中，形成以计算机应用技术能力培养为核心的课程体系，以“系统集成、技术服务、软件开发”三大典型岗位为中心，分别构建专业核心课程和主干课程（见图3-4），以系统集成岗位核心课程《智能化系统设计与施工》、技术服务岗位核心课程《嵌入式原理与应用》、软件开发岗位核心课程《Android项目开发》为核心，引领高职学段专业课程的整体建设。

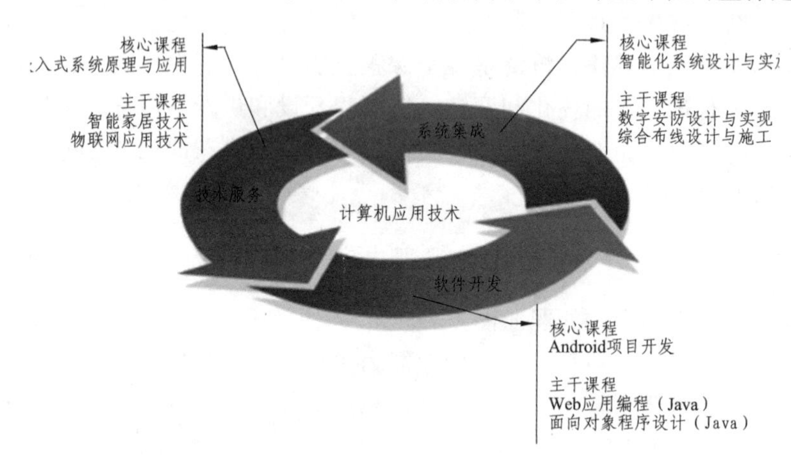

图3-4 典型岗位核心课程与主干课程结构设计

围绕职业能力的形成，对数字家庭计算机高端技能型人才岗位应具备的职业技能和职业素养进行分解，构建基于职业素质与职业能力并重的教学体系，实现工作过程模块与项目任务模块的相结合。

在专业课程设置上，按照岗位要求对专业方向进行细化，以技能培养和综合应用能力培养为根本目标，充分考虑学生的知识积累规律和学习兴趣。技能培养采用螺旋式项目化的教学模式，实施项目导向、任务驱动的方式组

织教学，使学生在“教、学、做”一体化的过程中逐步自主的掌握知识、技能和经验。综合应用能力培养主要体现在系统集成、技术服务和软件开发等3个典型岗位方向，让学生熟悉每个岗位方向的工作过程，并根据自身的兴趣和特长掌握其中一个岗位方向的技能。

在基础课程设置上，培养以数字家庭高端技能型人才所需的专业知识、从业知识以及学历知识为依据，体现素质教育与能力培养并重的教育理念，注重对学生的文化修养、政治思想、心理品质、身体素质和法律意识的培养，让学生掌握思维方法，培养学生独立分析问题和解决问题的能力。

2.结构框架

基于以上思路和总体设计，为数字家庭应用型人才培养构建了中高职衔接下高职学段的“平台+方向+岗位”的课程体系（见图3-5）。通过3个典型岗位方向的培养阶段、围绕3门岗位核心课程、面向3类就业岗位进行教学实践和顶岗实习。

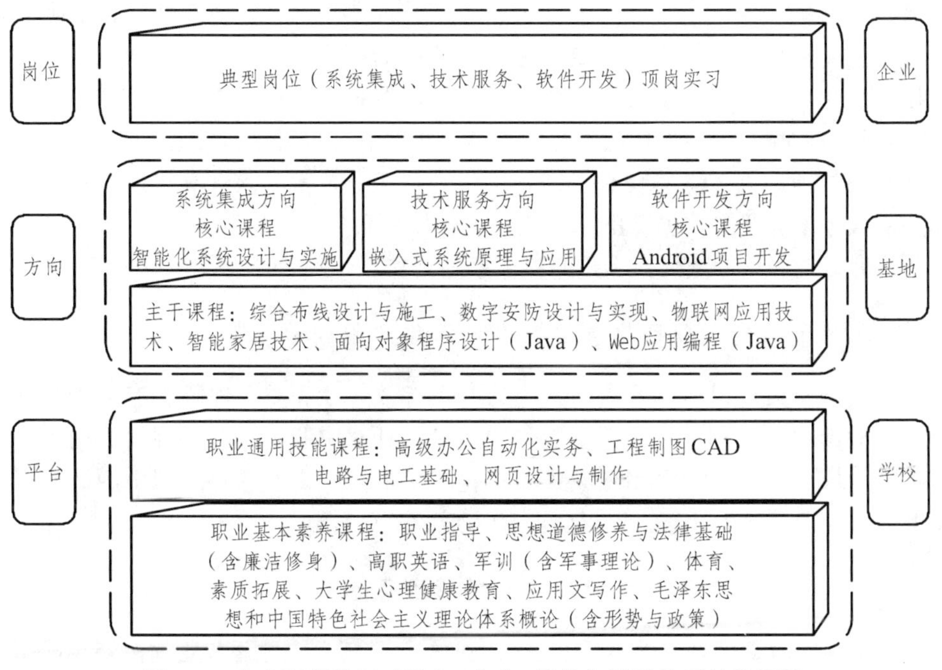

图3-5 中高职衔接下“平台+方向+岗位”课程体系结构框架

3.5.4 课程体系的实施保障与配套建设

1.依托基地，构筑“学校—基地—企业”人才共育平台

数字家庭人才培养离不开企业参与，然而基地内中小企业居多，人才需求的岗位和数量不但有限，而且各不相同。直接构建“学校—企业”对接的育人平台，培养的人才难以满足基地企业所需。考虑到数字家庭应用示范产业基地是数字家庭企业集群的重要载体，有鉴于此，借助基地是数字家庭技术链、产业链、服务链的纽带优势，依托基地构建“学校—基地—企业”人才共育平台，为课程体系的实施提供了平台保障。

2.围绕产业链，构建典型岗位高端技能型人才培养

根据基地内产业链上各企业的人才需求情况和岗位职业能力分析，构建了高端技能型人才培养的重要岗位，并根据中职和高职的技能型人才衔接特点，将这些重要岗位进一步提炼为人才培养的典型岗位。以广州铁路职业技术学院（高职）计算机应用技术专业为例，面向广东省海洋工程职业技术学校、广州市电子信息学校、广州市番禺区职业技术学校、惠州工程技术学校等4所中职学校对应的相关专业实施三二分段中高职衔接。针对4所中职学校各自的技能型人才培养特点，结合广州铁路职业技术学院计算机应用技术专业的人才培养优势，提炼出“系统集成、技术服务、软件开发”这3个典型岗位，并以此为培养主线，实施课程体系的培养。

3.基于螺旋式项目化教学模式，深化课程教学改革

教学模式是课程体系顺利实施的一个有效途径和重要保障，有助于提升教师对课程教学和学生对课堂学习的质量。针对中职生源容易因学习内容脱节产生厌学的现象，采用螺旋式项目化教学模式，借鉴软件工程中的螺旋模型，深化课程教学改革，以保障课程体系的顺利实施。

4.坚持“共育共享共管”的教学管理理念

中高职衔接培养过程实际上是学生由初级技能型人才逐步走向高端技能型人才的过程，其培养过程离不开中职学校和高职院校的共同培养，同样也需要基地和企业参与，因此必须坚持“共育共享共管”的教学管理理念，使人才培养的过程从中职到高职，再到基地，最后到达企业的共育、共管和共享。

5.创新实训教学和技能评价机制

中高职衔接实现数字家庭高端技能型人才培养，需要对中职和高职原有技能培养进行调整和融合，引入数字家庭新技术，借助基地内企业资源优势和技术优势，创新实训教学内容、教学方法、以及教学手段，同时引入企业对技能的评价机制，改善技能评价机制。

6.构建数字家庭产业人才培养的专业教学资源库

由于数字家庭产业属于新兴产业，技术发展快，因此可以依托基地优势，引入基地内企业的项目案例和技术案例，构建数字家庭产业人才培养的专业教学资源库，完善课程体系配套建设。

3.5.5 结论

中高职衔接是国家经济快速发展和产业结构调整下对高端技能型人才供需矛盾的一个有效解决途径，也是我国职业教育发展、体现终身教育理念的必经之路。针对广东数字家庭产业快速发展所出现的高端计算机技能型人才需求问题，依托地方国家数字家庭应用示范产业基地，我们采取了“1对多”的中高职衔接方式，并根据产业基地的人才需求和岗位职业能力分析，提出了中高职衔接下计算机类专业培养数字家庭高端技能型人才思路和课程体系构建，为计算机类专业中高职衔接人才的培养提供新的思路和新的途径。

4　螺旋式项目化教学模式

本章引言

根据数字家庭产业对技术需求趋势，以及广州国家数字家庭应用示范产业基地对应用型人才的要求，在分析现有教学模式和学生学习特点的基础上，针对当前数字家庭人才培养教学中存在的问题，提出了一种新的教学模式—螺旋式项目化教学模式，该模式能够解决学生在课程学习时所出现的学习脱节、厌学等问题，强调在反复循环迭代中不断提升理论知识、技能水平和实践经验。实践表明，该模式符合高端技能型人才培养的基本发展规律，培养方式得到学生的欢迎，培养出的人才受到用人单位的肯定。

内容提要

4.1　教学模式的含义；
4.2　高职教育的教学模式改革；
4.3　螺旋式项目化教学模式；
4.4　螺旋式项目化教学实施原则；
4.5　现代学徒制下人才培养和螺旋式项目化教学的探索与实践。

4.1 教学模式的含义

4.1.1 教学模式内涵

教学模式是在一定的教育思想、教学理论、学习理论的指导下，在一定环境下展开的教学活动进程的稳定结构形式，是开展教学活动的一套方法体系，是基于一定教学思想或教学理论指导下建立起来的较为稳定的教学活动结构框架和活动程序。教学模式是教学理论的具体化，同时又直接面向和指导教学实践，具有可操作性，它是教学理论与教学实践之间的桥梁。

教学模式应该包含以下五个因素。

1.理论依据

教学模式是一定的教学理论或教学思想的反映，是一定理论指导下的教学行为规范。不同的教育理念往往提出不同的教学模式。

2.教学目标

任何教学模式都包含一定的教学目标，教学目标决定了不同教学模式的个性，对教学模式的其他因素起着制约作用。它决定着教学模式的操作程序和师生在教学活动中的组合关系，也是教学评价的标准和尺度。不同教学模式是为完成一定的教学目标服务的。

3.操作程序

每一种教学模式都有其特定的逻辑步骤和操作程序，它规定了在教学活动中师生先做什么、后做什么，各步骤应当完成的任务。

4.实现条件

是指能使教学模式发挥效力的各种条件因素，如教师、学生、教学内容、教学手段、教学环境、教学时间等等。

5.教学评价

教学评价是指各种教学模式所特有的完成教学任务，达到教学目标的评价方法和标准等。由于不同教学模式所要完成的教学任务和达到的教学目的不同，使用的程序和条件不同，当然其评价的方法和标准也有所不同。目前，除了一些比较成熟的教学模式已经形成了一套相应的评价方法和标准外，有不少教学模式还没有形成自己独特的评价方法和标准。

4.1.2　教学模式的发展趋势

1.从单一化向多样化发展

传统教学一直以教师课堂讲授作为教学模式，模式单一。然而新的科学技术革命使教学产生了很大的变化，新的教学思想、学习理论、技术手段不断涌现和发展，教学模式出现了“百花齐放、百家争鸣”的局面。教学模式已经从单一化发展过渡到多样化发展。

2.由归纳向演绎发展

传统教学模式重视从实践探索中总结和归纳经验，以此提升教学理论和教学思想，这种方式属于归纳型发展。然而科技的新发展为教学提供了新的理论、新的技术和新的方法。这使得教学思想和理论可以在新的技术和方法上推演出新的教学模式，并在实践中不断验证其效用，呈现出演绎型的发展趋势。

3.以重“教”向重“学”发展

传统教学模式都是从教师如何讲授知识这个角度出发来评价教学质量，而忽视了学生如何学好这个根本问题。现代教学模式的发展趋势是重视教学活动中学生的主体性，重视学生对教学的参与度和学习成效。根据学生的学习特点合理设计“教”与“学”的活动。

4.教学模式的教育信息化趋势

在当前教学模式中，越来越重视引进信息技术的新理论和新成果。在教学手段上越来越多的使用互联网、微信、移动网络、物联网等先进现代教育信息技术成果。教学条件的科技含量越来越高，充分利用现代教育信息化技术来改进原有教学模式和设计新的教学模式。

4.1.3　校企合作、人才培养模式与教学模式的关系

在职业教育人才培养中，校企合作是指学校根据市场或企业的用人需要，有针对性的为企业培养人才，注重培养质量和就业质量而采取的与企业合作的关系。校企合作追求“双赢互利”，注重人才的实用性与实效性，注重在校学习与企业实践，注重学校与企业资源、信息的共享。校企合作是人才培养模式的基础，是培养高素质技能型人才的有效途径。

人才培养模式是在一定教育思想和理论指导下，为实现既定的人才培养目标而形成的标准化程序及其组织运行方式。人才培养模式与教学模式是上下位的概念，其中人才培养模式是上位概念，教学模式是下位概念。人才培养模式决定教学模式的具体形成，教学模式是人才培养模式的实现方式。校企合作、人才培养模式、教学模式都是在一定教育思想和理念的指导下进行的认识与实践相结合的运作过程。

数字家庭应用型人才培养应适应产业所需，人才培养必须坚持校企合作。校企合作决定了人才培养模式，而特定的人才培养模式又会形成特定的教学模式。因此在数字家庭产业基地校企合作背景下，要结合市场导向，制定与市场接轨的人才培养模式。而在实施人才培养过程中，采取的教学模式要重视学生实践技能和实际经验的培养，这样才能培养出数字家庭产业所需的人才。

4.1.4　教学模式研究的意义

教学模式对提高教学质量具有积极的意义。首先，它是教学理论与教学实践的桥梁，是对教学理论的应用，对教学实践起直接指导作用，保障教学思想得以贯彻。其次，它是成功实施系统化教学实践的有效手段，能使优秀的教学经验提升到理论的高度，并以稳定的形式体现出来，避免了教学的随意性，有利于保证教学质量。

教学模式研究在数字家庭应用型人才培养的教学实践和职业教育理论中都具有重要的意义。

1.教学模式的实践价值

传统的单一、刻板的课堂教学形式，不利于数字家庭应用型人才的培养。利用校企合作的各种资源和优势，在合适的教学模式下多出人才、出好人才，是高职教育的一个重要方面。因此，如何实施教学，保持课堂活力，保障人才质量，就从实践上提出了教学模式研究的必要性。

目前，国内许多高职院校和教师正在探索和实践各种教学模式。教学改革就是对旧有模式的改造和对新模式的追求。从这种意义上讲，对数字家庭应用型人才培养的教学模式进行系统研究，对教学模式的性质、特点和功能进行分析，有助于我们切实掌握数字家庭人才培养的主动权。

教学模式还有助于教师培训，使青年教师快速掌握教学方式、方法和内容，避免因为教师水平差异所导致的教学差异，确保人才的培养质量。

2.教学模式的理论价值

教学模式是教学理论和教学实践得以相互贯通的桥梁。它可以在教学理论指导下对数字家庭人才的培养进行有益地探索和实践。同时对培养过程中所积累的经验进行总结和归纳提升，改变教师形而上学的固有思维方式，使之成为数字家庭人才培养的新思想和新方式，避免因为只重视教学而忽视教学各因素间相互关系的研究。实际上，教学模式可以帮助教师从整体上去综合地认识教学过程中各种因素，探讨各因素间的相互作用及其多样化的表现形态，从动态上去把握教学过程的本质和规律。因此，对教学模式的研究具有重要的理论价值。

4.2 高职教育的教学模式改革

4.2.1 我国高职教学模式改革与发展趋势

1.项目化教学模式成为改革与发展的趋势

项目化教学模式以工作任务为中心，行为导向为方法，能力培养为目标，旨在将课堂教学与工作情境结合起来，让学生融入更有意义的工作任务中。通过任务的完成，让学生自主学习、自我提高，实现知识的积累、能力的提高和素质的培养。它体现了项目导向、任务驱动的设计思路，是融“教、学、做”于一体、理论与实践相结合的教学模式。这种强调能力本位、工学结合的项目化教学模式是国内外职业教育教学改革的主要趋势。

由于项目教学模式是运用已有的技能和知识去学习新的知识、技能，解决过去从未遇到的实际问题。改变了传统教学模式以“教师、教材、课堂中心”为中心的教学观念，将以教师为中心转变为以学生为中心，由以课本为中心转变为以项目为中心，由以课堂为中心转变为以能力为中心。该模式不再是把教师掌握的现成知识技能传递给学生作为追求的目标。而是在教师的指导下，学生去寻找得到这个结果的途径，最终得到这个结果，并进行展示和自我评价，学习的重点在学习过程而非学习结果，学习者在这个过程中锻炼各种技能。教师已经不是教学中的主导者，而成为学生学习过程中的引导者、指导者和监督者，因此，具有较为突出的优点。采取师生互动、共同探讨的双向交流方式。

随着职业教育的发展，“以教为主”的传统教学模式不能满足职业教育的教学需求，基于工作过程的项目化教学模式逐渐被职业院校所采纳，并正在逐渐发展成为我国职业教育倍受推崇的一种教学方法和模式。

2.从单一模式建构到多种模式的融合运用

随着对教学模式认识和实践的深入，人们越来越认识到单一的模式无法满足复杂教学的需要。在具体的实践中，应该自觉地从单一的模式建构走向多种模式的融合运用，吸取各种教学模式的精华，博采众长，逐渐从单一模式的建构走向多种模式的融合运用，吸取各种教学方法的精华，在实践中优化组合模式，追求教学效果的最优化。只有综合并融合多种教学模式的优势，特别是辩证看待传统讲授教学模式的合理性，积极吸取多种教学模式中的合理成分，才能达到最好的教学效果。

3.从以教（学）为主的单维建构向教学并重的双维建构发展

传统教学模式其实更多是“教的模式”，而忽视对学生“学的模式”研究。当下流行的先学后教模式（如翻转课堂等教学模式）较传统教学模式有了进步，但只解决了“教”和“学”的关系问题。仅强调学生先学的学习行为，而对学生学习的特点、方法与策略研究，以及教师教学的具体方法研究还不够。只有从“如何教”“怎样学”两个维度进行双向的研究和建构，教学模式才能更好引导师生在教学中完成教与学相互融合。

4.结合人才培养特点进行教学模式改革与建构

在现代职业教育中，专业的人才培养就是有针对性的为企业培养人才，因此企业对人才的需求和要求决定了专业人才培养的特点或特殊性。教学模式是人才培养的实现方式，人才培养的特殊性决定了教学模式的具体形成，这势必会影响专业原有的教学模式，促使原有的教学模式进行调整和改革，甚至进行教学模式的重新构建。由于经济和科技发展、以及地方产业结构调整，企业对人才的需求也在不断的发生变化，对人才培养的要求也不断变化，企业对人才的需求和对人才的要求已成为教学模式改革实施的两大促进因素。因此结合人才培养特点进行教学模式改革与构建已成为当前我国高职教学模式改革与发展的趋势。

4.2.2 数字家庭应用型人才教学模式改革

1.数字家庭应用型人才的需求特点

随着数字家庭产业的壮大、发展，产业对于技术与产品研发，产品的生产、使用、维护、维修以至产品销售管理、售后服务等相关人才的需求迅速增长。从数字家庭人才的需求结构来看，除了从事数字家庭技术和产品研发的高端研发人才以外，需求量更大的是数字家庭产品集成应用、安装维护与项目管理的技术应用技能型人才。

这些数字家庭技术应用技能型人才任职的企业及从业岗位的工作内容主要有如下六个方面。

（1）数字家庭产品生产、销售、以及售后服务企业。主要工作岗位和工作内容是智能家居系统以及各子系统（监控、照明、家电、家庭娱乐控制系统等等）的系统安装、调试、维护、维修及技术服务；楼宇智能化产品安装、调试、销售服务；智能建筑系统以及子系统的安装调试、售后服务、产品预算、结算等。

（2）信息技术服务管理公司，主要工作岗位和工作内容是：数字社区、小区智能化系统设备与系统维护；楼宇中数字安防系统及子系统（保安、监控、消防等）的安装与维护。

（3）房地产开发、施工企业，主要工作岗位和工作内容是：智能家居设备与系统的工程设计、安装、调试及后期维护，数字安防系统设备安装、施工组织计划与实施。

（4）数字安防产品生产企业、产品销售服务公司，主要工作岗位和工作内容是：产品的性能测试、产品预算、结算、安装调试等。

（5）大中型安防工程企业、数字安防工程企业以及其他行业的安防技术应用管理部门，主要工作岗位和工作内容是：安防系统的安装、调试与维护。

（6）电视广播、电信、移动通信等技术服务企业，主要工作岗位和工作内容是：数字电视系统的安装与维护。

由此可见，数字家庭技术从研发到应用形成了一个庞大的产业链，而在这一产业链中，所有工作岗位构成了一个较宽广的数字家庭职业岗位群。不言而喻，数字家庭职业岗位群蕴涵着对人才的大量需求，对这些人才的培养无疑是教育应担当的责任，教育部门应该把人才培养的视野拓展到这一具有广阔就业空间的产业发展新领域，为之培养应用技术人才。

2.高职生源的学习特点

1）被动式学习

高职教育主要培养应用型、高技能人才，需要学生要有主动参与的意识和探索的精神，能够在学习过程中形成一条工程对象实例的主线来贯穿整个课程的知识和技能。而高职学生大多习惯于考试教育、被动式学习，缺乏主动探索精神。因此，师生间对对象实例的理解差异，常常造成学生虽然对部分内容理解了，可是对整个内容无法形成一条知识链，各部分知识之间无法达到最佳的衔接，难以实现预期的教学目标。

2）理论和实践脱节

毕竟学生到企业工作和社会实践的机会和时间少，缺乏对实际工作岗位和对象的认识，难以将教学内容和实际应用结合在一起，尤其体现在理论和实践没有真正形成统一理解。在实际训练中，学生往往容易停留在简单地印证部分理论知识内容，缺乏技能融合和思维拓展。

3）学生的认知局限

学生普遍缺乏对行业企业对象的背景认识，不理解岗位技能实践的意义和重要性，不能有机、系统地接受知识。而数字家庭方向课程的教学内容，大量涉及具体的工程项目或案例，对学生而言，普遍感觉课程难学，对知识和技能的把握缺乏针对性。

4）自学能力较差

无论是参加统考招生的普通高中毕业生，还是中职生，其文化知识的水平普遍不是太高，文化知识薄弱。学生理论基础很差，抽象思维和逻辑思维较欠缺，导致学生对专业技术知识的自学能力较差。对专业课本和专业书籍的阅读不积极。

5）没有养成良好的学习习惯

大部分高职学生并没有养成良好的学习习惯，相比于学习，他们更热衷于社团活动和游戏。因此在课上常常表现为萎靡不振、不认真听讲，课下则不能按要求完成布置的任务、按要求完成作业。随着教学内容的深入，往往导致课程学习出现脱节，产生厌学现象。

6）缺乏适当的学习方法

与本科学生相比，高职学生大多缺乏适当的学习方法。课堂上常常表现为学习刻板，对老师讲解的知识和技能，只被动接受，依葫芦画瓢，不懂得运用适当的方法进行主动探索。常常需要老师讲一步、演示一步，自已才做一步。

3.教学模式改革的思路

教学模式是保证人才培养质量的关键因素之一。从对上述数字家庭应用型人才的需求特点和高职生源的学习特征进行分析，可以看出如何规划和构建一个适合数字家庭应用型人才的教学模式，是数字家庭人才培养亟待解决的又一个重要问题。

从高职生源的学习特点上看，国内根深蒂固“以老师讲授为主”的传统教学模式、以及西方鼓励以“学生学习为主”的教学模式都不适合作为数字家庭应用型人才的教学模式。

而目前主流的项目化教学模式，是一种教学并重的教学模式。它对数字家庭应用型人才的培养是一种值得参考的模式。但是该模式也存在着一些问题：高职学生普遍基础薄弱，由于长期受传统教学的影响，其学习态度、思维方式及知识基础往往不能适应项目教学的要求，尤其缺乏主动探究和团队协作的意识，并且一旦学习出现脱节，就会产生厌学问题，严重的影响到教学质量。

对此我们提出了螺旋式项目化教学模式，该模式借助IT行业中的软件工程螺旋模型理论，将软件项目开发过程中的开发模式移植到人才培养过程中。并将该开发模式与项目化教学模式相结合，形成了数字家庭应用型人才培养的一种新的教学范式。从而提高数字家庭人才的培养质量。

4.3　螺旋式项目化教学模式

4.3.1　螺旋式项目化教学模式提出的背景

1.数字家庭人才培养的主要问题

针对目前我国数字家庭产业人才需求旺盛，而高校培养的人才与企业的需求不匹配的现象，我们从2010年开始，对广州国家数字家庭应用示范产业基地及其相关企业进行了大量的调查，调研了基地内的企业分布、企业间关系、及其产业链上下游企业情况，对企业工作过程、岗位设置、员工培训、职务升迁等进行了梳理，同时还对潜在合作企业在人才技能、职业素养、职业能力、忠诚度、人员培训等方面进行了调查和分析。此外，我们还在人才招聘网站上抽样提取了广东地区数字家庭企业的招聘信息，统计分析了这些企业对员工的技术要求、从业资格、职业素养等。通过调研表明，广州数字家庭产业对计算机技术应用型人才的需求非常大，企业迫切需要具有高端技能且有经验的实用性应用型人才，同时数字家庭企业通过若干技术人员的技能搭配形成团队，合力完成项目任务的趋势明显。然而在调研分析中，我们也发现了数字家庭人才培养中存在着以下一些突出的问题。

1）对数字家庭人才培养的观念认识依然陈旧

面对数字家庭产业的快速发展和产业发展的战略意义，许多高校仍然没有认真重视起来，并没有把它作为一个专业或方向进行有针对性的人才培养。只是将其作为一个就业渠道对待。在课程设置、教学内容、教学方式上都没有进行有针对性地或有效地调整和部署。在教学和师资建设上也没有寻求相应的企业支撑。事实上，数字家庭技术发展迅速，如果在课程设置、教学内容、实践环节上没有针对性地实施培养，不能够引入企业技术和师资，这样单靠高校培养出来的人才是难以适应数字家庭企业的需要的。

2）企业难以独立完成人才培养

对基地内企业的调研发现，基地内企业大多为中小型企业，企业虽然对技术应用型人才需求愿望强烈，但是却鲜有企业能独立完成对自身所需人才的培养。究其原因，一是企业规模不大，通常是需要用人的部门或岗位多，但是每个部门或岗位的用人不多，二是不同企业用人需求不同，三是由于技术发展快，非从业者难以了解或掌握新的技术，因此这些中小型规模企业不愿投入过多成本到人员的技能培训中，也难以独立完成自身需要的人才培养或为其他企业培养人才。

3）高校毕业生对产业认知不足

对基地内企业的高校毕业生调查发现，进入数字家庭企业工作的应届毕业生普遍对数字家庭产业发展及技术了解和认知不够，也缺乏行业的从业资格认证，往往只能在进入企业后才在工作中对行业技能和技术进行重新学习和训练，并在工作中逐步积累经验。

4）当前教学模式的不足和缺点

由于传统教学模式的影响根深蒂固，在高职教学中，虽然项目化教学模式已成为趋势，但对于师生而言，往往习惯于以讲授为主的教学模式，这常常导致在课程讲授时出现“台上教师滔滔不绝，台下学生昏昏欲睡”的现象，严重地影响了教学效果。此外，无论是传统教学模式还是项目化教学模式，其教学内容组织都是呈线性设计的（传统教学模式以课程知识线性的构建教学内容，而项目化教学模式以工作过程为线性的构建教学内容）。因此学生一旦在教学过程中出现学习脱节的情况，就容易产生厌学心理，从而影响人才培养的质量。

5）课程设置和内容设计不合理

由于对数字家庭人才培养的重视不够，虽然一些高校将数字家庭技术内容引入专业，但在课程设置和教学内容上并不围绕数字家庭人才需求进行规划和设计，只是部分的引入一些技术和项目，这导致了学生缺乏对数字家庭技术的全面系统的了解，对技能的训练和拓展也不足。最终导致了学到的内容不能满足企业的需要。

6）校企合作教学不理想

由于数字家庭技术发展迅速，单靠学校专业教师难以完成数字家庭技术的教学，尤其是项目实践技能，往往需要与企业联合培养。而企业教师虽然拥有技术优势，但却往往缺乏职业教育和教学经验，在独立教学时，面对台下的高职学生，往往难以施展技术专长。而学校专任教师，缺乏数字家庭技术优势，在教学中难以胜任项目实践技能的训练指导。

7）教学方式不统一，没有形成统一的教学模式

通过调研发现，在数字家庭教学过程中，没有形成统一的教学模式，课程教学呈现“八仙过海，各显神通”的现象，不同课程教学模式不一，甚至同一课程，不同老师教学模式也不一样，这使得出现人才培养参差不齐，教学效果不一等问题，影响了人才培养质量，导致人才培养与企业需求不符。

8）学生学习情况不理想，缺乏从业素质

高职学生在专业学习上经常会出现厌学的现象，常常表现出对专业不感兴趣、课程学习脱节、上课心不在焉。一方面是学生本身没有养成良好的学习习惯，缺乏正确的学习方法指导，另一方面是缺乏技术学习氛围和项目技能实训的场所，这导致了学生对抽象的技术知识和强调实操的技能难以领会贯通，难以将已有的知识和技能应用到实践过程中，并从中学习新的技术和技能，并在实践中真正的领悟到从业素质的精髓和真谛。

2.解决的主要问题

对于上述问题，我们认为关键的原因在于数字家庭人才培养缺乏一个有效可行的教学标准和教学模式，只有将数字家庭人才培养形成一个统一的标准模式，改革教学内容和课程体系，对教学组织、教学运行和管理机制也进行调整，才能真正做到将人才培养与产业发展的需求接轨，才能使学生求职和企业用人实现零距离对接。了解和掌握企业对员工素质的要求并主动训练自己的各方面素质，做到既掌握数字家庭相关技能技术，又熟悉企业的运作特点。只有统一教学模式，才能实现理论知识与岗位技能的同步提升和相互促进，通过技能训练来掌握和巩固理论技术，同时借助掌握的理论技术和实践经验来解决工作项目中所碰到的问题，使培养的数字家庭应用型人才既具有扎实的专业技术基础，又具有较强的实际项目研发经验。

那么，在高职教育中，如何改革现有教学模式，使之构建和形成一个能够适合和满足数字家庭人才培养的教学模式和教学标准?

1）实现知识、技能和经验的螺旋式有机结合

在数字家庭人才培养过程中，要使知识、技能和经验之间形成麻花状的螺旋关系，并让它们之间产生紧密联系，使其螺旋运行轨迹沿着人才培养目标不断螺旋前进，避免二者因偏差产生隔阂和距离。贯彻到教学中，就是要让学生在老师指导下，在项目实施过程中，从初学者开始“做中学”，并通过完成一个又一个任务，将掌握的知识、技能和经验不断地用于新任务的实现，最终实现教学目标。

2）转变传统的教学观念

传统以教为主的教学模式难以有效地提升对学生技能的培养，必须转变教学观念，要根据高职学生的学习特点因材施教。由于高职学生自主学习的能力较差，又长期受到传统教学模式的影响，高职学生仍然抱有“老师不教我不学”的思想，因此实施以学为主的教学模式对于高职学生而言，效果并

不明显。因此在高职数字家庭人才培养上，应实施教学并重的双维建构发展思路。

3）构建好教学标准和有效地教学模式

人才培养的具体落实，最终是由教学实施所决定的。其中教学模式的构建和实施是关键。对数字家庭应用型人才教学进行深入有益的探索，形成有效的、有针对性的教学模式和教学标准，课程的具体实施和教学内容的具体落实，都是对人才培养质量的一种根本的保障。因此要构建统一的教学标准和教学模式，形成对人才培养的一种标准化教学指导和对教学操作的具体实施步骤。

4）形成人才培养课程体系

为解决学生因课程学习脱节而产生厌学的问题，应对传统专业课程设置实施改革，打破其呈线性或树状结构的特征，形成螺旋式分布的新课程体系，不再以学科技术知识的发展规律作为主线实施专业课程设置，而是形成以知识、技能、经验三大核心培养要素为主线的螺旋式循环来设置专业课程，以提高学生的综合技能实施能力。

5）改革现有实践教学环节

应用型人才培养强调技能和实践经验的培养，没有合适的实践教学条件是难以完成技能培养和训练的。好的教学模式和课程体系设计需要有好的实践教学条件和实践方法配合。因此要改革现有实践教学环节，营造有利于数字家庭应用型人才培养的场所和教学设施。

6）构建产学互动平台，实现校企合作双赢

数字家庭人才培养离不开企业的支持，因此要构建起校企产学互动合作平台，使“校企生”三方对都能够受惠，使校企合作往深层次阶段发展。不但解决企业生产与学校教学冲突的矛盾，而且促进了校企合作的良性发展，延长校企合作的生命周期，实现了人才培养的可持续发展。

基于以上考虑，在数字家庭人才培养过程中，我们在实践中不断探索，不断研究，最终提出了一种螺旋式项目化教学模式，来实现对数字家庭应用型人才的培养。

4.3.2 螺旋式项目化教学模式教育理念

人才培养是产业健康可持续发展的保障。从产业发展的内在要求来看，人才培养必须服务于产业发展，才能将人才培养的优势转化为人才实力，促

进产业快速发展。

1.坚持“来源于产业、根植于产业、服务于产业”的职教理念

人才培养要坚持“来源于产业、根植于产业、服务于产业”的教育理念，紧密地与产业技术发展和特点相结合。以人才需求为导向，在教学内容、教学方法和教学模式方面，紧密围绕产业需求，不断引进企业技术资源。数字家庭人才培养，就是要面向蓬勃发展的数字家庭产业，培养技术扎实，具有创新精神和个性化、具有较强技能的技术应用型人才。产业发展的关键就是要将学校的人才优势转化为企业的人才实力，使人力资源通过培养成为人才资源，从而解决产业发展所面临的人才瓶颈。

2.坚持靶向教育，实现就业零距离的职教目标

在教学实践中，要坚持实施“靶向”培养，提出培养“就业零距离”的高端技能型人才。“靶向”是指在教学过程中以企业和产业岗位需求为导向，不断改革教学内容，通过在学校和企业的技能培养和技能实践，使所培养的学生逐渐符合企业岗位要求，最终完成人才培养的全过程。通过这一培养定位，保证了培养的学生成为企业岗位需求的人才解决了学校人才，培养不能对接企业需求的问题。“就业零距离”是指学生毕业的时候，就已经具备了在企业从事某项岗位工作的技能和工作经验，同时已成为企业员工，实现了前脚踏出校门，后脚进入企业大门的无缝对接。

3.坚持以人为本的育人理念

人才培养和教学过程始终要坚持以人为本的育人理念。毕竟学校培养的就是人才，只有将学生培养好，使之成为企业需要的人才，才能体现学校的价值，降低社会育人成本。人才培养过程中的以人为本，就是在教学中以学生为主体，一是教学要以学生的能力、兴趣、知识、意志、创造性等为出发点，教什么和怎样教不但要符合企业岗位要求，同时也要适应学生的发展需要，二是在教学过程中要充分尊重学生的主体地位，使其积极主动地参与到教学过程中去；三是在培养过程中鼓励学生自身的发展，并积极引导学生将自身发展与符合自身发展的企业岗位相结合，成为学有所成、学有所用的人才。

4.坚持个性化教育与创新型教育的教学理念

由调研可以知道，数字家庭企业具有人才需求岗位多、每个岗位需求人

数少的特点。而对于学校学生，每个学生都有自己的特点和人生发展的道路。因此数字家庭人才培养要注意个性化和差异化的培养，不能按一个模子塑造人才。在教学过程中要注意学生技能特长的发展，鼓励不同特长学生组成团队进行项目训练和实践，使学生在学习和实践过程中，逐渐形成自己的岗位特长，从而步入企业对应岗位后能够如鱼得水。

数字家庭技术发展迅速，企业需要不断创新，因此要求企业员工也要有创新意识，不能按部就班、满足于现状、故步自封。这就要求学校在教学过程中要注重学生的创新型教育，让学生在学习技术和掌握技能后，在项目实施过程中能够使用已有技术和技能完成任务并有所创新，这样培养出来的人才才能在企业中跟随企业发展不断进步。

5.坚持螺旋式项目化的教学思想

对于高职院校，在数字家庭人才培养中，要始终坚持螺旋式项目化的教学思想。第一，项目化的教学有利于学生掌握技能和了解企业工作过程。第二，螺旋式的培养模式，使学生从无知到熟知，最终达到熟练，避免了学习脱节所造成厌学问题，同时螺旋迭代过程中所产生的迭代反馈，使得教师得以及时调整教学思路和方法，不断促进学生自身的发展，最终达到人才培养的教学目标。

4.3.3 数字家庭应用型人才教学思考

1.数字家庭应用型人才培养定位

从数字家庭人才从业岗位及其工作内容可见，这些岗位对从业人员都有特定的数字家庭专业知识和技能方面的要求，据此，我们可以对每一类岗位定义一种职业。例如与数字家居设备调试、维护、故障诊断、设备安装、数字家庭设备远程控制系统的测试、使用和诊断等方面工作内容相关的工作岗位，根据其相应的专业知识和技能要求，就可以定义一个数字家庭系统技术服务职业。从其他方面来说从业人员的专业知识与技能也都可以定义相应的数字家庭技术职业，如对数字家庭系统方案设计、设备选型、项目施工等工作，可以定义数字家庭技术系统集成职业（该职业已制订了相关的职业资格标准和证书）。由此可见数字家庭人才从业的职业指向是非常明确、具体的。数字家庭是计算机、电子、通信和自动控制等技术在民用领域里的

综合应用，数字家庭技术及其应用并不是一门复合型技术学科，而是一类职业技术（数字家庭产品的生产、装备使用、维护维修等方面技术更是属于此类）。这些技术可以根据职业岗位的工作内涵加以归类，从而分类实施人才培养。

此外，从数字家庭人才从业岗位的工作内容还可以看到，从事数字家庭技术职业的人才是一种技能型人才，这种人才的培养不能单从某一个学科专业的学习中造就，而必须通过与职业岗位直接对接的实训、实操等实践性学习环节而获得，而这种实践性学习环节最有效的学习模式就是通过“工学结合”，也就是在岗位的实际环境中进行实操训练。

从以上分析的可见，数字家庭人才培养具有鲜明的职业教育属性，应该定位在职业技术教育，也就是说应在职业技术教育这一教育类型中建构教学体系，实施数字家庭人才培养。因此，根据对广州国家数字家庭应用示范产业基地企业的调查分析，以及企业人才需求，结合学校计算机专业特色，我们将数字家庭应用型人才培养定位为基于计算机技术的系统集成、技术服务、软件开发等3个岗位方向的高端技能型人才培养。

2.数字家庭应用型人才的教学思考

针对数字家庭应用型人才的培养是技能型人才培养，属于职业技术教育范畴，人才培养的实现需要校企合作、工学结合。考虑到数字家庭产业属于新兴产业，技术发展迅速，单靠学校进行教学与实践训练，难以实现对企业所需人才的培养，因此必须依托企业，借助企业的技术资源和岗位实际环境来实现对人才技能的培养。

对此，根据对数字家庭应用型人才的培养定位，并对高职生源的学习特点，我们提出了对人才培养的一些教学思考。

1）基于工作工程构建课程体系和教学内容

数字家庭应用型人才培养要依托地方产业，服务于地方产业。根据前期的调查研究，我们提出了依托广州国家数字家庭应用示范产业基地实施数字家庭应用型人才培养的思路。并根据基地企业的人才需求、岗位职业能力分析及其工作过程，来构建应用型人才培养的技能课程设置和教学内容，这样培养出来的人才才能满足基地企业的需要。

2）形成有效的、具有指导性的教学模式

基于工作过程构建课程体系和教学内容能够满足了企业的用人需要，但是如何实施教学和技能培养才能达到企业的用人要求呢？这就需要有针对性

的制订教学标准，形成有效的、具有指导性的教学模式。教学模式是人才培养模式的具体形式。只有在教学目标、教学内容、教学组织、教学条件、教学方法、教学手段、教学评价等方面形成一定的范式和规范，才能保证人才培养的质量，从而达到企业岗位用人要求。

3）构建有助于技能实践的教学环境和氛围

数字家庭应用型人才技能培养需要在岗位工作的真实环境中进行，因此需要构建满足技能学习的实践教学体系和营造有利于技能训练的教学环境和氛围。对此学校需要引进企业的优质技术资源，构建良好的课堂实训条件和校内实训基地。同时在企业内建立能够完成用人岗位实践的大学生校外实践基地和校外实习基地。

基于以上思考，我们提出了螺旋式项目化教学模式来实现对数字家庭应用型人才的培养。教学模式则借助于软件工程项目开发中的螺旋模型，对现有的项目化教学模式进行改革，以“知识、技能、经验”形成的螺旋结构，依托教学项目的实施，不断迭代，逼近教学目标。

该模式秉承“来源于产业、根植于产业、服务于产业”的职业教育教学理念，以培养符合地方产业人才需求为目的，能够符合数字家庭人才培养的教学需要和适应高职学生的学习规律，为数字家庭产业高端技能型人才培养提供了一种可供参考和借鉴的教学范式。

4.3.4　螺旋式项目化教学模式内涵与优点

1.螺旋式项目化教学模式内涵

在IT行业软件开发过程中，根据软件项目开发架构，形成了瀑布模型和螺旋模型。瀑布模型是最早出现的软件开发模型，在软件工程中占有重要的地位，它提供了软件开发的基本框架。瀑布模型的开发过程是通过设计一系列阶段顺序展开的，其过程是从上一阶段活动接收该阶段活动的工作对象作为输入，利用这一输入实施该阶段活动应完成的内容，给出该阶段活动的工作成果，并作为输出传给下一阶段的活动，整个过程就好像瀑布一样。它的特点是首先要有确定可靠的需求分析，各个阶段之间有连续性，但各阶段不存在反馈的关系。瀑布模型的架构使得后期的变化、迭代、改动困难，各阶段之间缺乏统一联系。对于需求变化多端的项目而言，瀑布模型将难以实施。

螺旋模型采用一种周期性的方法来进行系统开发。该模型使用快速原型法，以进化的开发方式为中心，在每个项目阶段使用瀑布模型。这种模型的每一个周期都包括需求定义、风险分析、工程实现和评审4个阶段，由这4个阶段进行迭代。软件开发过程每迭代一次，软件开发又前进一个层次。螺旋模型基本做法是在“瀑布模型”的每一个开发阶段前引入一个非常严格的风险识别、风险分析和风险控制，它把软件项目分解成一个个的小项目。每个小项目都标识一个或多个主要风险，直到所有的主要风险因素都被确定。螺旋模型是将瀑布模型和演化模型结合起来，它不仅体现了这2个模型的优点，而且其最大的价值在于整个开发过程是迭代和风险驱动的。它将瀑布模型的多个阶段转化到多个迭代过程中，从而降低了项目的风险。与瀑布模型相比，螺旋模型支持用户需求的动态变化，为用户参与项目开发的所有关键决策提供方便，有助于提高目标项目的适应能力，并且为项目负责人及时调整管理决策提供了便利，以降低开发风险。

将上述的瀑布模型和螺旋模型理论引入教学，我们发现，传统以教为主的教学模式和项目化教学模式都类似于瀑布模型，其教学组织和教学过程都分成多个阶段，当一个阶段活动完成，就进入下一个阶段活动，上一阶段活动的结果被作为下一阶段的输入。当前个阶段如果没有达到要求，则重新进行，待满足要求后才进入下一阶段活动。在这种呈线性的类似瀑布形态的教学模式下，学生的学习过程是由一个阶段活动向下一阶段活动逐级过渡的，各阶段间缺乏反馈与迭代。这样的教学模式对学生在学习过程中出现的变化和差异化缺乏有效的弹性配合，使教师的教学过程和学生的学习过程难以形成有机融合，反而使偏差越来越大。

通过对现有教学模式存在的问题进行剖析，结合数字家庭应用型人才的要求以及高职学生的学习特点，借鉴软件开发过程中的螺旋模型理论思想，我们提出了一种螺旋式项目化教学模式。这种模式打破了传统教学分阶段实施的教学组织和教学过程，建立了以“知识、技能、经验”为要素的螺旋培养过程，注重学生技术、技能和实践经验的获取。在整个教学模式框架中，螺旋式项目化教学模式以课堂教学环节、技能实操训练环节、项目实战实践环节形成数字家庭应用型人才培养的螺旋学习环节，并让素质教育环节贯穿于学习的每一个环节，从而实现用已有的知识和技能完成项目实践，并在实践中进一步提升技能和知识的良性循环。

传统教学将学生学习分割为一系列固定的阶段顺序，学生学习是从一个阶段向另一个阶段的逐级过渡，如同瀑布一样流水下泻。其主要缺点表现为：各个阶段的划分完全固定，阶段之间缺乏互动，对学生学习变化难以进行有效地弹性配合。由于教学过程是线性的，没有实施目标要素的循环迭代，使培养出来的人才对知识和技能的掌握仅停留在课堂上，缺乏实际项目实施的实践能力。学校教学与企业人才需求缺乏动态对接和持续跟踪，造成学校教学不适应用户需求的变化。

螺旋式项目化教学模式中的螺旋式教学思想正是为解决这一问题应运而生的。其核心思想就是将数字家庭应用型人才的职场工作环境引入到高职教育环境中，以知识、技能、经验三大核心要素构成学生学习的螺旋面，通过项目化学习环境，让学生将已有的知识、技能和经验应用到完成项目任务中，通过任务靶向目标，以迭代方式不断地提高学生的知识、技能和经验，进而逼近企业岗位要求，实现靶向教育的培养过程。在教学环节上，以课堂教学、技能实操、项目实战分别对应学生的知识、技能、经验这三大核心要素。引导学生从较低层次的螺旋面向更高层次的螺旋学习平面发展。

在教学过程的每一阶段都坚持学生的职业素质、专业技术、技能实践能力和项目实践经验的同步培养，经过三个教学环节的若干次循环，使学生在该课程的岗位能力得到全面提高，不断向应用型人才发展。

2.螺旋式项目化教学模式优点

1）学习过程以螺旋过程替代了传统的线性过程

螺旋过程促进了知识、技能和经验的有机结合，让学生对数字家庭的技术理论、技能实践和项目经验不断结合并得到提升，从而不断增强自身整体的实践工作能力。

2）以反复迭代上升取代了传统的多阶段逐级过渡

反复迭代使知识、技能和经验在教学中得以反复循环，让学生的技术认知、技能使用和实践经验得以巩固并不断增强，从而逼近了数字家庭应用型人才培养的岗位职业能力要求，同时也避免了学生在多阶段逐级过渡所产生的学习脱节的问题。

3）是基于工作过程的教学模式

螺旋式项目化教学模式的灵感来源于软件项目开发所使用的螺旋模型理论。螺旋模型是在软件开发实践长期过程中所建立起来的，它是IT行业软件开发过程常用的一种工作模式，是对软件产品开发工作过程的指引，模型本身就是基于工作过程的。我们将螺旋模型理论的思路引入了教学，在教学实施过程中采用了螺旋模型的产品开发流程和思路，在整个教学过程中营造了企业的工作氛围，这使得学生在学习过程中就能够潜移默化地接触并融入IT

企业的工作氛围中，并在学习中不断地刷新自己对行业技术、职业岗位、项目实践的认识。

4）是对项目化教学的改进

螺旋式项目化教学模式并不是凭空产生的，它是在项目化教学模式的基础上构建起来的。项目化教学是一种“行为导向”的教学模式，它通过项目导向、任务驱动的方式实施教学过程，使学生的技能学习更加具有针对性和实用性。教学评价注重学生在项目活动中能力的发展，测评内容包括学生参与活动各环节的表现以及完成质量。它具有实践性、自主性、发展性、综合性、开放性等优点，是目前职业教育中所普遍采用的教学模式。螺旋式项目化教学模式继承了项目化教学的优势，并将螺旋模型引入项目化教学过程，对其教学过程进行优化和改进，将教学过程改造为螺旋结构，使之更加符合高职学生的认知和学习规律。

5）实现学生个体差异化的培养

螺旋式项目化教学模式是学生在项目学习过程中能够根据自己的特长爱好发挥自身的优势，并自主、自由地进行学习和完成任务，从而促进了学生自身个体差异化的发展。并在学习过程中逐渐明确了自己的岗位职业能力，这为以后进入企业相应岗位打下基础，同时这也为数字家庭企业不同岗位的需求奠定了基础。

6）是“教、学、做”一体的教学模式

螺旋式项目化教学模式是教学并重的教学模式，强调“教、学、做”一体化，使学生在“教、学、做”的螺旋过程中，逐渐掌握数字家庭技术、岗位职业技能和项目工作经验。它的“教”不是传统教学中“讲授知识”，而是借鉴企业工作过程中，资深员工对新员工的指导，强调知识和技能的引导，同时根据高职学生的学习特征，对关键技术进行必要的解释。“学”是要“做中学”，不是老师讲什么就做什么，而是在老师引导下，根据自己已有的技术、技能和经验，去完成项目中的任务，并在做的过程中学会新的知识、技能和经验。“做”是把老师布置的任务作为一个工作去完成，而不是简单地作为一个作业来对待。

7）以多元评价代替了传统的单一评价

螺旋式项目化教学模式的目的要让学生在整个学习过程中都会参与到项目开发实践中来，并从中学习到专业技术、职业技能和实践经验，避免因为单纯地学习技术知识而产生厌学心理。对学生学习的评价不再采用传统以考试成绩为主的单一评价，而是以企业项目实施过程中的多元评价方式代之。

借鉴企业在项目中对员工的考核方式，采用过程评价、考核评价、项目评价等相结合的多元化评价方式。过程评价是对项目实施过程中任务完成情况的评价，考核评价是对学生的技术知识进行的考核评价，项目评价则由师生企三方对项目完成情况进行点评和评价。多元评价结合了传统的单一评价方式，从而更能够反映学生的综合技能和项目实践经验。

螺旋式项目化教学模式就是让学生能够在教学过程中，潜移默化的学习过程中逐步的了解数字家庭企业技术、工作流程、岗位技能、项目实施等相关内容，同时在项目实践过程中，能够灵活地将学到的知识、技能和经验运用到工作项目中，在完成工作任务的同时掌握新的技术、技能和经验，并最终明晰自己发展定位和职业追求，进而能够在毕业时掌握符合自身定位的企业岗位技能和实践经验。这种教学模式不同于传统以教为主的教学模式，学生需要先掌握了技术理论，才能进行实践。也不同于西方以学为主的教学模式，要求学生自主地、主动地去探索和实践。它是基于项目化教学模式的基础上，将原有的线性结构的教学过程替换为螺旋结构。螺旋结构使学生掌握的知识、技能和经验能够有机地结合起来，而且更加有效。随着每一次迭代循环，旧的知识、技能和经验得到巩固，新的知识、技能和经验得到拓展。因此，螺旋式项目化教学模式更加符合现代职业教育的要求，也符合技能型人才培养的需求，是一种值得进一步研究与探索以及可以推广的教学模式。

4.3.5 螺旋式项目化教学模式设计

1.总体框架设计

根据以上总体原则，我们设计了针对数字家庭应用型人才的螺旋式项目化教学模式总体框架设计，如图4-1所示。

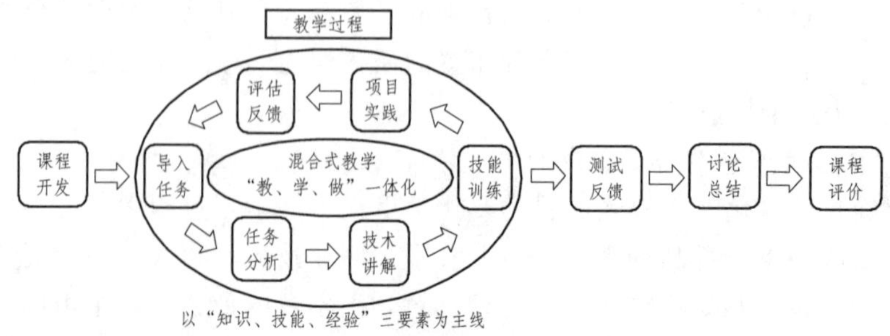

图4-1　螺旋式项目化教学模式总结设计框架

整个框架设计包含了以下几个部分。

课程开发：基于工作过程和岗位职业能力分析进行课程开发，构建项目化教学内容。

教学环节：基于企业岗位工作过程，以“知识、技能、经验”三要素为主线构建螺旋结构的实施环节。

教学过程：导入任务、任务分析、技术讲解、技能训练、项目实践、评估反馈等六步。

教学方法：混合式教学，采用线下课堂教学实操和线上互动学习相结合的方式。

教学组织：项目化教学，实施“教、学、做”一体化。

测试反馈：通过测试或考试，结合项目考核，对学生学习情况进行整体评估。

讨论总结：对项目技术技能和项目执行情况进行讨论总结，以进一步提升学生的项目经验和技术理论水平。

课程评价：对课程教学、课程内容、实训条件、学习氛围等提出意见和建议。

2.教学内容设计

课程开发的关键就是教学内容的设计，教学内容采用项目化设计，实施项目导向、任务驱动。项目化教学是螺旋式项目化教学模式的重要组成部分。教学项目来源于数字家庭企业技术案例，并进行教学重构，以确保适合教学和符合教学要求。同时将项目分解成若干任务，以便于讲解和技能训练。

3.教学环节设计

教学设计是基于工作过程的螺旋式结构。螺旋式项目化教学模式的特色就在于采用的是螺旋式结构的教学设计。在教学设计中引入了软件工程中基于螺旋模型的开发流程，形成以“技术讲解、技能训练、项目实践”教学三环节的螺旋式过程，并结合评估反馈，实现了“知识、技能、经验”三要素的有机结合，同时以此为基础再进行下一项目任务的训练和学习。如图4-2所示。

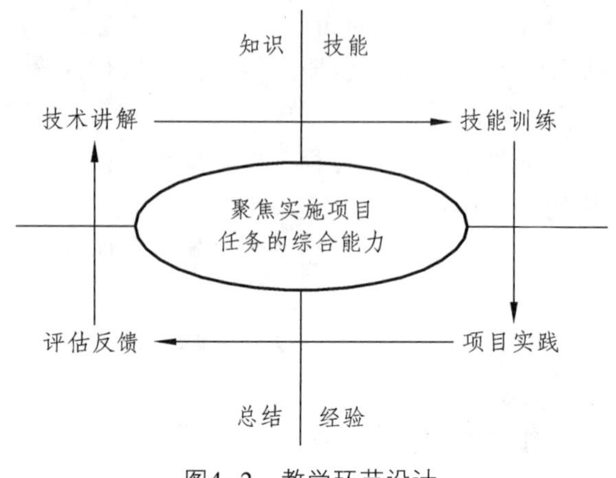

图4-2　教学环节设计

4.教学过程设计

基于工作过程教学环节设计。教学过程设计包括以下6个步骤：

（1）导入任务，通过企业工作情景，导入教学任务，让学生明确教学内容。

（2）任务分析，对导入的任务进行分析，通过讨论明确任务需求。

（3）技术讲解，掌握完成任务所需的技术，通过线上互动完成技术知识的积累。

（4）技能训练，通过企业教学案例，训练学生完成任务的技能。

（5）项目实践，公布实战项目和任务，让学生独立或分组执行，教师进行现场辅导，结合线上操作视频，完成布置的项目任务，积累项目实施经验。

（6）评估反馈，对实施的项目进行评比和讨论，反馈不足，改良作品。同时让学生在讨论和总结中提高自己对项目任务的认知，使技术知识、技能和经验得到进一步升华。

5.教学组织设计

采用螺旋迭代的教学组织设计，体现了“教、学、做”一体化。螺旋式项目化教学模式要求教学并重，因此教学组织要体现“教、学、做”一体。老师通过“教”，引导学生进入任务工作状态；学生通过“学”，明确任务要求和工作要领；通过“做”，在老师指导下，圆满完成任务，并在完成任务的过程中掌握新的知识、技能和经验。

6.教学方法设计

采用混合式教学法，即使用“互联网+课堂教学”，以线下和线上相结合的方式实施教学。其中线下采用课堂教学方式，线上使用混合式学习平台。在教学过程中，学生通过微信连接到混合式学习平台，即可实现与教师课堂教学内容同步的线上学习，并能够实时地和教师在课堂上和网络上进行教学互动，极大地提高了教师教学和学生学习的热情。

7.教学环境设计

构建具有沉浸式教学氛围的教学环境。教学环境设计要求营造企业岗位工作的氛围，满足教师课堂知识讲解、学生现场技能训练和项目实战的要求，即：

（1）适合“教、学、做”一体

（2）满足老师教，老师能够进行讲解和分析

（3）适合学生学，能够让学生开展任务训练

（4）适应学生做，能够让学生进行项目实施

因此，我们根据人才培养和教学需要，设计了3级教学环境，第一级采用云桌面虚拟化教学平台，第二级采用基于螺旋式项目化教学设计的校内实训室，第三级使用校外实践实习基地。

8.教学手段设计

在教学手段上，主要引入了现代教育信息化技术，如基于云桌面的虚拟化技术，自主开发了基于移动互联网的教学系统、以及引入的混合式学习平台软件等新技术和新软件，结合原有的课堂教学手段和资源，如多媒体教学设施（投影、幻灯片播放、广播软件、功放音响）、数字化资源（课程网站、微课程等）、移动技术手段（微信、Q群）等，在螺旋式项目化教学模式下，开展课程教学活动，以确保学生能够获得岗位所需的知识、技能和经验，并且提升聚焦解决问题的综合能力。

9.教学评价设计

近乎实战的教学考核。采用过程评价、考核评价、项目评价等相结合的多元化评价方式。过程评价是对项目实施过程中任务完成情况的评价，考核评价是对学生的技术知识进行考核评价，项目评价则由师生企三方对项目完

成情况进行点评和评价。

4.4 螺旋式项目化教学模式实施原则

在数字家庭应用型人才培养过程中，实施螺旋式项目化教学模式，需要遵循以下原则：

1.要依托产业，校企联合培养

如前所述，数字家庭人才培养不能单靠学校或企业，必须依托产业，校企合作联合培养。因此，对于数字家庭应用型人才培养，必须依托地方数字家庭产业基地或产业链，有针对性的和产业内合作企业共同制订人才培养方案、教学内容、技能培养、师资合作等。只有在此基础上，螺旋式项目化教学模式才有效地发挥更好的作用，实现数字家庭产业所需的高端技能型人才培养。

2.要体现工学结合的职业教育思想

数字家庭应用型人才属于高端技能型人才。技能的掌握和训练需要通过工学结合的方式完成，这是职业教育的要求，也是企业的需求。因此，在教学内容上、在教学设计上、在教学组织上、在教学过程上都应该体现出以一种基于工作过程的工学结合方式。

3.要针对典型岗位方向进行规划培养

由于数字家庭应用型人才需求的岗位众多，一个计算机类专业，是无法一一满足和全面培养的。对此，根据专业的优势和企业岗位需求情况，主要针对系统集成、技术服务和软件开发三个岗位方向进行人才培养，因此，在进行教学模式规划设计时，应具体针对系统集成、技术服务和软件开发三个岗位方向实施总体规划。

4.教学过程设计采用螺旋结构

螺旋式项目化教学模式的特色就在于教学采用的是螺旋式结构的教学过程设计。在教学设计中引入了软件工程中基于螺旋模型的开发流程，形成以技术讲解、技能训练、项目实践三环节的螺旋式教学过程，从而实现知识、技能、经验三要素的有机结合，同时以此为基础再进行下一个任务的训练和

学习。螺旋结构比线性结构更有利于知识、技能和经验等三要素的融合，三要素的重复迭代上学生在学习和实践过程中使自己的职业技能和技术经验得到全面提升。

5.注重个体差异化培养

俗话说“一样米养百样人”，无论如何进行培养，培养的人才之间总会有差异。随着产业结构调整，人才需求从低端技能型转向高端技能型。技能型人才培养不再像以前那样，强调一个模子印出来的产品，需要一模一样了。而是允许根据个体差异，进行有差别的培养。这既是现代职业教育的要求，也是产业市场对高端技能型人才的需求。根据企业需求，分系统集成、技术服务和软件开发三个岗位方向实施培养就是这种差别化的体现，因此，教学模式框架设计要注意个体差异化的培养。

6.师生企三方参与的多元化评价

技能型人才培养的教学评价应采用多元化评价。由于技能型人才的教学注重是能力的培养和培养的过程，如果采用单一评价往往难以准确判断其综合技能，因此在螺旋式项目化教学架构设计中，采用了老师、学生、企业等三方参与的多元化评价。多元化评价可以从多重角度对教学目标进行测试和评估，甚至将传统的单一评价方式涵盖进来，对技能型人才的学习情况能够得到一个较为准确的评价。

4.5　现代学徒制下人才培养和螺旋式项目化教学的探索与实践

4.5.1　实施背景

在广州铁路职业技术学院携手广州国家数字家庭应用示范产业基地开展现代学徒制探索试点的过程中，我们发现，一方面产业基地内尽管拥有几百家中小型高新企业，从整体企业群的需求总量上看对高端技能型人才的需求量大，但从单一企业人才需求量来看，能够吸收的学徒（学生）数量却十分有限，难以批量或持续产生需求。人才需求量小决定了产业基地内中小企业不可能像大型企业那样和学校形成批量订单式的学徒培养。因为量少，学校也不可能为企业的几个人才需求实施订单班式的人才培养。调研显示，产业基地内大量的中小企业都为人才招聘发愁，并为此不得不支付高酬给猎头公司。正是基于企业集群人力资源的需求现实，2010年产业基地人才教育中心主动找到广州铁路职业技术学院，希望双方合作面向产业基地企业进行人才培养。另一方面，由于企业生产业务范围的局限性，依托某个企业培养的学徒往往会出现只能适应该企业岗位职业技能需求的现象，而难以满足产业内其他企业对技能和素质的需要。在试点运行过程中就发现，在现代学徒制班的人才培养方案的制订上，企业对学徒的要求和提供的教学资源，都基于企业本身的个性需求，并不考虑跨企业的行业共性和人才需求。由于缺乏对共性职业能力的训练，这些学徒离岗后的职业发展常常会受到制约和限制。为有效解决学徒能力结构的职业通用性，我们在学徒制试点的基础上，探索了基于“学校+行业学徒中心+主导/辅助企业”三方协同培养学徒的三元众筹模式和螺旋式项目化教学模式，受到了行业和企业的关注和肯定。

4.5.2 三元众筹模式的内涵

学徒培养的三元众筹模式，是由学校、行业协会、企业三方组成利益共同体，明确各方职责，学校是学徒培养的发起方和组织协调者，行业协会成立行会学徒中心全程参与学徒培养的全过程，行业内的若干个企业以众筹的形式承担学徒的具体培养，企业和学徒之间具有双向选择权和淘汰机制。参与众筹的企业，根据各自承担的责任和享有的权利不同，又分为主导企业和辅助企业。学校、行会学徒中心、主导/辅助企业构成了三元众筹模式的关键要素，如图4-3所示。

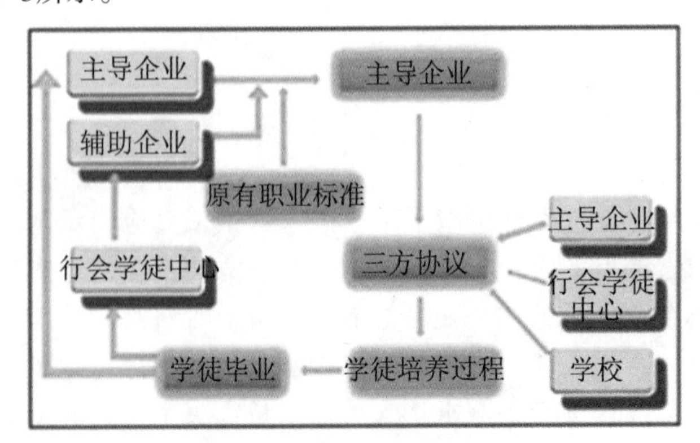

图4-3　三元众筹模式示意图

1.行会性学徒中心

行会学徒中心负责职业标准的制订，与企业和学校一起制定与职业标准相对应的人才培养方案，协调跨企业之间的用人（学徒用工）关系，协同学校与企业共同解决学徒的学习进展及各种问题。

与普通教育不同，现代学徒制强调学徒知识结构的系统迁移性和能力结构职业性，从职业能力发展的角度看，关注雇主群体对学徒的共性和个性要求，注重对岗位的胜任能力培养，完成从初学者到岗位熟手的培养。在试点过程中我们发现，行业协会在共性人才需求、共性职业能力分析、与职业能力发展等方面所积累的丰富经验和资源，对学徒的职业生涯的指导和发展非常重要，也决定了一个学徒制试点是否具有可持续性和可复制性。从人力资源和教学资源的组织和提供角度上看，有行业协会成立的行会学徒中心参与学徒培养，更有利于资源的共享、共用。

2.企业众筹模式

从实际来看企业的人才需求和企业自身的发展状况是该学徒制班能否长期存在和发展的根本，由具有共同特性和用人需求的多个企业，采用众筹的方式来支撑一个学徒制班，将较好地解决人才需求的稳定性和试点的持久性问题。

（1）主导企业和辅助企业。主导企业是指与学校、学徒签订合同，并为学徒制班投入人力、物力、财力的企业。主导企业一般只确定一家，需要承担学徒培养责任，负责企业培训资源投入。特别是承担企业内学徒培训资源、提供企业师傅等工作，同时要与学校共同制订培养方案。在付出和担责的同时，主导企业享有考核学徒、优先挑选学徒、决定学徒是否继续留在企业实践等权利。

辅助企业是指那些在学徒培养的过程中，会与行会学徒中心签订意向协议，但不与学校、学徒签订合同，非硬性规定为学徒制班投入人力、物力、财力的企业。辅助企业不承担学徒在企业中的教学工作，但要为学徒提供企业实践和顶岗实习的机会和工作任务。辅助企业一般是数字家庭产业基地内的多家企业。

主辅企业的身份可以转换。从学徒制培养的延续性来看，辅助企业在熟悉学徒培养的运作情况之后，在下一届学徒制班可以申请转换为主导企业，承担主导企业的相应责任和教育教学的投入。

（2）企业的资源投入与学徒选择的优先权。在行会学徒中心的助力下，由1个主导企业和2~3个辅助企业与学校共同构成学徒培养“众筹班”，其中，企业的资源投入与优先权如何进行差异化，运行机制怎么制订，将决定行业性学徒中心和众筹班运行的内动力。主导企业要承担一系列的责任，同时拥有学徒选择的优先权；辅助企业不须承担责任，也可以享有学徒培养全过程的知情权，但是对学徒的选择权优先级要低于主导企业。

（3）学徒的淘汰与再选择。学徒在正式进入学徒班学习之前，要与主导企业签订学徒合同，成为主导企业的正式学徒（准员工）。作为学徒方，虽说已经有了用工合同的保证，但也存在被淘汰的可能。在行会学徒中心和众筹班的模式下，主导企业将分阶段考核学徒的学习状况和岗位适应能力，如果考核不达标，主导企业可以将学徒退回行会学徒中心。

辅助企业只能在主导企业之后选择学徒。由于对学徒培养的全过程有知情权，辅助企业对行会学徒中心的学徒情况比对从社会上招聘的人员的情况更加了解，因此更愿意挑选到合适的学徒。鉴于不同企业的规模、理念、发展阶段的不同，企业对学徒能力、素质和工作要求也不尽相同，这种企业之间优先权差异化的做法，让企业能够各取所需。

行会学徒中心对被退回的学徒会进行分析测评，与学徒一起进行反思，开展有针对性的强化训练。同时鼓励并安排学徒与对口的辅助企业对接，开启新一段的企业实践过程。同时，辅助企业也会主动到行会学徒中心选择适合自己的学徒。

值得注意的是，被主导企业退回行会学徒中心的学徒，并不一定都是不合格的学徒。被退的原因是多样化的，可能是主导企业提供的岗位与学徒自身的就业倾向不一致，或者是与学徒能力特征不匹配。因此，主导/辅助企业的设立有助于提升企业参与学徒培养、以及学徒参与企业实践的积极性，对企业用人和学徒就业而言是非常有利的。

4.5.3 “校、行、企”三方协同的途径与方法

1.构建“校行企”三方合作机制

（1）三元协同的基本架构。“校、行、企”三元协同是指由学校、行业协会（以下简称行会）、企业三方组成利益共同体。按照“利益驱动、产训共赢”的原则，明确各方职责，根据各自的职责组建合作理事会。理事会下

设“教学委员会”“培训委员会”和“考试委员会”，三方在各委员会中扮演不同角色。

①“教学委员会”以学校为主体，企业和行会参与，其职责是确保学徒制培养的教育属性，注重学徒基本素质的养成和职业迁移能力的培养，确保培养过程不流于简单的员工培训，不过分强调企业方的短期利益。

②“培训委员会”以行会为主体，学校和企业参与，利用行会在行业的优势，确保学徒培养标准具有行业普适性。

③“考试委员会”以企业为主体，学校和行会参与，保证培养的学徒能够符合企业的岗位要求，同时对学徒的职业生涯进行规划。

（2）三元协同的运行机制。基于“合同培养”的约束与激励机制。学生、企业、学校必须签订三方协议，明确三方的责、权、利，学生（并家长）与企业签订学徒协议，获得学徒身份。学习者拥有“学生+学徒”的双重身份，企业应给予学徒应有的基本权利，实行学徒津贴与岗位津贴相结合的学徒待遇模式，学徒津贴体现了企业对学徒的基本投入和学徒的企业归属；岗位津贴是对学徒能力和对企业贡献的基本认可，对已具备顶岗能力的学徒要给以匹配的工作待遇，按能定酬。

学徒作为企业的“准员工”应承担企业员工的基本职责，过分强调任何一方的权利义务将会导致合作的不确定性。为有效保证企业的参与利益，学徒培养采用合同培养制度，明确学徒的企业员工身份和3~5年的服务期，用法律作为企业权益保障的基础。

基于“责任共担”的三元协同沟通机制。三方按照“学校定目标、行业定标准、企业定岗位”进行分工配合，建立三方合作培养的沟通机制（见图4-4）。学校成立现代学徒制项目工作组，由系主任、教研室主任、专业带头人组成，对接教学委员会的工作。行会成立行会学徒中心，对接培训委员会工作，协调主导企业和辅助企业的学徒培养。主导企业成立导师组，对接考试委员会工作，负责学徒训练计划的制订和日常管理，辅助企业负责部分学徒的企业实践和顶岗实习任务。

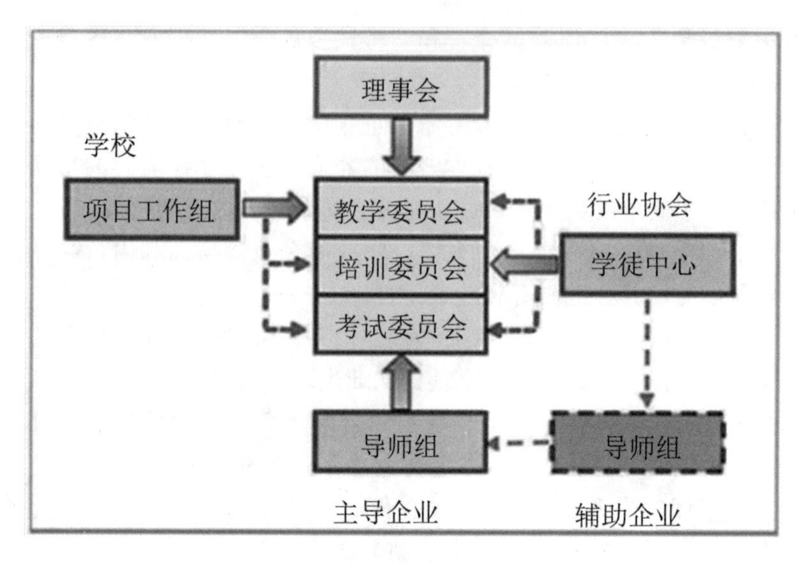

图4-4　三方协同沟通机制

2. 工学结合的螺旋式项目化教学与管理

（1）培养场所的交替。在培养过程中，学徒将在学校、企业、行会学徒中心三个培养场所接受教育和技能培养。形成在学校学知识、行会学徒中心学技能、企业实践学经验的螺旋型工学结合培养和管理方式。随着学习场所的变更，学徒的身份将有所不同。在学校凸显的是学生的身份，在学校导师的教育下完成文化基础的学习。在行会学徒中心，学徒兼具学生与准员工的双重身份，接受学校老师的基础技能教学以及企业师傅（项目负责人或经理）的项目化教学，参与企业的部分项目运作。在主导/辅助企业凸显的是学徒身份，学徒在企业师傅的指导下，以项目团队成员的形式参与企业生产项目，完成企业实践。

（2）教学方法与内容选取。学徒培养课程分为学校课程和企业项目课程，学校课程和企业课程交叉融合，教学模式采用螺旋式项目化教学。依据行业知识的认知规律和实践技能的习得规律，以学期为阶段单位，逐渐加大企业项目课程比例（如图4-5所示）。

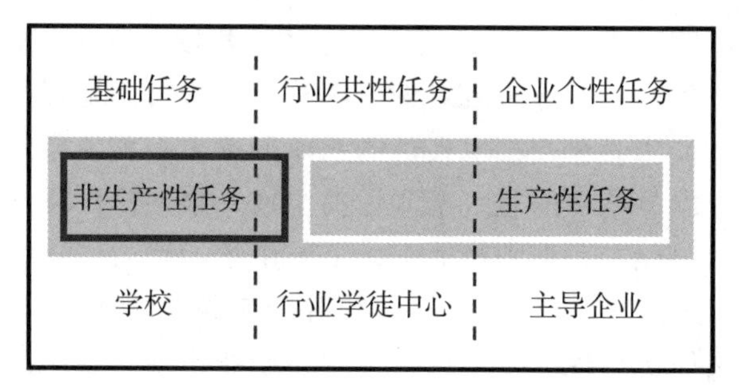

图4-5　三元众筹模式的教学示意图

教学内容都采用任务式，任务分为基础任务、行业共性任务、企业个性化任务三部分。在任务性质上，分为非生产性任务和生产性任务两种。

（3）工学交替、分段式的教学组织。具体教学组织实行工学交替，三方联合交互培养，学徒由学校教师与企业师傅共同实施教学与带徒培训，学习场地定期交换。如图4-6所示。第一个学期，以学校老师为教学主体，采用学习和认识实践交替的方式，每周校企课程的比例为4：1，用4天学理论，用1天开展行业企业认识实践或开展相关项目的培训，教学地点设置在学校，也可以设置在基地的学徒中心；第二个学期，以行会学徒中心的培训导师为教学主体，每周校企课程的比例为2：3，每周安排2天进行岗位项目实践，安排3天进行专业课程教学，实施“教、学、做一体化”训练，教学场地设置在行会学徒中心（产业基地）；第3学期安排4天进行岗位项目实践，安排1天进行专业理论课程教学，教学场地根据项目的情况，可以安排在行会学徒中心，也可以安排在企业或项目现场；第4学期由企业落实学徒的工作岗位，以企业为主，采用企业导师岗位师带徒、学校导师理论辅导的方式进行多岗位在岗培养，每周5天在企业进行岗位项目实践。由于企业就设置在产业基地内，使学徒在行会学徒中心和企业岗位转换场地成为可能。

学期	教学组织	
第一学期	教学做一体化学习	岗位认识
第二学期	教学做一体化学习	岗位项目实践(跟岗)
第三学期	项目集中	岗位项目实践(跟岗+顶岗)
第四学期	岗位项目实践(顶岗+独岗)	

图4-6　工学交替的学徒培养教学组织模式

（4）考核组织与实施。学徒的评测主体由学校、行会学徒中心和主导企业代表组成考试委员会，分阶段对学徒的阶段学习目标是否达到进行考核。第一阶段考核学徒作为企业技术人员的职业形象（工程师形象），主要由从业意愿、职业形象、精神面貌三个测评类组成；第二阶段考核学徒作为专业人员的专业技术技能（工程师技能），主要由学习能力、技术呈现、项目规范三个测评类组成；第三阶段考核学徒胜任岗位的能力（胜任岗位的工程师），内容包括简历呈现、技术项目呈现、职业规划、工作常识等职业经验和岗位技能测评点。

3.组建三元导师互驻机制

（1）导师团队的组建与协同。每一期的学徒培养，都由学校的项目工作组牵头，会同行会学徒中心和主导企业，组建三元导师团队共同实施师带徒的培养。三元导师团队中学校导师负责公共基础课程和专业基础课程（含基础实践课程），学徒中心师傅负责行业核心模块化培训课程，企业师傅负责本企业专项岗位技能课程。三部分课程根据人才培养的要求，实行螺旋式交叉轮换分阶段教学，实现学生职业能力在课堂中学知识、在实践中学经验和在实战中学经验的相互促进，循环提高。

（2）导师的选拔。学徒的培养不同于一般的学历教育，也有别于企业的员工培训，与一般培训机构的岗前培训也不同，因此，对师资有不同的准入要求。根据分工不同，学校、行会和企业的导师有不同的资质要求和选拔标准。

准入条件：学徒教育首先是职业教育，师傅的个人能力和师德在很大程度上影响学徒培训的质量。因此学徒导师必须对职业教育有较为深刻的理解，懂培训，能“教人”，必须要有教育的情怀和高尚的个人品德。其次，学历教育不是“职业培训”，学徒培养不仅要面向企业，更多的是要面向行业培养，因此学徒导师必须对行业有全面的了解。

资质要求：学校导师是学徒高等教育素质培养的主要导师，因此，对学校导师的基本资历要求是有一定的理论基础，具备基本的行业职业能力。具体来说，应该达到讲师水平，具有双师素质。

学徒中心导师是学徒管理的主要导师，因此，对中心导师的基本资历要求是具有丰富的行业从业经历，具备良好的项目管理能力。具体来说，应该达到行业工程师水平，具备项目经理资质。企业导师是学徒职业岗位技能的主要导师，对企业导师的基本资历要求是具有丰富的职业岗位工作经验，具

备良好的班组管理能力。具体来说，应该达到高级技师水平，具备工班组管理资质。

4.5.4 成效与反思

1.试点成效

（1）基于产业基地的现代学徒制三元协同培养模式，有助于学徒能力结构的职业性培养，有效解决中小企业用人的共性需求，具有一定的行业适用性。自2010年开始，广州铁路职业技术学院就和广州国家数字家庭应用示范产业基地合作，通过创新共建共享的协同培养机制，开展智能家居领域技能型人才学徒制培养合作试点。先后为基地内的三家主导企业和若干家辅助企业培养三届学徒共计76人，目前在训学徒36人，试点项目的可持续性得到认可。

（2）行会学徒中心的引入和主辅企业构成的众筹模式，有效调动企业加入现代学徒培养的积极性。刚开始实施现代学徒制试点的时候，敢于进行学徒制尝试的主导企业只有1家，主要是因为在此之前该企业已经获得行会认可，并与学校进行了多年的人才培养合作。在这之后，多家辅助企业在参与和了解学徒的运作情况之后，都要求成为主导企业，主动承担相应的责任和教育教学的投入，其中包括主导企业的上游供货商，下游的工程分包商及软件服务商。行会下众多会员企业也表现出积极参与的欲望，2016年参与该学徒制人才培养的企业扩展到中山、佛山等珠三角地区的数字家庭企业。几年的探索实践经验表明，在参与现代学徒制人才培养方面，大部分企业更愿意先做辅助企业，以便了解学徒制班的运作情况。而作为辅助企业参与学徒培养一年之后都会有意愿成为主导企业。可见，该模式可以引导企业对现代学徒制的参与，能够有助于企业加大对现代学徒制教育的投入。

（3）学徒培养情况。在现代学徒制试点实施过程中，试点专业同期招收了非学徒制校内培养的学生，通过三期毕业生就业情况的对比，并进行毕业生的从业心态、岗位技能、职业素养以及工作经验等四个维度的测评。我们发现学徒制培养的学徒，在职业形象、岗位胜任能力等方面明显优于非学徒制学生，受到雇主企业的普遍肯定，就业竞争力显著提高。参加学徒制试点班的学徒，全部被主导/辅助企业接收为正式员工。

2.问题与反思

（1）对现代学徒培养，哪些企业的需求更大？

在国家刚颁布现代学徒制试点通知的时候，我们把现代学徒制合作意向发给了8家同类的企业，其中大型企业2家（国有企业1家、民营企业1家），中小型企业6家。结果发现：大型企业中的国有企业非常难实行，因为要在学徒入学前就签订用工协议，同时提前三年确定所需的员工（学徒）数量，这在国企中是非常难操作的；大型企业中的民营企业表示有意愿，主要是基于社会责任感，觉得应该支持一下；中小型民营企业全部都表示有参加的意愿，但是对细节以及规则表示需要进一步了解和落实。这种企业参与意愿不同的现象，在学徒制试点进展的第二年仍然存在。

对企业的跟踪调查显示，大型国企在现代学徒制的主要障碍是企业机制的约束和现代学徒制国内法律环境的缺乏；中小型企业由于新科技领域人才在人才市场上无法迅速找到，而现代学徒制的学徒可以从零开始跟企业一起成长，显示出对企业较高的忠诚度，同时学徒边工边学也可以降低企业用人成本。这几方面原因使得中小企业对现代学徒制有较大的参与意愿。

（2）现代学徒制培养面临的共性问题。

除了法律环境、社会多元配合等复杂的问题之外，设立一个现代学徒制试点，它的可持续性是最主要的共性问题。一个试点是否有可持续性，取决于该试点的人才培养定位是否有行业代表性？培养模式是否有行业代表性？参培企业的用人规模和数量是否可以保持相对稳定？实践证明，行会的助力，对现代学徒制的健康、可持续性发展是非常重要的。

5　数字家庭应用型人才实践教学改革

本章引言

实践教学改革是数字家庭应用型人才技能培养和岗位实践的重要保障。本章对实践教学体系的内涵、校内实训基地和校外实践实习基地的建设进行了探索，提出了校内数字家庭应用职业教育实训基地、螺旋式项目化教学模式下数字家庭实训室、大学生校外实践教学基地、校外数字家庭人才培养基地、企业工作站的建设思路与设计。

内容提要

5.1　实践教学改革的重要性；
5.2　数字家庭应用职业教育实训基地建设；
5.3　基于螺旋式项目化教学模式的专业实训室设计；
5.4　校外实践实习基地建设。

5.1 实践教学改革的重要性

“以就业为导向，以服务为宗旨，培养高端技能型人才，满足社会需求”是高职高专教育的方向和培养目标。要实现这个目标，需要有实践教学作为支撑。实践教学是综合培养高职学生知识、技能、经验、职业素质和创新元素的重要举措。

5.1.1 实践教学内涵

1.狭义的实践教学

实践教学狭义的概念是指实践教学的内容体系，即围绕人才培养目标，在制订教学计划时，通过课程设置和各个实践教学环节的配置而建立起来的与理论教学体系相辅相成的内容体系，主要包含以下内容。

1）实验教学

实验教学注重培养学生的动手能力、应变能力和创新能力，符合人才培养目标、专业教学计划、实验教学大纲及专科教育部当前的师资力量和实验条件要求。

2）实训教学

实训教学是高职高专教育的核心内容，指学生的操作技能、技术应用能力和综合职业能力的训练，包括课程设计、毕业设计、技能竞赛、职业技能训练等。利用校内实训场所，将实训教学贯穿于整个学历教育过程之中，并占有相当的课时比重。课程设计注重专业实践技能的训练，提高学生利用所学知识解决专业实际问题的能力。毕业设计的课题是在一定的专业理论指导下的专业技术应用性课题。

职业技能训练是提高学生就业能力的关键，是实训教学的重点。各专业根据自身培养目标，通过模拟案例，对学生基本操作技能和解决实际问题的综合职业技能进行训练，强调独立操作、反复训练、学会技能、形成技巧。

3）实习教学

实习教学一般包括认识实习、生产实习、毕业实习和社会实践、社会调研等活动，它是让学生在实际生产环境中了解职业、将校内所学的理论和技

能向职业岗位实际工作能力转换的重要教学环节，强调内容的覆盖性和综合性。通过校外实习，增进对企业工作内容的了解和掌握，提高职业素质。当然由于我国国情所限，学生到企业实习的效果还不尽如人意，这应当引起我们的高度重视，要从实现培养目标的角度审视实习目的、评价实习效果。

2.广义的实践教学

广义的实践教学是由实践教学活动中的各要素构成的有机联系整体，具体包含实践教学活动的目标体系、内容体系、管理体系和保障体系等要素。

1）目标体系

目标体系是各专业根据人才培养目标和培养规格的要求，结合专业自身特点制订的本专业总体及各个具体实践教学环节的教学目标的集合体。今年专科教育部对借助于当前的14个专业教学计划的修订，就各专业的培养目标定位、培养方案、主干课程、专业核心能力和就业面向等进行了广泛调研、反复论证，以理性的目光审视实践教学。在实践教学体系中。目标体系起引导驱动作用。

2）内容体系

内容体系是指各个实践教学环节（实验、实习、实训、课程设计、毕业设计、社会实践等）通过合理结构配置呈现出的具体教学内容，它在整个体系中起受动作用。专科教育部当前的14个专业，均将上述的各个实践环节安排在三年的整个教学过程之中，在目标体系引导驱动作用下，一方面对学生开展文化基础知识（以必需、够用为度，以讲清概念、强化应用为教学重点）教育，另一方面要努力提高学生的实践动手能力。

3）管理体系

管理体系是指组织管理、运行管理、制度管理评价指标体系的总和，它在整个体系中起到信息反馈和调控作用，专科教育部的各专业实习管理及各种文件正在逐步得到完善。

①组织管理、由专科教育部各系对实践教学进行宏观管理，制订相应的管理办法和措施，并具体负责实践教学的组织与实施。

②运行管理、各系组织制订各专业的独立、完整的实践教学计划，并针对实践教学计划编制实践教学大纲，编写实践教学指导书，规范实践教学的考核办法，保证实践教学的质量。根据行业的实际任务与企业的实际需求，安排毕业设计（论文）等环节。对实践性教学环节应做到6个落实：计划落实、大纲落实、指导教师落实、经费落实、场所和考核落实；抓好4个环节：准备工作环节、初期安排落实环节、中期开展检查环节和结束阶段的成绩评

定及工作总结环节。

③制度管理：各系制订出一系列关于实验（实训）、实习、毕业论文（设计）和学科竞赛等方面的实践教学管理文件，以保障实践教学环节的顺利开展。

4）保障体系

保障体系是由师资队伍、技术设备设施和学习环境等条件要求组成的，是影响实践教学效果的重要因素。实践教学体系是一个有机的整体，在运行中各组成要素既要发挥各自的作用，又要协调配合，构成实践教学体系的总体功能。

一个完整的体系必须具备驱动、受动、管理和保障功能，才能有序、高效地运转，从而实现目标。

5.1.2 数字家庭应用型人才实践教学改革的重要性

高职数字家庭应用型人才培养目的就是培养生产、建设、管理和服务第一线的高端技能型人才。对人才培养的实践教学改革是实现数字家庭产业高端技能型人才培养质量的重要环节。其中实践教学条件的建设、实践教学环境的设计、以及实践教学保障体系的建立，是学生掌握从事数字家庭企业实际工作的基本能力和素质的重要因素，发挥着重要作用。沿用旧有的实践教学思维、实践教学方式、实践教学条件，是难以完成企业对技能和素质的要求。因此，只有深化数字家庭人才培养的实践教学改革，强调校内实训基地的技术改造，加强校外实践实习基地建设，探索适合数字家庭高端技能型人才培养的实践教学方式，强化实践教学管理，建立实践教学保障机制，提高实践教学质量，才能实现数字家庭应用型人才的培养目标，实现对数字家庭产业服务的初衷。由此可以看出，实践教学改革在数字家庭应用型人才培养上的重要性。

对此，我们提出了在校内构建数字家庭技术职业教育实训基地的思路和建设，设计符合人才技能培养的数字家庭专业实训室，在校内实现对学生专业技术和技能的训练。提出了在校外建立国家数字家庭应用示范产业基地大学生实践教学基地，实现对学生在企业的岗位技能实践。同时还提出了依托国家数字家庭应用示范产业基地，构建数字家庭人才培养基地的思路，通过人才培养基地和企业工作站的建立实现对学生的实践教学管理和建立实践教学保障机制，确保人才培养的质量。

5.2　数字家庭应用职业教育实训基地建设

5.2.1　建设思路

（1）以服务区域经济发展为宗旨，围绕“数字家庭”产业链，以基于物联网上层应用的数字家庭应用技术为主线，按照信息技术基础能力、IT运维服务能力、物联网技术应用与集成能力、互动软件开发能力、数字媒体创作能力以及IT外包服务能力的训练需求构建六大训练中心，满足“数字家庭”产业链中数字家居系统设计、数字家庭互动信息内容开发、智能化系统施工及技术服务等岗位高技能人才需求。

（2）以“政、校、企、行”合作为载体，依托国家数字家庭应用示范产业基地（国家示范产业基地），联手国有大型企业、典型IT企业，以双师工作室为平台，以项目为抓手，引企入校，探索“政、校、企、行”合作共建、共管生产性实训基地的新模式。

（3）以“数字家庭技术”为背景，以云计算平台为支撑，研发基于行业典型应用和企业真实项目的实训套件，探索基于行业背景的“沉浸式”实训教学环境建设。

（4）打造产、学、研一体化平台，在满足实践技能培养的前提下，发挥国家数字家庭应用示范产业基地研发园及龙头企业的优势，大力推广普及数字家庭产业新技术应用，开展专利成果的转化孵化，面向区域内社会及企业开放实训基地，最大限度地实现实训教学资源共享。

（5）依据信息技术类专业布局和培养规模，前瞻性配置实训设备，在保证学生充分的动手实践机会的同时，提高实训基地的投入产出效益。

（6）创新实训基地管理体制和运行机制，协调基地多元化管理和多功能发展，提高实训基地建设质量。

5.2.2　总体设计

依据广州市及珠三角区域经济社会发展和高职数字家庭应用型人才技能培养的需要，面向设计、制造、信息内容、服务一体化的“数字家庭”产业链，构建集教学实训、岗位培训、技能鉴定、技术服务和技术研发为一体，产学研相结合的开放型的数字家庭职业教育实训基地，将实训基地打造成为新一代信息技术产业高技能人才的培养基地、数字家庭应用技术推广普及的摇篮、社会企业培训的桥梁、“政、校、企、行”合作的载体、产学研结合的平台。总体设计示意图如图5-1所示。

图5-1　五位一体的数字家庭职业教育实训基地

5.2.3　主要措施

1.围绕产业链，科学论证，前瞻性做好基地规划

以数字家庭应用技术为主线，以培养数字家庭行业岗位技能和软件技术实践能力为核心，重点构建和建设数字家庭应用职业教育实训基地，满足数字家庭产业的运维、系统集成、软件开发、工程应用等岗位技能教学和生产性实训。通过引进国家职业标准或企业生产项目，营造企业氛围，实现“校中厂”功能。如图5-2所示。

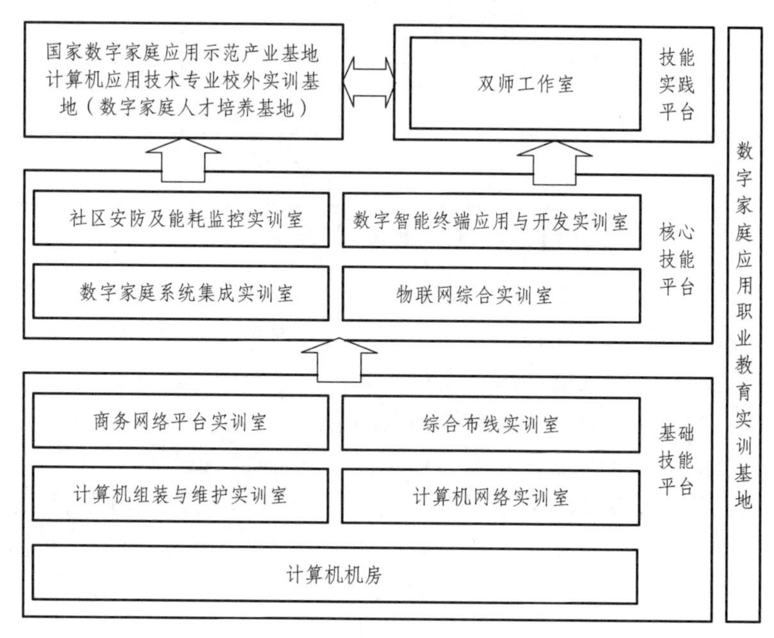

图5-2 实训基地建设规划设计图

各实训平台的定位及功能如表5-1所示。

表5-1 各实训平台的定位及功能

序号	实训室	定位	功能	职业资格认证/培训
1	计算机机房	基础技能平台	计算机基础技能训练	高级办公自动化、CAD制图等计算机基础考证培训和认证考试
2	计算机组装与维护实训室	基础技能平台	IT运维职业技能训练	计算机装调员
3	计算机网络实训室	基础技能平台	网络工程职业训练	CCNA、蓝盾网络安全认证
4	综合布线实训室	基础技能平台	综合布线职业技能训练	综合布线认证工程师
5	商务网络平台实训室	基础技能平台	网页设计与制作、面向对象程序设计等技能训练	网页设计、程序员
6	物联网综合实训室	核心技能平台	物联网应用技术技能训练	工信部全国物联网培训与考试项目（NTC）
7	数字家庭系统集成实训室	核心技能平台	数字家庭系统集成职业技能训练	数字家庭技术集成师、助理集成师、集成员
8	社区安防与能耗监控实训室	核心技能平台	数字社区安防及能耗监控（水、电、煤气等）职业技能训练	

序号	实训室	定位	功能	职业资格认证/培训
9	数字智能终端应用与开发实训室	核心技能平台	智能终端应用及软件开发技能训练	OracleJava认证
10	双师工作室	技能实战平台	数字家庭工程应用及实施技能训练	

2.深化校企合作，打造以生产性实训为主的教育实践基地

（1）与广东数字家庭人才教育中心联合，构成与政府、行业合作的平台，开展信息类专业实践技能教学，面向区域内高新企业开展岗位培训与技能鉴定。围绕数字家庭电子信息支柱产业，以政府提供培训资金、基地提供设备场地、学校和企业群共同提供师资的形式，为区域内高端电子技术和信息系统、软件等产业企业，开展“Java程序员、平面设计师、计算机系统集成师”等岗位培训和职业技能鉴定。适应及满足广州市大力发展信息服务业，软件企业集聚，国际软件外包业务量大的需求，将企业的软件外包业务引入课堂和实训室，实施生产性实训教学。

（2）与国家数字家庭应用示范产业基地共建“数字家庭人才培养基地”，构成专业与产业集群、国家科研基地的合作平台，开展“2+1”数字家庭人才培养。与国家基地共建“数字家庭人才培养基地”，通过基地的产业集群，构建覆盖产业链前、中、后端岗位的生产性实训基地，探索学生两年校内理论教学与模拟实训、一年校外生产性实训的“2+1”实践教学方式。按照学校主导、企业全程参与的模式完善基地管理机制，理顺校内2年、校外1年各阶段培养的目标，设计好“2+1”分段式实训教学体系。按照数字家庭技术集成师职业资格标准，开发核心课程技能教学标准，以生产性项目开发能力作为考核标准，全面提高学生的技能实践能力。

（3）与甲骨文公司合作共建教育中心和实训室，构成专业与行业龙头企业的合作平台。以双方共建的教育中心为平台，共同开发专业课程和教学资源，开发专业核心实践课程，辐射带动区域相关专业的建设与实践教学水平的提升。借助行业龙头企业的行业主导优势，及时把握产业发展需求和行业发展趋势，为企业提供新技术培训。依托甲骨文公司的技术领先优势，及时获取行业最新技术，确保本实训基地的设备超前性与技术先进性。

（4）完善与产业基地内一些典型IT企业的订单培养模式，构成专业与典型IT企业的对口合作平台，向合作企业输送高技能软件开发人才。根据这些典型IT企业的岗位用人需求，细化岗位技能，将岗位职责与技能要求系统融入课程体系，打造基于工作过程的校企合作订单培养模式。

（5）与软件外包企业合作，构成与信息技术外包服务企业的合作平台，以校企合作项目组的形式开展技术服务。

（6）建立双师工作室和企业工作站，承接生产性实训项目。依托合作企业，充分利用专业群的资源优势，在校内成立2~3间由企业名家参与的双师工作室，并在长期合作企业中设立1~2个企业工作站，按公司模式运作，根据需要动态组建项目开发小组，形成“专业群—工作室—公司—项目组”的教师技能培养及社会服务平台，开展面向行业企业实际需要的IT应用技术研究与新产品开发服务。

（7）以演练中心为平台，引入5~7家小微企业，探索生产性实训基地模式。以演练中心的外包服务工场为平台，引入5~7家信息类和数字媒体企业，将企业生产项目与课堂教学与实践训练相结合，实现生产性实训功能。

3.构建“沉浸式”项目化实训教学氛围

1）搭建教育云实训平台提供沉浸式学习实训环境

以云平台实训室为支撑，以真实的项目为蓝本，甄选国家铁路以及地铁智能化信息管理系统的典型解决方案构建实践教学项目环境，设计适合个性化学习的“沉浸式”学习套件，通过沉浸式项目教学，使学生了解行业背景知识，获取相应行业的典型解决方案与最佳实践，培养学生的实践动手能力。如图5-3所示。

2）搭建信息技术外包服务演练中心引入企业真实项目

搭建覆盖信息工程项目由设计、开发、施工、监理到售前售后支持等岗位群的技能演练中心，引入企业真实项目，融教、学、做于一体，开展知识案例实训、综合项目实训、实战项目实训，丰富实际项目工程经验，提升技能训练的效果。

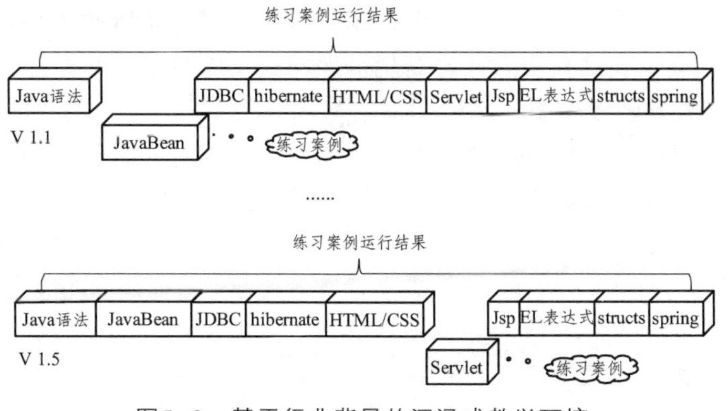

图5-3 基于行业背景的沉浸式教学环境

3）搭建校企数字传输课堂，将企业专家的现场操作引入课堂实训

借助国家数字家庭应用示范产业基地技术优势，以Oracle云平台为支撑，校企合作搭建数字传输课堂。将企业专家的现场操作通过远程视频引入课堂实训教学，实现校企远程联合教学。Oracle云平台实训教学设计如图5-4所示。

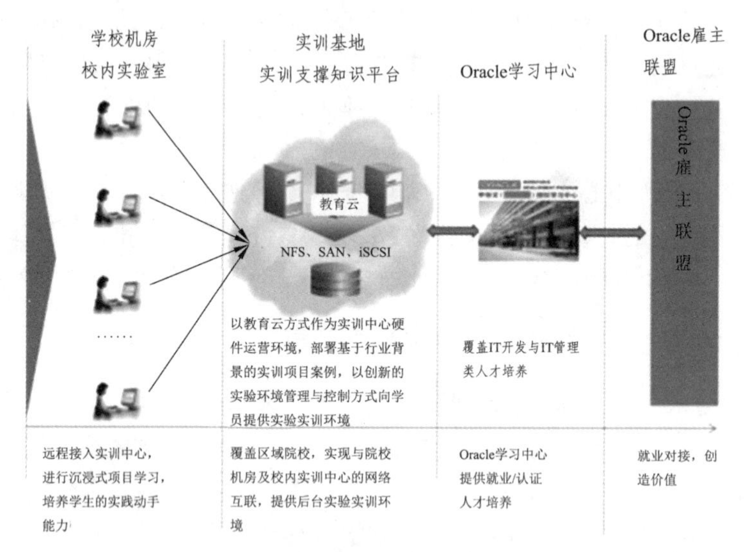

图5-4　Oracle云平台与区域的互联环境

4.坚持“共建共管”一体的实训基地建设理念

（1）实训室的建设坚持共建共管的建设理念，校企共同进行项目建设必要性与先进性的论证，明确使用及责任归属，建立校企协调机制。

（2）依据信息技术类专业布局和培养规模，科学论证基地的规模，确保学生有充分的动手实践机会和实践训练场地；发挥行业研发园及龙头企业的技术领先优势，要具有前瞻性，高规格地配置实训设备，确保基地设施设备的先进性与技术引领地位。

（3）按照“整合优势、发挥特长、齐头并进、综合培养”的基地建设技术路线，突出专业群项目开发的差异性及互补性，按照“务实”的原则进行实训室项目规划，“物尽其用”，合理利用项目建设资金，提高资金使用的实用性和针对性，避免技术资源浪费，努力实现场地及设备使用的功能最大化。

5. 创新实训基地管理体制和运行机制。

（1）创新多元化管理体制。整合国家科研基地、行业龙头企业以及行

业典型企业的优势，构成实训基地与产业集群、国家科研基地的合作管理平台，创新互信、互补、互惠的管理体制。

（2）实行项目制运作模式。在实训基地的各中心内部，建立项目制运行机制，融“规范”与“个性化”管理于一体，强调项目合作的规范化以及项目开发的个性化。

（3）多功能协调发展。实训基地内要协调好教学、培训、职业技能鉴定和技术服务的关系，在确保专业实践教学需要的前提下，大力推进面向区域经济的技术服务，以服务促发展，以服务促企业员工培训质量的提升，以服务促技能鉴定水平的提升。

5.3　基于螺旋式项目化教学模式的专业实训室设计

5.3.1　设计的总体目标

基于螺旋式培养的数字家庭实训室规划设计的总体目标是：围绕数字家庭产业及相关产业链，适应珠三角地区数字家庭与物联网工程产业（智能家居）发展对高端技能型应用人才的需求，对接数字家庭产业相关岗位群，建设一个集技术体验、系统集成训练以及工程项目方案设计开发为一体的实训平台，为基于物联网上层应用的“数字家庭”应用技术高端技能型人才培养及技能考证提供训练和教学场所。

5.3.2　规划设计的原则

整个实训室规划设计应符合校企合作共建原则、螺旋式人才培养原则、教学做一体化原则、共享型原则。

1.校企合作共建原则

实训室规划建设必须坚持校企合作，通过合作企业，对场地布局、技术设备以及实训环境的规划设计，使实训室的建设更能符合企业实际工作要求和规范，从而达到技能培养的根本目的。数字家庭实训室通过和国家数字家庭应用示范产业基地合作，引入基地企业的技术方案、训练内容和技能认证标准，实施实训室的整体规划设计。

2.螺旋式人才培养原则

实训室规划建设要符合螺旋式人才培养内涵，在规划设计中要体现以“技术体验—技能训练—工程项目实践”的螺旋培养过程。在框架设计中，要能体现以技术体验教学环节、实训教学环节、项目实践环节形成数字家庭应用技术能力培养的螺旋学习环节。

3.教学做一体化原则

根据高职学生的学习特点，结合螺旋式人才培养内涵，实施教学的最有效方式是采用“教学做”一体，因此实训室规划设计应满足教学做一体化设计。能够实现技术知识讲授、技能训练、工程项目实战同时实施的要求。

4.共享型原则

实训室是高职教育中对学生实施职业技能训练和职业素质培养的必备教学资源，是提高人才培养质量的关键指标。实训室建设要以专业群内各专业的技能训练为基础，实现资源共享。其次，高职共享型实训室是集教学、培训、职业技能鉴定和社会服务于一体的开放式、合作性的实训室。在保证专业教学的前提下，从空间到时间都要向学生、社会全面开放。

5.3.3 设计规划

实训室在场地上划分为多媒体教学区、数字家庭技术体验区、系统集成实训作业区、智慧小区工程项目作业区等4个功能区域（如图5-5所示），在系统上涵盖了“智能家居三维仿真多媒体教学平台”“数字家庭技术体验平台”“智能家居系统集成实训平台”以及“智慧小区信息系统集成平台”4个平台，为数字家庭技术体验、理论教学、技能训练以及项目作业与控制管理提供了良好的教育教学及实践条件。

图5-5　实训室4个功能区

1.智能家居三维仿真多媒体教学平台

智能家居三维仿真多媒体教学平台是数字家庭实训基地技术体验的核心部分，它是由服务主机、多媒体教学设备等硬件设施设备与相应三维仿真教学系统组成的，其界面如图5-6所示。

图5-6　智能家居三维仿真教学系统

2.数字家庭技术体验平台

数字家庭技术体验平台是针对大户型复式、别墅用户的家庭控制系统综合整体解决方案的一个实训教学技术体验演示模型，技术功能比较全面，体现数字家庭技术应用中集中控制管理、节能环保的技术理念。别墅模型设计配有花园管理系统、安防报警系统、监控系统、可视对讲系统，空调管理系统、背景音乐系统，光源能源管理系统，窗帘控制系统等功能演示。能够体现一个整体完整的集成系统方案，实现统一、科学、自动地管理别墅各子系统的演示及体验功能。该平台还提供了基于Android平台的综合智能家居控制软件系统，将家居监控、娱乐影音、家居安防、家居控制、背景音乐控制、空调控制、可视对讲、集中管理、遥控器控制、远程控制、手机报警等智能系统融为一体。为学生提供了一个鲜活的具有实际意义的综合数字家庭解决方案。也为学生进一步提升项目实战技能提供一个整体技术体验方案。

3.智能家居系统集成实训平台

智能家居系统集成实训平台是数字家庭实训基地技能训练的核心部分（如图5-7所示），它是由安防报警系统、家居控制系统、家居对讲系统、家居视频监控系统、家居数字视频系统、背景音乐系统等子系统硬件设备与相关软件控制系统组成的。它能够完成对目前智能家居中各常用子系统的安装、调试及维护工作，实现数字家庭系统集成技术效果，完成具体系统集成项目的规划设计及实施。

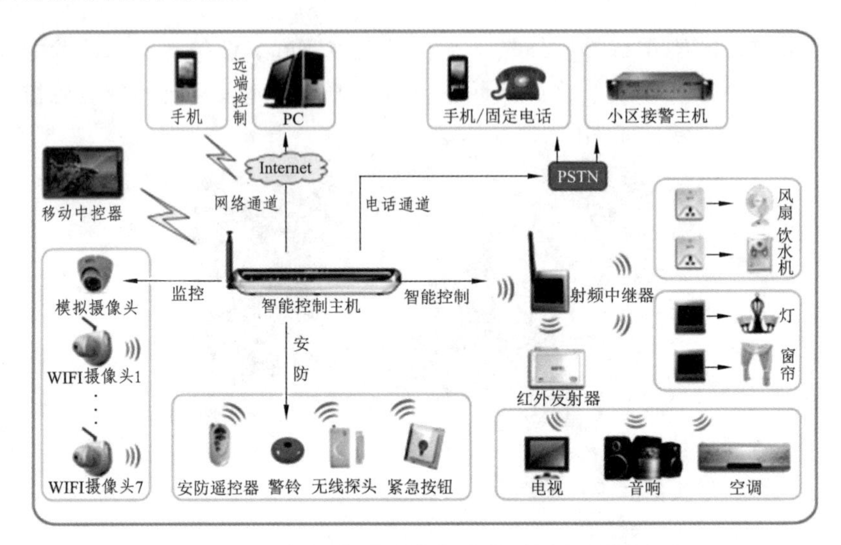

图5-7　智能家居系统集成实训平台原理图

4.智慧小区信息系统集成平台

智慧小区信息系统集成平台是数字家庭实训基地工程项目实践的核心部分。通过智慧小区信息系统集成平台，实现了智能化小区综合物业管理信息、楼宇安防与道路监控信息、公共浏览信息的共享和交互等工程项目管理与实施的实战经验。进一步增强学生对智能化小区综合管理和服务的信息化、网络化和自动化的项目实战经验，为后续企业实习打下基础。

5.3.4　数字家庭实训室建设的意义

校企合作共建的数字家庭实训实训室，能为数字家庭应用型技术人才技能培养提供技术、设备和场所，从而提高高校技能型技术人才的培养质量，缓和目前学校育人与企业用人间的不匹配状态。基于螺旋式人才培养来构建实训室也为高校培养数字家庭行业人才提供了一个可实施的参考案例，对加快数字家庭技术人才培养，改善产业人才供应环境，提高行业人才技能质量具有重要的意义。该实训室的设计不仅能够满足数字家庭专业教学的需要，而且也是一项实践教学培养模式的创新探索。

5.4 校外实践实习基地建设

5.4.1 依托产业基地构建大学生校外实践教学基地

1.建设思路

以物联网领域中数字家庭应用技术为主线，以培养学生的数字家庭行业岗位技能和软件技术实践能力为核心，对接数字家庭产业链，按照政府投入、学院自筹和企业支持相结合的共建原则，与国家数字家庭应用示范产业基地合作构建大学生校外实践教育基地，满足学校对数字家庭技术的“专业认识实习、课程实训、项目开发训练（技能竞赛训练）、职业技能培训认证、创新与创业实践、顶岗实习”等实践教学需要，强化大学生实践教学环节，提升高校学生的创新精神、实践能力、社会责任感和就业能力。

1）完善、健全实践基地管理体系

成立以校企双方主要领导担任负责人的实践基地管委会，以人才培养为目标，探索建立可持续发展的管理模式和运行机制，建立国家数字家庭应用示范产业基地大学生校外实践教学基地的教学运行、学生管理、安全保障等规章制度。

2）改革校外实践教育模式

遵照职业教育规律和人才成长规律，构建满足中高职学生系统教育的实践教育方案，与产业基地共同制订校外实践教育的教学目标和培养方案，共同建设校外实践教育的课程体系和教学内容，共同组织实施校外实践教育的培养过程，共同评价校外实践教育的培养质量。

3）建设专兼结合指导教师队伍

由学校计算机专业相关教师、产业基地部分技术人员组成实践基地指导教师队伍，通过校企互派互聘、设立专项资助资金、以及双导师教学团队等措施，调动指导教师的积极性，不断提高指导教师队伍的整体水平。

4）建立开放共享机制

发挥国家基地原有的示范带动作用，在满足本校计算机相关专业学生校外实践教育的同时，面向区域内本、专科高校以及中职学校开发实践教学基地，建立基地网站，及时发布相关信息，尽量接纳其他高、中职学校学生进

入实践教学基地学习。

5）建立实践基地质量评价体系，保护高校学生的合法权益

规范学生进入实践基地学习的基本程序，将安全、保密、知识产权保护等教育作为实践教育的基本要求，强化学生在实践基地学习的过程监控，做好实践基地的学生管理工作。

2.总体设计

国家数字家庭应用示范产业基地大学生校外实践教学基地的设计与建设，主要面向产业基地内企业对人才技能要求和岗位职业能力训练的需要。由数字家庭技术体验中心、数字家庭产品应用检测中心、数字家庭人才教育中心、企业实践中心等组成，完成数字家庭系统集成、智能家居应用、数字安防等技术的职业训练。并且可以完成国家数字家庭系统集成师、助理集成师、集成员的职业资格鉴定和技能训练。同时将其与校内实训基地一起构成数字家庭应用型人才培养的校内外实训实习基地。如图5-8所示。

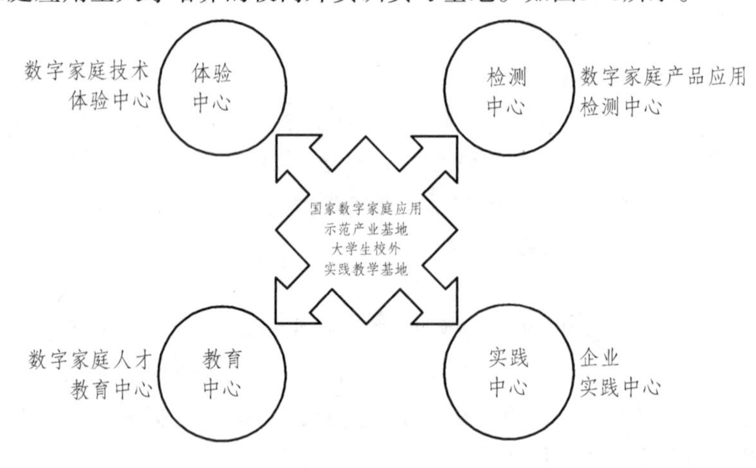

图5-8　“数字信息创新实践基地”建设规划设计图

3.主要举措

1）构建“学校—基地—企业”三元实践育人管理平台

①创建多元化管理体制。整合产业基地、行业龙头企业以及行业典型企业的优势，构成学校与产业集群、国家产业基地的合作管理平台，创新互信、互补、互惠的管理体制。

②实行项目制运作模式。在管理平台的各中心内部，建立项目制运行机制，融“规范”与“个性化”管理于一体，强调项目合作的规范化以及项目开发的个性化。

③多功能协调发展。管理平台要协调好教学、培训、职业技能鉴定和技术服务的关系，在确保专业实践教学需要的前提下，同时推进面向区域经济的技术服务，以服务促发展，以服务促企业员工培训质量的提升，以服务促技能鉴定水平的提升。

④制订管理体系框架。按照政府投入、学院自筹和企业支持相结合的原则，通过与产业基地企业签订联合办学协议，充分利用和融合国家数字家庭应用示范产业基地资源优势，按照项目管理模式构建合作组织架构，成立“基地管委会”，完成“国家数字家庭应用示范产业基地大学生校外实践教学基地”的建设、运行管理。

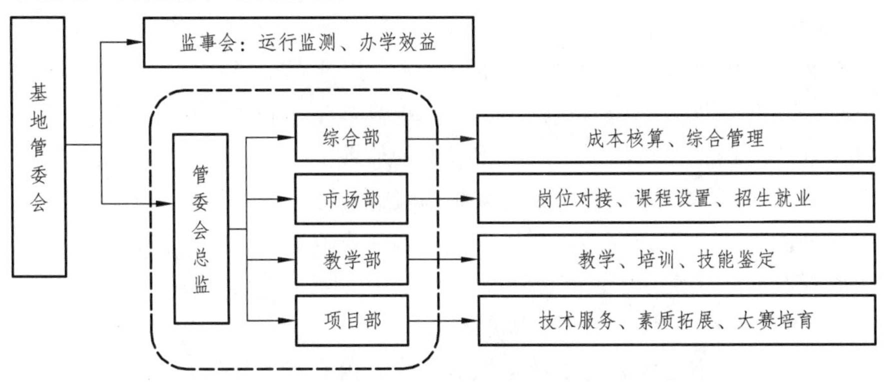

图5-9　实践教学基地组织架构示意图

⑤与国家数字家庭应用示范产业基地共建“数字家庭人才培养基地”，按照项目管理模式构建合作组织架构：“管委会、监事会、工作部”。由基地管委会负责确定“培养基地”发展规划、制订资源筹集目标、寻找合作项目、组织技术研发、建设双师团队、搭建实训与就业平台。设置监事会保障校企双方权益最大化。基地设置市场部、教学部、项目部和综合部，负责校企共同进行招生、教学、技术服务、就业等人才培养工作，并接受监事会监督。各工作部依据各自职责分工开展教学、科研与市场运作服务。学校主要负责招生与教学组织，企业侧重负责提供技能实践培训、企业实践场所、实践项目、企业兼职教师及学生就业等方面的工作。

2）构建“沉浸式”的实践教学环境

①围绕数字家庭新兴产业链，以IT行业中数字家庭应用技术为主线，以

培养数字家庭行业岗位技能实践能力为核心，构造和建设技术体验中心、技能实践中心、创新创业中心，满足数字家庭企业的运维、研发、数字社区应用及安全等岗位技能的项目实践。将实践教学基地定位于培养数字家庭技术应用及软件开发等高端技能型人才的大学生实践基地。

②将实践基地打造以生产性实践为主的“数字家庭人才培养基地”，构成专业与产业集群、国家科研基地的合作平台，开展计算机应用技术（数字家庭方向）专业“2+1”人才培养，满足学生校外1年的企业实践。通过基地的产业集群，构建覆盖产业链前、中、后端岗位的生产性实践岗位。按照学校主导、企业全程参与的模式完善基地管理机制，理顺校内2年、校外1年各阶段培养的目标，设计好“2+1”分段式教学体系。制订和落实计算机专业企业培养方案。

3）推进基于企业岗位工作的实践课程改革

按照数字家庭技术集成师等职业资格标准，开发核心课程技能教学标准，以生产性项目开发能力作为考核标准，全面提高学生的技能实践能力。完成数字家庭企业工作岗位（售前、售中、售后）的职业能力课程或岗位实践能力项目课程的开发。开发建设“数字家庭系统的设计；数字家庭系统的研发；数字家庭系统的测试；数字家庭系统现场安装；数字家庭系统现场调试；数字家庭系统现场管理；数字家庭系统综合管理”等七项职业岗位技能考证培训课程。

4）构建“互派共育”双师教学团队

在学院师资队伍建设总的指导思想下，建立校企双方互兼工作岗位、互派专业人才、互聘技术职务、共同培育教师、共同解决教学课题和生产技术难题的“互派共育”机制，破解“专业教师下企业难、企业人才进校园难”的难题。

①利用国家数字家庭产业示范应用基地企业联盟资源，制订《校企双方工作人员互兼互派制度》，明确校企双方责权利，确定双方派出人员的数量、工作任务及工作目标等，确保人员相对稳定，并及时更新补充企业专家、工程师。依据国家数字家庭示范产业基地企业联盟规则，按企业管理权限将兼职教师人员纳入实践教学基地管委会管理范畴。

②鼓励兼职教师参与课程建设、教材建设、双师工作室和专业教师企业工作站建设。

③加强兼职教师教育教学能力培养，成立兼职教师培训部，开展“教前培训”“现代教育技术培训”“教育能力培训”等。使兼职教师在“会做”的基础上“能教”，提高兼职教师专业教育的实施能力。为兼职教师提供教

学研讨的平台，提高兼职教师教学理论研究水平。

（5）改革技能实践课程教学方式

技能实践课程采取双导师课程团队授课方式，由1名具有IT企业工作经验的工程师（主）与一名专任教师（辅）共同完成，双方在教学能力与技术技能方面互补。与企业共同制订双导师团队管理办法，实现兼职教师队伍的相对稳定和教学能力的逐步提高。

6）建立双师工作室和专业教师企业工作站

①以“双师工作室+合作企业+政府资助培训项目”为平台，实施专业教师“2+1”校企交替工作制度，制订相关考核制度，以项目为抓手，结合教师下企业挂职交流，要求教师每学期有1/3以上的时间在工作室工作，平均每年到企业的时间工作不少于2个月，确保教师专业实践技能提升的不间断。

②在产业基地设立“专任教师企业工作站”，采用教师到产业基地轮训的方式，通过教师下企业挂职实践、参与数字家庭企业的技术开发和项目实践等途径，采取有效激励、目标管理、过程控制、校企联合考核等措施，依托产业基地数字家庭人才教育中心提升校内教师专业实践教学水平。整体提升专业教学水平与科技研发能力。

③建立教师多维度考核评价模式。对接教师职业生涯规划，实行“工作过程+职业能力+教学能力+职业修养”的教师考评制度，突出实践技能、企业工作经历、教学能力及职业道德修养等方面内容的评价。

7）建立健全教学质量保障与监控体系

建立工学结合人才培养质量保障与监控体系，制订了由企业参与的《教学质量保障与监控体系建设实施方案》，将教学标准、企业标准和行业标准统一起来，学生在企业学习期间，按照《校外实训基地实习学生管理细则》《企业教学环节基本要求》，扎实开展教案、教学进度、作业批改检查等工作，按照《企业技术骨干教师聘任考核办法》《关于加强实践教学工作的意见》加强对企业教师的管理，强化激励机制，坚持教学质量评估和考核，对教师教学活动的环节进行督导和评价，以学校评价为基础，以企业评价为核心，创新和完善以能力和技能评价为主体的人才质量评价标准和评价方法，健全全面质量管理和保障制度。如图5-10所示。

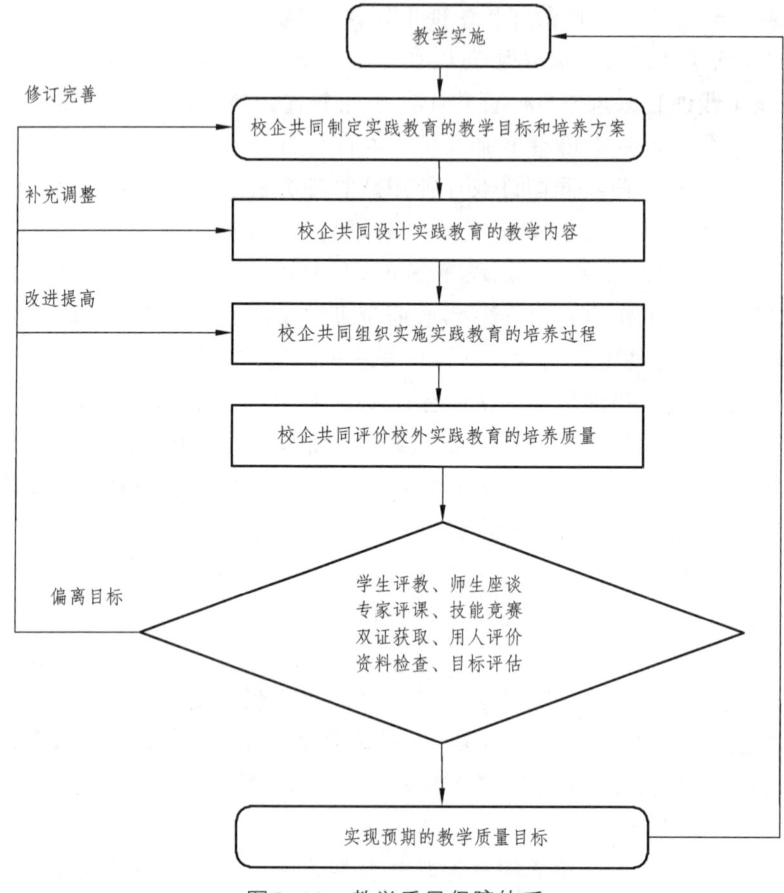

图5–10　教学质量保障体系

5.4.2　数字家庭人才培养基地的构建与探索

1.高职数字家庭人才培养基地的构建思路

依托位于广州大学城的国家数字家庭应用示范产业基地（以下简称“产业基地”），以培养数字家庭应用技术为主线、岗位技能和工程实践能力为核心，对接基地产业链，按照“政校企”相结合的共建原则，构建“认知学习、技术训练、技能鉴定、岗位实习”为一体的数字家庭人才培养基地（以下简称“培养基地”），强化技能实践环节，提升学生的技能水平、工作能力、创新精神、以及就业能力。

2.主要举措

1）构建“管委会—监事会—工作站”管理体系

充分利用产业基地资源优势，按照项目管理模式构建培养基地管理体系。建立“管委会—监事会—工作站”的校企合作组织架构。由管委会负责制订培养基地规划发展、实训与就业平台建设、双导师团队构建等计划；设置监事会，对管委会的决策、培养基地的运作及成效进行评估和监督，保障校企双方权益的最大化。设置工作站，负责校企共同实施教学、实训、技能认证等技能培养工作，并接受监事会监督。

2）建立项目化运行机制

一是实行项目化运作管理模式。在培养基地建立项目化运行机制，工作站围绕实践教学项目开展工作，融“规范”与“个性化”管理于一体，强调项目合作的规范化以及项目运作的个性化。二是完善培养基地管理制度。以实践教学项目为主线，建立培养基地的教学运行、学生管理、安全保障等规章制度。三是建立培养基地的开放共享机制。包括建立开放性共享的培养基地网站、构建数字家庭实训教学资源库、搭建校企互动信息化教学平台。面向院校师生、企业以及社会学习者共享教学资源。

3）构建集“教学、体验、实践、鉴定”四位一体的技能培养平台

借助广州大学城国家数字家庭应用示范产业基地原有的培训中心、体验中心、工程中心、测试中心以及企业集群等优势资源，根据职业教育规律和人才能力成长规律，基于数字家庭产业工作过程，构建集“现场教学、技术体验、岗位实践、职业技能鉴定”四位一体的技能培养平台，满足数字家庭技能型人才培养对职业认知体验、实践课程学习、技能培养训练、职业技能认证、岗位工作实习等实践教学环节的要求。

4）实施现代学徒制工学结合培养模式

遵照职业能力形成规律，与企业共同制订技能训练目标和培养方案，共同建设实践课程体系和技能训练内容，共同组织实施培养过程，共同评价培养质量。引入了现代学徒制工学结合职业教育模式。在技能学习和培训阶段，由学校专业教师驻企授课，和企业指导教师一起完成对学生的集中培训。在岗位实习阶段，由企业实施“师傅-学徒”的岗位工作指导，学生在企业导师和专业教师共同指导下完成实习考核。

5）建设专兼结合双导师师资队伍

由专业教师、合作企业工程师组成培养基地指导教师队伍，构建双导师

教学团队。通过校企互派互聘，建立校企双方互兼工作岗位、互派专业人才、互聘技术职务、共同培育教师、共同解决教学课题和生产技术难题的“互派共育”机制，调动校企双方指导教师的积极性，不断提高指导教师队伍的整体水平，克服“专业教师下企业难、企业人才进校园难”的难题。

3.建设意义

针对数字家庭产业发展快、技术新、人才需求大，而学校技能培养不适应产业需求的现状，提出了依托国家数字家庭应用示范产业基地构建数字家庭人才培养基地的设想。利用产业基地的企业集群和设备技术优势，构建数字家庭人才培养基地，使之成为订单式人才、学徒人才的技能培养的实践基地和管理场所，贴近用人企业需求。该人才培养基地的建设弥补了目前专业教学的不足，为产业基地内企业提供可持续并且合格可用的高端技能型人才。

5.4.3 企业工作站建设

1.建设背景

高职院校的教育重点是培养适应地方经济及行业发展的高端技能型专门人才，主要面向行业、企业生产一线操作工作岗位及广大中小企业的设计岗位。工学结合是高等职业教育实践性教学体系的重要组成部分，也是培养高技能人才的重要途径。其中企业实习可以说是工学结合一个关键环节。这个过程既是学习的过程，也是获取岗位技能经验的过程，只有具备有一定的时间跨度和稳定性，才能更好的开展职业训练和学习工作，确保完成并达到企业实习的目的。然而，现阶段高职学生企业实习（特别是顶岗实习）过程的稳定性相对缺乏，部分学生在实习企业和工作岗位间流动、更换频繁，以致于学校对学生实习去向的统计，几乎一个月就要更新一次，“从一而终”的学生少之又少。这是造成企业实习实施效果不理想的一个重要影响因素。因此，如何构建一个有效的企业实习管理机制，保障工学结合的顺利实施，从而促进职业技能质量的提高，这是摆在高职院校面前一个急需解决的课题。

2.高职学生在企业实习过程中存在的问题与分析

1）学生参与积极性不高，实习过程缺乏稳定性

首先，虽然学生认同企业实习是专业技能提升和实践经验获取的重要途

径，有助于自身的就业和发展，但是由于缺少工作经历和实践经验，缺乏对企业岗位的认识和应对能力，再加上自身认知的局限，造成学生对企业实习参与的积极性不高。

其次，企业与学校毕竟是两个不同的环境，管理体制和管理方式也不一样，这使得学生在实习过程中，在工作和学习上的所产生的各种疑问和困扰，在企业中无法得到及时指导和解决，造成思想浮动，使学生在实践过程中失去耐心和稳定性。这些问题在顶岗实习环节中表现得尤为突出。

最后，现阶段我国高职院校学生的顶岗实习，绝大多数是安排在最后一个学期。这时候所有专业课程的学习已基本结束，对学生而言，已经没有课程学习和考试压力，但却面临着就业的焦虑和压力。虽然他们也非常渴望在实习中能获得更多更好的岗位技能和经验，但事实上，他们更关心的是实习企业能否成为就业单位，实习企业是否具有良好的发展前景和薪酬待遇。而且校园内外各种招聘信息和就业现实对学生也造成了一定的冲击，使其无法沉下心来完成实习。

以上种种情况，让学生时常对企业实习的重要性和必要性的认识发生偏离，思想上无法真正重视，造成了学生参与积极性、主动性不高；实习过程中缺乏稳定性，从而加大了学校企业实习组织和实施的难度。

2）企业参与配合度不高，难以独立完成企业实习的全面教育和指导

学生实习一般是在企业中完成的，因此企业的重视和积极配合，是确保实习顺利进行和圆满完成的重要前提。然而，企业作为顶岗实习开展的载体，同时也是生产单位，注重效益，接纳学生实习主要是因为自身对人才的需求，所以关注的是“学生员工”的素质成长。在岗位安排、技能指导、培训管理等方面，往往围绕生产需求，按照企业模式进行指导和管理。常常忽视学生个性要求、个体差异和个人需求。面对学生实习过程中产生的职业困惑、心理倦怠、学习生活等问题，企业参与度和配合度都不高，难以如学校般对学生进行及时、全面的指导和教育。甚至在学生离职的问题上，只要不影响生产，企业常常不主动与学校及时沟通，更不用说配合与指导。这导致了实习过程中学生和企业的诸多矛盾出现，影响了企业实习的顺利开展和培养成效。

3）校企环境与管理体制不同，造成学校难以对学生实习形成有效指导和管理

学生企业实习毕竟是在校外的实习企业完成的，因为环境和管理主体不同，学校对学生的实习指导和管理往往鞭长莫及，不能得心应手，对实习学生难以形成有效监督和管理。顶岗实习过程是一个从“学生”到“员工”身

份角色的人才培养过程，学生具有“在校学生”和“企业员工”的双重身份。实习过程倡导学生独立自主的适应环境、思考问题、分析问题、解决问题，进而胜任实习岗位。但是在实施过程中，这种转变不可能一蹴而就，往往需要学校专业教师和企业指导教师从旁提点引导。但由于学生在企业，直接受企业分配与管理，学校专业教师不能像在学校里一样进行直接指导和管理，而企业指导教师也不可能替代专业教师来完成对学生顶岗实习的指导和教育，这导致了对学生实习管理执行不到位，难以形成有效的监督，最终影响到学生的实习质量。

从上述分析可知，影响学生企业实习质量的主要因素是校企间在实施过程中缺乏一种固定且有效的沟通配合机制。这使得学生在实习中产生的各种情绪和困扰得不到及时有效的帮助和指导，最终导致离职而使培养质量受到影响。因此，有必要在企业中设置一种校企合作沟通配合机构，以提升学生在实习中的稳定性，从而提高实习质量，进而改善学生和企业对企业实习的参与度和积极性。为此，提出了在实习企业中设立专业教师企业工作站（以下简称“企业工作站”）的设想，以解决上述问题。

3.企业工作站的功能与作用

企业工作站是高职院校设在实习生较为集中的实习企业内，负责企业联系、实习岗位落实、学生管理及教育、就业指导、校企合作事宜等工作的常设机构。一般由1名专业骨干教师负责管理，专业中多名专任教师可轮流派驻企业工作站。其功能和作用主要有四个。

1）强化对实习学生的管理，实现对实习学生及时有效地指导

在实习企业中设立企业工作站有助于学校强化对学生实习的管理与教育，提高学生的稳定性。由于企业工作站作为学校在企业中的常设机构，这使学校可以有计划地派遣专业教师入驻企业，及时了解和掌握学生思想动态，并与企业用人部门保持紧密沟通协调，为学生排忧解难，实现和企业一起对学生进行及时而有效的指导。同时，通过企业工作站，学校可以进一步深化学生对工学结合重要性的认识教育，指导学生加强对职业素质和岗位技能的学习和训练，强化对学生实习的管理，确保企业实习教学环节的顺利开展和落实，解决了在企业实习中学生难以获得学校指导的窘困。成为企业和学生在企业实习过程中可靠的“中间件”。

2）与企业相辅相成，实现对学生职业素质和岗位技能的全面培养

校企合作培养人才，对企业而言，人才需求是首要的，这是企业愿意与

学校合作的原因。虽然企业用人注重整体素质和专业技能水平，但是在实习期间，企业往往关注的只是学生的技能水平和岗位工作能力。而在职业综合素质、就业指导、心理辅导、学习答疑、生活关怀等方面，企业常常力所不及，参与和配合的热情也不高。企业工作站可以弥补企业在这些方面的不足，给予学生更多关怀和指导，让学生能够安心实习，使企业专注于学生的实践技能和岗位素质训练和培养。此外，进驻企业工作站的专业指导教师，长期与企业交流，可以及时收集实习岗位信息，对企业的岗位需求和工作管理流程比较清楚。在制订实习计划和实施过程中，能够根据学生的实际情况对企业岗位安排和实施过程提出合理化建议，这样有助于消除学生和企业因初次接触所产生的种种不适应和困扰，保障整个实习过程顺利进行，从而实现校企共同对学生职业素质和岗位技能的全面培养。

3）有助于专业教师专业技术水平的提升和企业实践经验的积累

企业工作站是学生工学结合的“中间件”，也是专业校企合作的“中间件”。它为专业教师下企业锻炼架设了桥梁，为专业“双师型”教师培养提供了一条重要途径。通过企业工作站，建立专业教师与合作企业相互促进交流、提升教育教学技能的轮训流动机制，有计划的派遣专业教师进入企业，一方面对实习学生进行教育和管理，另一方面参与企业的生产过程，在耳濡目染中让理论知识与技能水平与时俱进，提升教师的专业技术水平和积累企业实践经验。

4）深化校企合作发展，不断拓宽校企合作的广度和深度

企业工作站还能为专业发展提供思路；与企业合作建立共享的校企人力资源信息库，定期分析企业人力资源使用情况，提供对专业人才需求现状的分析和发展的建议；及时反馈校企合作意向和合作项目实施信息，协助专业及时了解企业的人才需求与技术变革现状；落实企业参与专业建设，实现校企人员互聘互兼，共建共享；根据企业技术变革的需求，安排专业教师为企业提供技术服务，及时了解企业员工技术培训等需求，协助企业开展员工继续教育、岗位技能培训与职业技能鉴定等工作。从而不断拓宽校企合作的广度和深度，推动校企合作深化发展。

4.计算机专业企业工作站的探索与实践

对于计算机行业，由于用人企业大多拥有自己的核心技术，往往难以涉及课堂教学和训练，因此企业实习及其实施效果对人才培养质量和就业来说尤为重要。在人才需求相对固定且学生人数较为集中的合作企业中设立企业

工作站，对于保障人才培养质量和实现对口就业具有重要意义和必要性。以广州铁路职业技术学院计算机应用技术专业为例，从2011年起，就分别与广州东方标准信息科技有限公司、广州赛意信息科技有限公司、广东数字家庭教育中心等合作企业签订了企业工作站协议，并在这些企业中设立了企业工作站，进行了企业工作站的相关探索与实践。在探索和实践中总结出以下一些措施与经验。

（1）坚持“订单式”校企合作人才培养，为企业工作站的建立与运作奠定基础。

“订单式”人才培养为企业工作站建立和工作开展奠定了基础。首先与学校签订“订单式”培养协议的企业用人需求较强，对人才培养目标明确。其次这些企业重视人才培养质量，与学校共育人才的意愿强烈，愿意提供便利条件让学校在学生企业实习过程中提供相应的指导。广州铁路职业技术学院计算机应用技术专业在建立企业工作站之前，就与多家企业签订了多种形式的“订单式”人才培养协议，建立了多层次多形式的校企合作模式。例如：与国家数字家庭应用示范产业基地合作构建了“数字家庭人才培养基地”，联合招收了两届学生进行“1对N”订单培养，面向国家基地园区内的企业集群培养数字家庭应用高技能人才；与广州东方标准信息科技有限公司合作，对现有专业和群内专业进行了打破专业的合作，进行了跨专业的“N对N”订单培养；从2011级开始与广州赛意信息科技有限公司合作开办软件开发订单班，实现对企业软件紧缺人才的“1对1”订单培养。这为企业工作站的建立和实施奠定了基础。

（2）通过企业工作站实施现代学徒制工学结合人才培养与管理，提高职业教育质量。

现代学徒制是将传统学徒培训与现代学校教育相结合的合作教育制度，是现代职业教育制度的重要组成部分。它是产教融合的基本制度载体和有效实现形式，也是国际上职业教育发展的基本趋势和主导模式。在建立企业工作站的同时，推进现代学徒制有利于促进企业参与职业教育人才培养的全过程，对提高职业教育质量和技能培养针对性、促进学生就业具有重要的意义。

广州铁路职业技术学院计算机应用技术专业在实施企业工作站的探索和实践过程中，引入了现代学徒制工学结合职业教育模式。其实施过程设计如图5-11所示，采用“2+1”模式，即第一、二学年学生在校学习，由企业工作站引入企业工程师到校讲授专业技能课程；第三年“校企生”三方签订协议，学生进入企业实践和实习，其中第五学期由企业工作站专业教师驻企任

课，和企业指导教师一起完成对学生的集中培训，第六学期顶岗实习，由企业实施“师傅—学徒”的岗位工作辅导，最终学生在企业导师和专业教师的共同指导下完成实习考核。

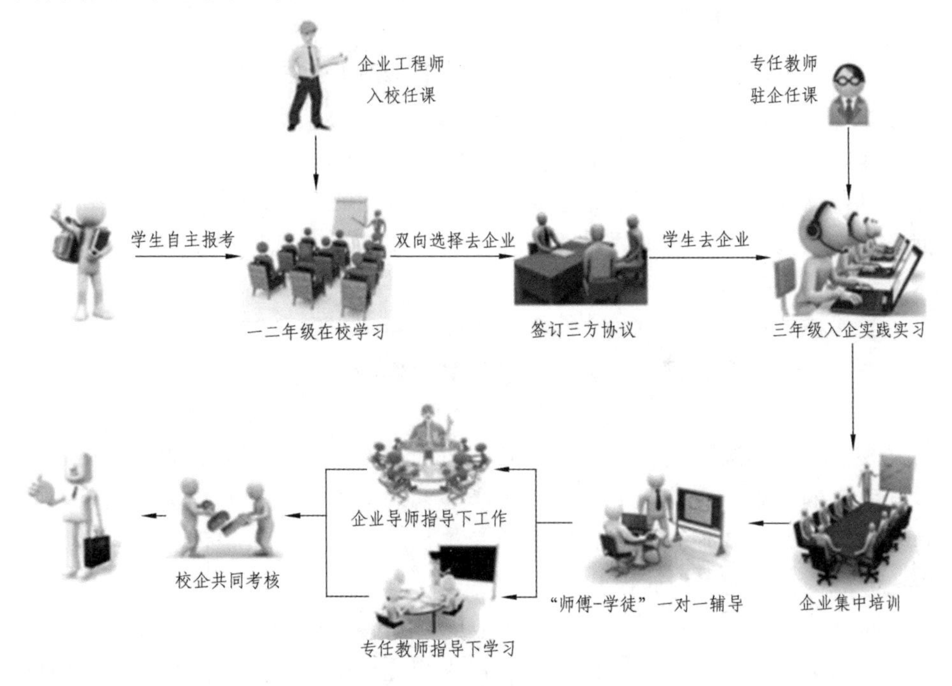

图5-11　学徒培养过程

在现代学徒制实施过程中，充分发挥企业和企业工作站二者的优势，企业制订实习工作计划，专业教师提出合理建议，根据学生个性特长安排工作岗位和企业“师傅”。通过企业工作站，专业和企业共建实践管理机制，保障实践教学环节管理落实到位。在企业工作站和企业的共同指导下，学生顺利地从课堂学习过渡到企业实习中，专业技术和岗位技能得到有针对性、有效的训练，从而使培养质量得到提高。

（3）形成校企协同的项目式管理与评价方式。

①定校企责任，制订项目式教学管理办法。根据校企双方的合作约定，确定双方在教学运行过程中的责任与权力，按照IT行业项目式管理模式，进行教学过程监管，形成校企协同项目式教学管理办法。

②产教结合，制订工学交替教学组织办法。依据IT产业相关企业的用人需求及产业特征，实行分段式工学结合教学组织模式，实现教学与生产从形式到内容的结合。

③素质与能力并重，制订校企联合考核评价办法。创新考试方式，建立课程考试、工作考核、技能鉴定相结合的考核评价体系，校企双方从素质和能力方面全方位地对学生进行综合考核评价。

（4）建立企业工作站管理保障机制。

①按照项目管理模式构建企业工作站管理组织架构："管委会—监事会—工作站"。管委会由校企双方、行业专家构建，负责确定企业工作站发展规划、制订资源筹集目标、寻找合作项目、组织技术研发、建设双师团队、搭建实训与就业平台。设置监事会以保障校企双方在人才培养、项目合作等方面的权益最大化。工作站则依据各自职责分工在企业开展教学实习管理、技术培训与科研服务。

②实行项目制运作模式。在企业工作站内建立项目制运行机制，融"规范"与"个性化"管理于一体，强调项目合作的规范化以及项目运行的个性化。

③多功能协调发展。企业工作站要协调好教学、培训、职业技能鉴定和技术服务的关系，在确保专业实践教学需要的前提下，同时推进面向企业的技术服务，以服务促发展，以服务促学生员工、企业员工培训质量的提升，以服务促技能鉴定水平的提升。

同时，由学校制订《专业教师企业工作站管理办法》《专业教师企业工作站考核细则》等相关管理办法，并提供相应经费支持，建立企业工作站的管理保障机制。

5.总结

企业工作站模式解决了长期以来困扰企业实习的三个问题：实习岗位的落实、实习管理的盲区、实习评价的实效性。不仅能够有效地解决学生、企业、学校等三方在企业实习中所产生的问题，提高企业实习管理的效率，而且还可以涵盖校企合作关于人才培养、师资培训、专业建设、技术服务等一系列内容，为高职院校专业校企合作的深入可持续发展提供新的途径和思路。

企业工作站模式切实推进"校企生"三方共赢，其中受益最大的还是学生。企业一旦满足了人才需求，对人才培养的积极性和参与度自然会提高，愿意在人员培训、产品开发、科研攻关等更多方面与学校开展深入合作。学校通过企业工作站专业教师的走访调研，能够与企业进行互动和互信，在信息传递方面更加及时、准确。企业有了新的想法，就会通过企业工作站表达

自己的意愿。这样，校企合作工作站就成为校企合作稳固的“中间件”，成为校企信息贯通的桥梁，校企之间的良性互动就会从此开始，从而促进了学校人才培养和教学改革的不断进步，更多的学生也会因此受惠。

6　数字家庭应用型人才教学平台构建

本章引言

基于螺旋式项目化教学模式，针对数字家庭应用型人才培养的教学需要，提出了基于云桌面的虚拟化教学做一体化平台、基于螺旋式项目化教学模式的教学系统、数字家庭应用示范产业基地学徒教学与管理平台、混合式学习平台的设计与建设。为数字家庭应用型人才的技能培养和实践教学提供可供参考的现代教育信息化技术手段和方法。

内容提要

6.1　基于云桌面的虚拟化"教学做"一体化平台建设；
6.2　基于螺旋式项目化教学模式的教学系统开发；
6.3　学徒教学与过程管理平台设计；
6.4　螺旋式项目化教学模式下混合式学习平台构建。

6.1　基于云桌面的虚拟化“教学做”一体化平台建设

6.1.1　建设背景

随着互联网和云计算的快速发展，基于云桌面的虚拟化技术正在改变学校工作和教学方式。作为培养高端技能型人才的高职院校，也面临着同样的变化趋势。在教育思想、观念、模式、手段等方面都面临着深刻的变化。

目前高职院校为了适应教育信息化的需要，已建设有良好的校园网络环境。每个办公室、多媒体教室、电子阅览室、计算机机房等都有网络接口，但是在软件的应用、数据的共享、网络教学的使用、网络在教学管理上的作用等方面还没有发挥校园网硬件和信息化的最大效用。

传统的校园数字化技术相对单一，数字化技术只是作为一种教学辅助手段被老师和学生被动地接受，教育信息化并没有有效解决当前高职教学手段落后、学生和老师缺乏沟通互动等一系列的问题。传统的数字化教学从技术上，还是从管理上已经不能满足高职院校信息化教育的发展，作为教育模式改革和教学手段创新的关键辅助技术，我们需要一种更加先进的整体解决方案。对此，我们提出了基于螺旋式项目化教学模式的云桌面虚拟化“教学做”一体化平台解决方案。利用云计算和互联网的前沿技术，建设自己的现代教育信息化教学平台，走出一条自己独特的道路，以提升人才培养的现代教育信息化水平。

基于互联网技术和云计算架构的“基于云桌面的虚拟化教学做一体化平台”将重点放在信息技术与教育教学的深度融合、信息化环境促进学生信息素养和实践能力的提高，学生和教师之间的有效互动、优质教育资源的方便共享与应用、信息技术与教育教学模式的创新、学生的素质教育和个性化学习等内容上。它包括：基于云架构的数据中心、多媒体教室、计算机机房、教师备课室、以及各种云服务系统。

6.1.2　基于云构架的数据中心建设

互联网技术和云计算技术的飞速发展，提供了新的技术和手段来选择最适合的解决方案，当前，我们认为基于私有云架构的云计算中心和基于云终

端的桌面应用技术来建设自己的数据中心是计算机类专业实训室较为合适的整体解决方案。基于云构架的数据中心示意图如图6-1所示。

基于私有云架构的云计算中心，主要指通过实施服务器的虚拟化来建立云数据计算中心，其有以下好处。

（1）有效降低各种开销，包括运营成本，维护成本，管理成本，升级成本等。

（2）管理更方便，业务扩展能力更强。

（3）资源的利用率高。

（4）数据的集中存储和备份，保证了更高的安全性。

图6-1　基于云构架的数据中心示意图

相对于传统的实体计算机机房，基于云终端的桌面应用技术的计算机机房，是将PC替换为更加节能的云终端，云终端可以直接接入云计算数据中心专有的管理平台系统，提供跟PC一样的桌面环境和计算资源，其有以下好处。

（1）更方便管理、维护和升级。

（2）总体使用成本大大降低。

（3）更高的安全性。

（4）更长的使用寿命。

（5）低噪音、低辐射、绿色环保。

虚拟化平台利用云计算数据中心构建灵活性的信息化管理平台，帮助管

理员实现对复杂教学应用环境的有效管理，其架构如图6-2所示。借助它可以实现以下功能。

（1）高可用：简单配置即可实现虚拟服务器失效切换。

（2）在线迁移：让虚拟服务器在不同物理服务器之间迁移，应用不停止。

（3）系统调度：自定义策略使系统资源负载均衡。

（4）模板管理：创建、管理和供应虚拟服务器或桌面镜像。

（5）高级检索功能：大规模部署或云计算环境中的快速定位。

（6）移动办公：借助任何终端随时随地实现移动办公。

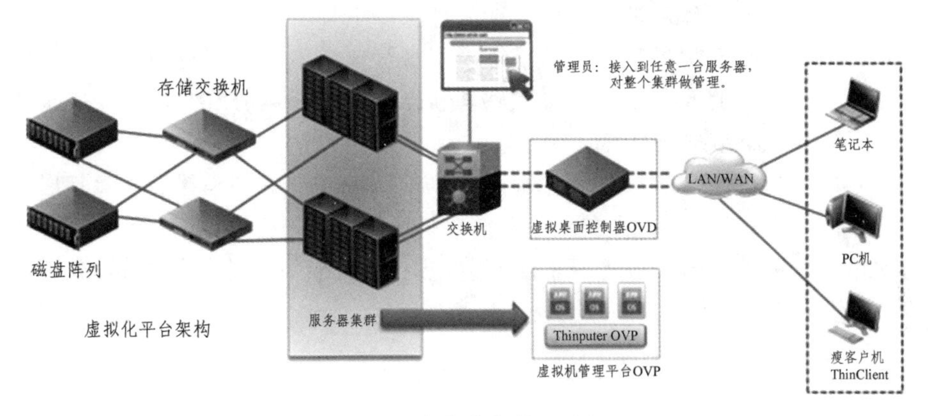

图6-2 虚拟化架构示意图

因此，我们在计算机机房构建基于私有云架构的云计算中心，结合虚拟化技术建设基于桌面云的虚拟化“教学做”一体化平台，并以此作为教学基础平台实施计算机专业课程的螺旋式项目化教学。

6.1.3 桌面云虚拟化“教学做”一体化平台设计

1.建设需求

计算机机房作为教学重要手段之一，是计算机专业专门培养计算机编程技能的重要实训场所。一般而言每个计算机机房配有50~60台PC电脑，而每台PC电脑安装2~3个操作系统。对这些PC电脑需要进行定期的维护和软硬件的升级，由于PC电脑在日常的教学实训过程中的学生操作的自由度大，因此维护管理比较困难，从实际使用的情况看，传统计算机机房使用PC电脑存在以下问题：

（1）机房PC电脑众多，日常维护工作繁杂。终端设备多、型号不一致，教学环境管理和设备维护工作繁杂，维护工作量大。维护过程中，需要到现场对每台PC电脑单独进行维护，且维护周期长（如重新安装系统和软件等），而在维护过程中还会对用户的学习和实训造成影响。

（2）计算机性能赶不上软件更新速度。随着教学软件的不断更新，现有PC电脑的配置不能满足新软件或高版本操作系统的安装需求，经常是机房的计算机用不了几年就要升级改造。

（3）教学系统部署、升级和维护困难。传统的机房架构不能充分满足教学课程、教学内容多样性的要求，如大规模终端环境部署、日常维护、系统更新、满足不同教学场景软件需求等，容易造成学生学习环境僵化。对软件和操作系统环境的改变频繁，每次软件和操作系统环境的改变，都需要重新通过网络对传操作系统，费时费力。

（4）总体运维成本高。随着年限的增加，PC电脑总体运维成本每年居高不下，软件部署、更新以及打补丁都需要机房管理员进行操作，针对各种各样的PC电脑配置进行部署测试，再加上需要支持人员亲临现场来提供故障处理支持，总体运营成本只增不减。

2.解决方案

通过桌面云虚拟化技术，将操作系统和应用软件都安装在后台服务器的虚拟机中，所有操作运算都由服务器集群来完成。学生到机房上课，可以通过云终端访问服务器集群上的虚拟机，每一个虚拟机对应一个学生桌面。实现云端计算、云端存储、云端统一资源弹性调度和大规模终端集中部署和管控。如图6-3所示。

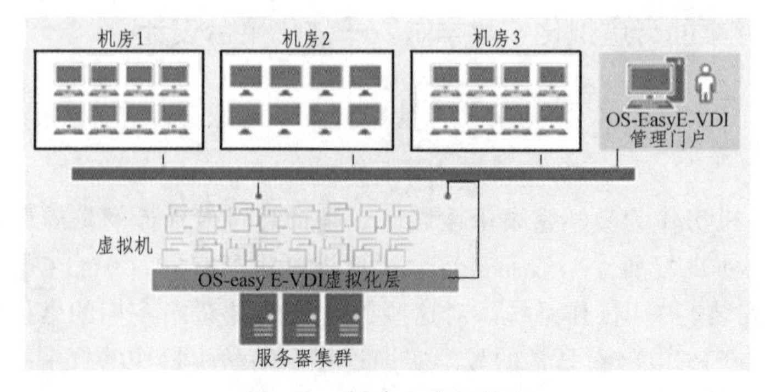

图6-3　解决方案拓扑图

云终端通过TCP/IP协议和标准的局域网架构与服务器相联系，并采用虚拟桌面协议与云服务器进行通信。当众多的云终端以互异的用户名密码登录到云服务器之后，云服务器会为不同的云终端用户开设独立的会话，每个云终端即会占用独立的内存空间，其运行程序界面会通过虚拟桌面协议传送到云服务器上，进而云终端之间能够独立运行且相互之间不受干扰。云终端作为客户端设备，它的配置、存储、运行、管理等主要功能由云服务器完成，云终端用户只需要通过网络把键盘、鼠标及其他外设的操作信息传送到云服务器端，从云服务器端接收变化的应用程序界面，并在云终端用户界面显示出来，这样就可以获得在本地运行应用程序一样的访问感受了。如图6-4所示。

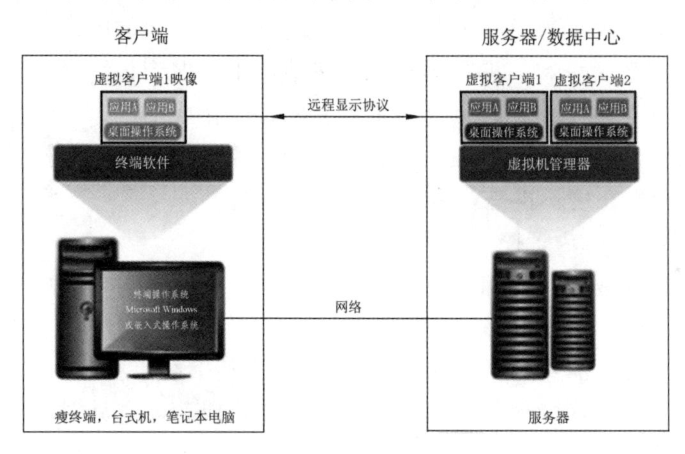

图6-4　解决方案实现机制

3.平台设计

1）大规模快速部署教学桌面

平台提供虚拟机链接克隆功能，可以方便地制作各类应用环境模板，满足计算机课程不同教学实训的应用需求，在模板制作好后再根据模板批量克隆出具有相同配置的虚拟机，通过网络实现桌面的快速分发，达到快速部署桌面环境的目的，满足一个机房多个专业课程上课环境自由切换的需求。

2）互动教学，学生小组讨论，老师在线辅导

面向机房上课的老师和学生，提供实用丰富的多媒体教学功能，所有的教学功能都从细节上方便教师的教学，完全按照课堂需求设计，给师生更好的教学体验。

广播教学：广播速度快，功能强大，采用独特的CPU节能技术让视频广播不停顿、画面流畅，性能在业界遥遥领先，支持各种格式的视频、音频文件。

广播教学时，可以使用半屏广播，半屏进行操作的方式，让学生边看边学。同时还可以配合电子白板使用，对重点、难点进行强调、注解，电子板书，达到更好的教学效果。广播时，如有新的机器连接上，可以自动进入同步广播。

小组讨论：建立互动平台，自由讨论：在小组讨论平台上，师生通过语音、文字、绘图等多种手段进行集体讨论，增强互动，充分激发学生的积极性，达到良好的教学效果。

在线辅导：实时监看，线上指导，在线辅导。可以实时监控学生机的屏幕，并可以远程操作学生机。实时查看学生操作情况，对不正确的操作进行指导；对不良行为可以立即发现和制止。

作业空间：无纸教学，教师可以通过网络收取学生的电子档作业，同时也能方便的把教学资料，课件等资源下发给学生。摒弃传统网盘形式的作业收发模式，针对教学模式订制，打造全新的互动作业空间，让学生从作业中找到乐趣，让学生从作业中赢得荣誉。教师点评、作业分享、同学点赞，让学生对待作业发态度不再是认为其只是一个作业。

3）学生上课行为管控，规范教学环境

针对不同专业学生上课过程，平台提供基于虚拟桌面的学生各类行为管控，提高老师教学质量，规范教学次序。

①实现对批量学生的网络访问管控，控制上传下载流量。

②管理学生程序使用控制，建立黑白名单，或者建立针对不同专业和教学场景的管控策略。

③设备的管控，包括移动设备的接入（USB设备、存储设备等），防止网络病毒的传播。

④老师可以远程监控学生的桌面行为，进行远程屏幕控制，或者多屏幕监看。

⑤发现虚拟桌面软件资产、硬件配置，可集中查看详细，针对资产变更可记录并追踪查询，并导出报表。

⑥可远程重启、唤醒、关闭终端以及虚拟桌面。

⑦针对违规的学生，不让其参与教学，可以设置断网锁屏等。

4）图形化统一管理

面向机房管理员，提供B/S架构的管理门户，图形化的操作界面，可以在互联网的终端设备上访问管理平台，实现对物理服务器、虚拟机、终端设备、存储方式的管理和维护。

①资源池的管理，服务器集群远程操作和桌面资源监控、查询、统计。

②物理主机远程操作、存储设备配置、网络的配置管理。

③教学桌面的生命周期管理：创建、修改、删除、进入控制台、远程操作等。

④面对不同专业教学场景和模板的创建和管理。

⑤教室管理以及终端管理、排序。

⑥管理员和学生老师用户管理和配置。

⑦系统备份、平台升级、USB和视频重定向支持等

⑧结合教学特色，针对教学桌面，管理员可自定义系统还原策略；

5）批量快速部署等级考试环境

针对计算机考试场景，以及其它各类考试环境的快速部署，支持批量修改虚拟机IP、系统登录名（用户名）、计算机名，满足等考试环境特殊的部署要求，等考试完成后，可以快速收回资源，更换一个设置回到机房原来的教学环境，无需重新同传和拷贝系统过程，提高部署效率和质量。

6.1.4　教学录播系统设计

随着物联网、移动互联网等新技术的不断更新发展，推动了教学手段的现代教育信息化进程。在教育信息化教学过程中，多媒体形式的引入使得课堂实时录制除了需要录制教学过程中老师影像及声音外，还需要同步录制学生和多媒体课件的内容，并可以快捷方便地生成课件。伴随着教学硬件的不断升级，网络硬件的不断改善，教师对教学视频录制提出了更多的需求，教学视频高清采集日渐兴起，因此教学录播系统成为现代课堂教学的一个必备的教学手段和工具。

教学录播系统应用了现代多媒体网络技术，协同控制录制机、摄像机、吊麦、音频处理器等现代视听设备，通过触摸屏或电子白板，营造出一个高精度屏幕显示、高保真音质的现代化多媒体视听教学环境。使多媒体教学设备得到充分的发挥和利用，丰富了教学手段，扩充了教学资源，减轻了专业拍摄及教师讲课的劳动强度。此外，声像并茂的教学形式，使学生更易于领会接受授课内容，极大程度地提高了教学质量。

教学录播系统通过软硬件的全方位结合，把多媒体高清视频采集进行广泛地应用，以信息技术为手段，以课程建设为契机，全面推进师资队伍建设和多媒体教学资源建设，发展优质资源共享机制，提高教学水平，更加方便、快捷、有效地实现课堂优质教学的实时录制，实现在线视频直播，还可供广大师生课后通过点播观摩学习，完成知识传承和进行知识交流。

1.设计原则

“录”和“播”是教学录播系统的两个关键功能，“录”就是将教师上课、讲义（PPT）、学生发言的上课内容，通过摄像机、话筒、录播主机记录为视频格式或网络流媒体格式。在本机录制的同时还可上传到资源管理平台上。“播”就是将录制的内容通过网络同步播出，实现课件的直播和点播。但无论是“录”还是“播”都要取决于前端视频的“采集源”。随着多媒体高清课件在教学过程中应用的日益广泛，专业摄像越来越主流，摄像机也朝着高质量、集成化、小型化、自动化、数字化等性能全面的方向发展，代表了现代摄像机的技术水平。“佳源+优录+畅播”构成了专业录播系统，用以实现教学现场和教学课件全方位、立体化地录制、直播、编辑和点播。

教学录播系统需要遵循以下原则。

（1）先进性：以软件采集为核心，以先进、成熟的视频技术进行合理搭配，支持数据、语音、视频等多媒体应用。

（2）实用性：方案设计符合国际相关标准和技术规范，设计简洁、操作方便。充分利用各种资源，使用户实现各种功能。同时配合宽带网络技术，可以支持高质量、远距离的音视频传输，以适应应用需求的变化。

（3）稳定性：系统选用产品和技术要经过广泛检验，充分考虑系统在程序运行时的应变能力和容错能力，具有极高的稳定性和可靠性。

（4）兼容性：支持在PC终端、Andriod移动设备、IOS移动设备上收看直播。

（5）扩充性：系统设计采用开放式的结构，具有强大的扩展能力，着眼于近期目标和长期目标的发展，选用合适的设备，进行合理的性能组合，利用有限的投资构造一个适合当前需求、可扩展的音视频操作系统，从而实现低成本扩展和升级的需求。

2.系统设计

教学录播系统由主播室和控制室组成。主播室选用国内主流的硬件产品，保证可迅速适应网络视频应用的需求，在教室的前端可配备大尺寸触摸屏、液晶电视或电子白板，便于学生观看老师授课使用的PPT、视频等文件。教师讲台上配一台液晶显示器及教师计算机，便于教师授课时操作相关课程内容，并采集计算机屏幕信号输送至录播主机。通过云台摄像机分别负责对教师特写和全景、学生特写和全景及板书的跟踪拍摄及传输，声音采用吊麦的采集方式经音频处理器传输，音视频信号传送至录播主机，完成导播过程

后进行高清精品课件的录制直播。控制室主要存放录播主机、图像定位主机、音频处理器、云录播服务器等硬件设备，同时预留软、硬件的升级换代接口，为主播室前端的音视频设备提供互联手段，最后经由中控系统把信号源有机结合起来，实现教学实况录制、音视频同步直播，以达到远程听课教学的需要，同时也可实时地转播到校园网或互联网上，以供教学观摩，开展智能化，全交互，网络化教学。

控制室提供了经过人性化设计的数字化控制台，大部分功能都可以通过一键式操作完成，简化了操作流程，降低了教师使用的难度，增强了系统的易用性和稳定性。系统主要完成教师、学生、板书的高清视频自动跟踪采集，音频采集，教师电脑屏幕截取，教师/学生/板书视频/计算机画面智能导播并进行电影模式和资源模式的课件录制，通过课堂直播系统在局域网、互联网上进行直播，为远端用户提供在线实时学习的平台，后期把课件上传至编辑系统实现对精品课程的编辑。如图6-5所示。

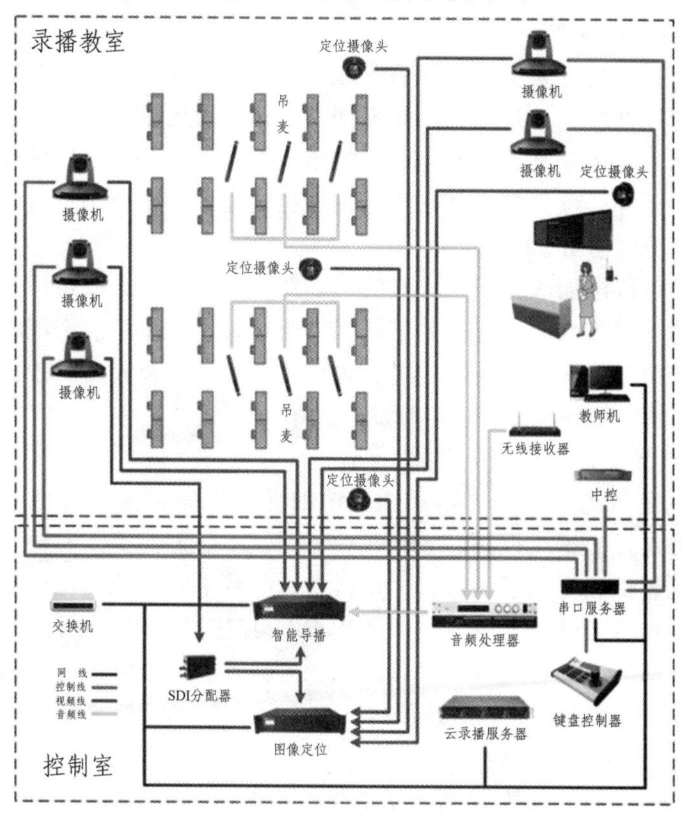

图6-5教学录播系统

当使用手动控制时，通过多功能控制器对云台和摄像机进行全变速控制，使拍摄画面非常平滑，控制均采用一键式操作，控制人员只需简单的培训便可进行熟练控制。采集到的高清视频信号经导播传送给录制服务器，进行精品课件的录制。

整个系统主体分为以下6个子系统。

1）数字化控制台

数字化控制台通过控制面板可以控制整个录播系统所有设备的开关，一键式开启图像定位系统和录播系统，通过面板可以选择自动导播和手动导播，通过面板直接切换相应通道，大大提高了系统的可操作性和便利性。

2）视频系统

视频系统主要把教师、学生的视频影像实时采集下来，通过导播实时传送至课件录制系统完成课件的实时录制。手动控制部分通过多功能控制器对云台和摄像机进行全变速控制。

3）图像定位系统

图像定位系统分为教师跟踪系统和学生定位系统两个子系统。教师跟踪系统具有跟踪性能，无论是教师在上课时快速走动还是板书等，系统均能准确无误地采用不同策略进行自动跟踪拍摄，系统还采用人脸识别技术，根据教师身高的不同自动调整教师在特写镜头里的位置；整个跟踪过程连续、稳定、平滑，画面输出也非常稳定。

学生定位系统能够自动、实时的对正在发言的学生进行定位并采用特写拍摄。当学生通过站起来进行发言或回答问题时，学生定位系统将自动地调用学生摄像机对正在发言的学生进行定位并采用特写镜头进行拍摄，学生发言结束后，系统自动返回教师跟踪系统。

4）智能导播系统

智能导播系统集传统自动录播系统的导播功能和特技切换台功能于一体，装有多媒体数据（视频、音频、VGA、文本、图片等）实时切换与录播功能的系统软件，实现了调音台、切换台、字幕机等传统硬件录播系统的主要功能。主要用于课程录制过程中多个场景及多路视频信号源、视/音频文件和计算机画面之间的自动切换，系统随教学活动的变化智能选择切换策略，并实现带特效功能的智能导播并录制。

5）音频系统

音频系统主要实现教师授课时的语音信号和学生上课时回答问题或讨论的语音信号通过吊麦全息的方式采集下来，并实时传送至课件录制系统完成

课件实时录制。

6）云录播系统

云录播系统是一个集课堂直播、课程管理、视频监控、用户管理、资源管理、在线学习、课件点评、信息发布等功能于一体的综合信息化智能系统。

3.系统特点

（1）采用特有的图像分析技术，根据目标特征进行检测，识别到目标物体的位置，并对该物体进行跟踪。

①多角度多景别的合理构图：教师特写镜头、教师全景镜头、板书镜头、学生特写镜头、学生全景镜头等丰富的视频场景。

②合理的切换策略：以教师特写镜头为主镜头，其他为辅助镜头进行多个场景之间的自动切换，输出最符合教学现场的教学画面进行同步录制。

③稳定柔和的跟踪技术：采用国内最新的图像识别技术来实现摄像系统的自动跟踪，生成精美的教学课件，从而加快了课件资源普及的进程，如图6-6所示。

图6-6　物体跟踪

图6-7　支持移动设备

（2）支持多种移动设备，如苹果IOS系统的设备（iPad、iPhone）、用Android系统的设备等，进行课件点播、点评，移动学习。支持多种浏览器，如：IE、Safari、谷歌、火狐等，无需额外安装任何插件，即可播放课件。基于各大视频网站的Flash编码压缩技术，通过IE浏览器即可收看直播，数据压缩比例高，数据小，传输速度快。如图6-7所示。

（3）听课系统与教学课程表相关联，无需人工干预，按课表设定的课程时间，自动完成课程的录制。用户登录后，在主界面显示正在上课的课程，直接选课、听讲。具有视频监控功能，显示教室信息及教室状态，可在控制中心集中在线巡查，对教学活动进行远程指挥。为了满足教学需求，设置综

合管理功能，集用户权限管理（学生、教师等）、课程管理、编辑管理、部门管理、资源管理、评教评学功能于一体。如图6-8所示。

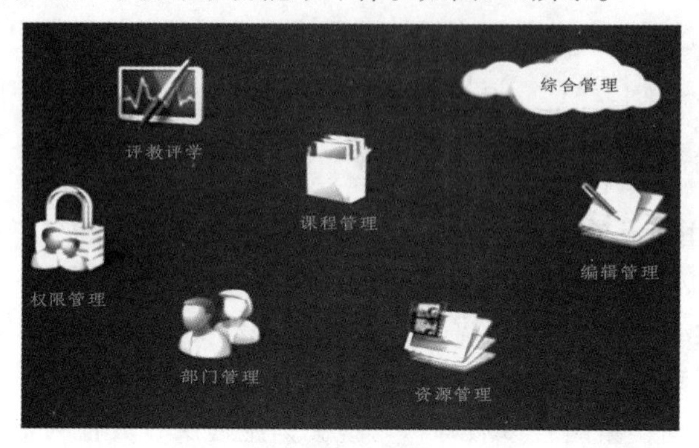

图6-8　综合管理功能

6.1.5　平台功能

1.促教学

基于云桌面虚拟化技术的改造，全面提升计算机机房教学性能。令终端启动和课程切换加速，教学软件运行更快。全面提升师生教学兴趣，避免上课开小差影响教学的情况发生。

2.建资源

充分利用现有的硬件资源（例如电脑、投影仪、电子白板、服务器、视频采集设备、调音台等）的前提下，应用图像识别技术实现专业级高清摄像系统全自动常态化录制，将教师授课实况、授课课件、学生场景等全自动地录制下来，生成优质的精品课程录像。整个制作过程简单、自动化程度高、无需人工干预。

3.简管理

集中管理平台中根据教学课程的不同应用软件导入课程镜像，同步给教室中的虚拟机，老师上课时可根据课程安排选择镜像从而随时获得想要的教学环境。管理员也不用再为记录繁杂的命令而烦恼，云桌面电脑室提供全图形控制管理界面，无论虚拟机制作，编辑，还原都只需轻轻一按。云桌面管

理模式可彻底解决机房中常见的因大量软件安装导致的系统臃肿、软件冲突，病毒侵入、教学、考试场景切换工作量大等难题，还可省去Ghost或还原卡的繁杂设置。计算机设备监控和软件维护在办公桌旁即可轻松实现。

6.2 基于螺旋式项目化教学模式的教学系统开发

6.2.1 开发背景

传统的课堂教学对于90后的学生来说，充满了无聊和枯燥，少数同学能够克制这种学习氛围，大多数学生上课玩手机、睡觉、开小差甚至索性逃课。造成这种无聊和枯燥的原因主要是：

一是老师都是用PPT作为课堂讲解的课件，虽然这样能帮助老师更好地展示一些专业或者抽象的话题，有效地辅助教学。但是这些PPT课件都是平面的内容，往往导致结果出现速度过快，让学生无法跟上老师的思路，既阻止了学生自我思考的自由，也阻止了老师的课堂发挥。

二是老师的课堂教学注重讲解，担心学生不能够正确理解或嫌学习内容简单，往往造成讲解时间过长、教学内容过剩，学生很容易产生听课疲劳，而老师在教学上又陷入疲于奔命的境地，没有足够的精力引入新的教学方法来活跃课堂教学气氛，造成老师的教学热情和学生的学习热情下降。

三是当前教学课件包含大量PPT、图片、文档等内容，在互联网的大格局下，这些内容通过拷贝和网上搜索上都能够轻易找到，因此学生并不缺这类资料，同时也产生了“既然网上都有，课堂上可以不听，回去再慢慢自学”的惰性。

由此可见，传统以教师为中心、强调内容讲解的课堂教学模式对于90后学生而言，存在诸多弊病。以学生为中心、注重教师主导的课堂教学模式将是未来发展的趋势。这种课堂教学模式的转变，实际上对教师课堂教学要求提出了更高的要求。教师既要讲好教学内容，又要设计并指导学生在课堂上的实践，同时还需要在实践中解答和解决学生提出的问题。显然要完成这个目标，对老师要求是非常高的。而事实上，由于教师水平、经验、精力等因素影响，往往这是难以保证的。其实对于学生而言，课堂教学中学生们更需要的是一个有心的领路人，有形有声的指引者。毕竟随着微课、慕课以及视频教学的发展，网上已经拥有大量、甚至海量的教学视频。

因此，我们考虑到课堂教学现状、以及结合老师和学生的课堂教学和学习需求，开发了一款基于移动互联网技术的课堂教学互动点播系统，通过该系统实现辅助教师完成课堂教学任务，从而让教师从传统教学讲解中完全解脱出来，能够全身心地投入到指导学生实践和解决学生实践中产生的问题上来，从而体现现在职教理念中教师在课堂上的主导作用。

6.2.2 开发原则

从上述背景可以看出，90后学生对目前大学课堂教学的诟病，引发了对课堂教学模式转变所存在的一些问题。从现状来看，目前市场急需一种信息化教学手段或工具，能够让教师从繁重的教学中抽身出来，以便将更多的精力投入对学生实践的指导中。虽然当前市场上各种教学点播系统、微课、慕课、网络课程等教学平台应运而生，然而，市场上大多数的教学点播系统、微课、慕课、网络课程平台都是基于WEB技术的在线系统，更适合学习者在线学习，而并非针对课堂教学。此外，这些教学平台互动往往局限于系统与学习者二者间的互动，而非师生间的互动。

因此，开发一款基于螺旋式项目化教学模式，能够满足课堂教学需求和师生互动需要的课堂教学互动点播系统就目前而言，是非常具有市场价值和应用前景的。该系统的研发及应用使教师能够根据课程教学安排和需要，将涉及知识点、技能点和经验点的教学微视频装载到系统中，在课堂上调用和播放。同时也允许学生在训练过程中根据自己的需要进行调用和点播。从而使教师的“教”和学生的“学”更加便利和规范，让教师从繁重的课堂讲授抽身出来，对学生的“做”进行更多的指导。

6.2.3 系统设计

1.总体架构设计

课堂教学系统的总体功能设计如图1所示。系统主要包括服务主机控制、智能终端控制、主机数据管理、主机分屏显示等4部分。其中服务主机控制软件在主机上提供了课堂教学影音的互动点播功能。智能终端控制软件则是在移动终端上实现了课堂教学影音的互动点播功能。而主机数据管理软件则是在主机上提供对教学影音素材的管理功能。主机分屏显示软件实现了主机显

示界面和影音播放界面的分屏显示，使在主机的点播或管理操作与影音的播放显示分离开来，从而不干扰影音的播放。如图6-9所示。

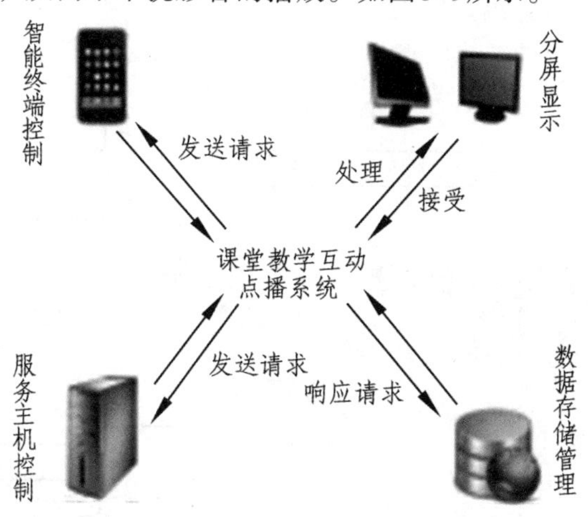

图6-9 总体架构设计

2.硬件结构设计

硬件结构设计如图6-10所示。点播系统硬件部署包括服务主机（笔记本电脑或PC电脑）、智能终端（安卓手机或安卓平板电脑）、无线路由器、显示设备（投影仪及幕布、高清电视机、显示器等）等硬件组成。

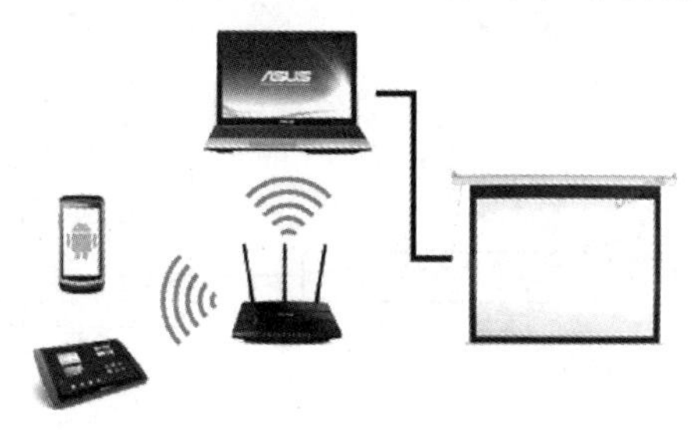

图6-10 硬件结构设计

6.2.4 系统功能

1.功能模块设计

功能模块设计如图6-11所示。包括智能终端点播控制、服务主机点播控制、服务主机数据管理、视频播放分屏显示等4个控制模块。

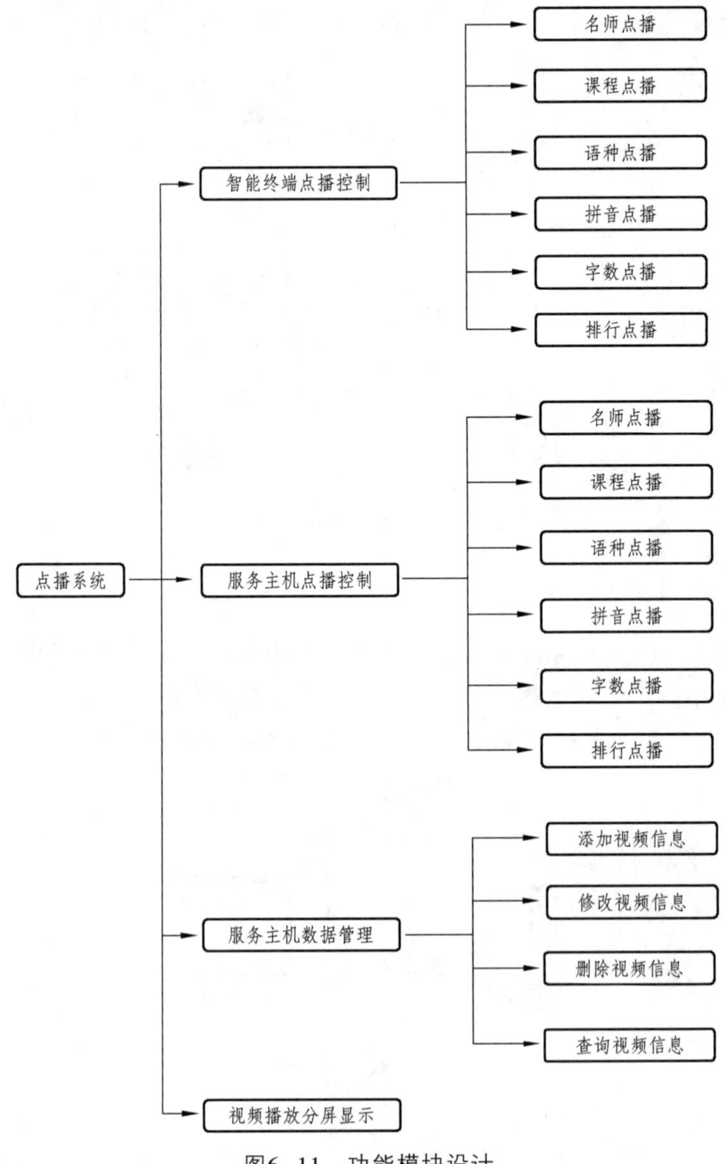

图6-11　功能模块设计

2.主要功能

1）智能终端点播功能实现

作品使用Java语言在智能终端Android系统中编程实现了课程视频点播功

能，包括名师点播、课程点播、语种点播、拼音点播、字数点播、排行点播等6大点播功能。

2）服务主机点播功能实现

同时还在服务主机上通过VB编程实现了课程视频点播功能，同样包括名师点播、课程点播、语种点播、拼音点播、字数点播、排行点播等6大点播功能。实现了移动终端和电脑可以同时进行点播控制的功能。

3）服务主机数据管理实现

系统还使用VB编程技术和Access数据库技术实现了对课程视频数据信息的存储和管理。采用VB+Access实现数据管理具有实现简单、运行稳定、操作简单等优点，适合教学人员使用。

4）视频播放的分屏显示实现

系统采用VB编程实现了视频播放的分屏显示，使视频的播放显示和主机的操作显示分开，使用者不用担心在主机的操作显示会覆盖视频的播放内容。

6.2.5 系统特点

1.基于移动互联网技术，实现了“移动终端—路由器—服务主机”的互联互通

该系统基于移动互联网技术，通过“移动终端—路由器—服务主机”实现了视频媒体的选择和播放。系统实现了多个不同移动客户端同时对服务主机进行操作，同时也实现了移动客户端和服务主机同时对课程视频的点播控制，这对于课堂教学点播控制操作来说非常方便且实用。

2.真正适合课堂教学使用，系统构建简单且价格低廉实惠

系统运行所需硬件为普通电脑或笔记本电脑（配备WinXP或Win7）、家用无线路由器、教学投影仪或高清显示器、Android智能手机或平板电脑，硬件配置简单且价格低廉，是目前多媒体教室常见的硬件配置。

3.系统实现了智能终端和主机的双重控制，使操作更稳健更方便

该系统可以通过智能终端实施点播操作，也可以在电脑主机上进行点播操作，在使用上具有双重保障，操作起来更稳健更方便。服务主机软件采用

Microsoft VB编写，编译打包为可执行程序，无需安装即可使用，与Microsoft Windows XP或Win7操作系统无缝对接，兼容性好且运行稳定；移动终端软件为Android应用软件，无论是Android智能手机或平板都可以安装使用，安装操作方便；服务主机集成有媒体数据库操作程序，使用Access数据库，可以随时添加和更新媒体视频，使视频内容的更新更简单。

4.视频播放采用分屏显示，视频文件支持多种常用格式，兼容性好

系统视频播放采用分屏显示，使主机操作和视频播放分开显示，互不干扰，更适合在课堂上教学使用。教师不用担心对主机的操作画面覆盖了播放画面，被学生看到，从而影响课堂教学。系统还支持多种常见视频文件格式，以方便教师录制教学视频或收集视频素材。

6.3 学徒教学与过程管理平台设计

6.3.1 建设背景

基于数字家庭产业技术发展快、企业需求变动大的特殊性，进行现代学徒制教学动态资源建设非常重要。是现代学徒制教育模式从简单的线下教育资源走向复合和实时更新线上教学资源、推动试点走向普适应用的重要步骤。

目前，高职院校教学资源库在学徒层面上的利用率不高，是教学资源库建设的重要难题，也是普遍遇到的问题。所以，如何设计友好的、个性化的学徒应用界面、怎样把动态资源真正导入现代学徒制的教学过程中，使教学和过程管理的更精细化、人性化，在平台建设中是非常重要。

由于现代学徒制在各个行业领域、对应的企业不同，教学和过程管理要求有非常大的差距，目前没有成型的、非常合适的平台可以借鉴和利用，因此有必要构建针对数字家庭产业学徒培养的教学与过程管理平台。

学徒教学与过程管理平台应包含了对站内数据库、公众搜索站点数据库、内部合作企业站点数据库的一键式搜索，以方便学徒充分利用线上现有资源，增强对知识点的学习能力。同时将职业标准、专业课程体系、讲义课件等静态教学资源、动态资源建设（包含动态教学资源库、企业人才需求动态库建设等）集成到平台中。为了让动态资源能够顺利应用在现代学徒制的

教学过程中，必须同时配套开发一个电子运行平台。

6.3.2 架构设计

平台结构设计如图6-12所示，包括教学资源、企业需求、学徒教学与过程管理、资源搜索等4个部分。其中教学资源包含知识库、任务库和案例库；企业需求包含人才需求、企业资源库和学徒档案；学徒教学与过程管理是对学徒学习、教师教学和企业实践的跟踪与管理；资源搜索包含对平台内资源、公众资源及合作企业资源的检索。

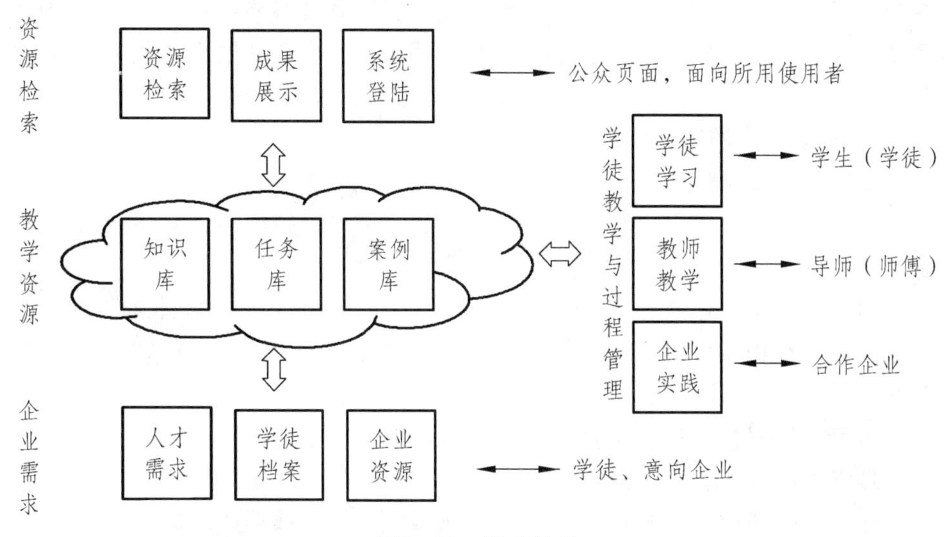

图6-12 平台结构

平台架构采用“Windows Server+IIS+.NET+MSSQL”数据库。WindowsServer是目前应用较广、技术较成熟、容易使用的服务器操作系统，高度集成了web服务所需的各种功能及组件，能够为web解决方案提供集中而一致的开发和管理模型，从而具有更高效的管理特性和更低的支持维护成本。

.NET是Windows系统的最佳开发平台，具有跨语言、易部署、易扩展、高安全、高性能、开发敏捷等特性，且对开放互联网标准和协议提供强劲支持，为开发各类应用服务提供了强大的功能和空前的便利。

MSSQL数据库是针对电子商务、数据仓库和在线商务解决方案较为卓越的数据库平台，具有高性能、高安全、高可靠性、易使用等特点，是比较受用户欢迎的一种数据库系统。

6.3.3 建设内容

1.教学资源库构建与动态化建设

针对数字家庭这个高新科技行业技术发展日新月异的特点，为了教学和管理能跟得上行业和技术的发展需求，需要及时更新企业和行业教育资源，这需要建立动态教学资源库和企业教育资源引入机制，实现教学资源库在教学过程中的更新、完善、优化。

在平台中，我们在现代学徒制的数字家庭应用型人才职业标准与课程体系研发中，开发了智能系统安装调试实践、智能系统维修与维护实践、智能系统设计与招投标实践、智能系统项目管理与项目实施实践等课程的资源。建设了“知识点库”“任务库”“案例库”等动态教学资源库。

1）知识点库的动态构建

①知识点库的功能。

知识点须是系统集成行业相关技术点、关键词、技能点及其讲解内容的要点。

知识点的添加：兼容课程及其教材中涉及的知识点、技术点及技能点。并以此建立知识点库的基础知识点内容。任课老师可以添加新的知识点，成为知识库的扩展知识点。

知识点的解释：任课教师和学生均能增加新的内容，丰富知识点。知识点的最终审核权在站点管理员。

知识点库的构建：知识点库由本地数据库和扩展数据库组成，本地数据库放在平台服务器中，扩展数据库为互联网上的搜索站点。互联网上的搜索站点包括“百度”等公开的搜索站点搜索。

知识点的搜索：知识点的搜索，首先是显示本地数据库中的内容，学生通过按扩展知识点库按钮，看到扩展知识点库的内容。

知识点库的权限管理：本知识点库的搜索功能只对注册人员开放，其中任课老师有添加和编辑修改的权利。最终的编辑权属于站点管理员。

②知识点库的形式。

知识点库的结构（部分）如图6-13所示，里面每一个小标题的内容就是一个知识点库，可以作为一个独立搜索点，被搜索引擎独立搜索显示出来。

- ◢ 知识点库
  - ◢ 弱电线缆的基本知识
    - ◢ 弱点线缆
      - 目录
      - 弱电电缆的定义
      - ◢ 弱电电缆命名原则
        - 1、产品名称中包括的内容
        - 2、结构描述的顺序
        - 3、简化
      - 弱电电缆组成
      - 线缆代号意义
      - 弱电线缆选型举例
      - 弱电线缆的选用
      - 弱电电缆的区别
      - 常用线缆图例
    - 多股线与单支线的用法
    - ◢ 屏蔽线与非屏蔽线
      - ◢ 1 屏蔽层
        - 电力电缆的屏蔽层的作用
        - 信号线缆屏蔽层的作用
      - 2 屏蔽双绞线
      - 3 非屏蔽双绞线
      - 4 屏蔽层与接地
  - ◢ 线槽的基本知识
    - 线槽的分类
    - 常见线槽规格型号
    - 线槽的壁厚
  - ◢ 线管的基本知识
    - 一 线管分类
    - 二 金属电线导管
    - 三 塑料电线导管
    - 四 软管
    - ▷ 五 管配件介绍
    - 六 建筑工程中监理验收的重点项目
  - ◢ 隐蔽工程验收
    - 隐蔽验收的概念
    - ◢ 相关责任

- ◢ 知识点库
  - 行会
  - 基地
  - ◢ 系统集成
    - ▷ 设备系统集成
    - 软件系统集成
    - 管理系统集成
    - 关系系统集成
  - ◢ 5A甲级写字楼的系统组成:CA,SA,FA,B...
    - BMS,IBMS概念
    - 4C技术
    - 建筑智能系统集成常见子系统及其分类
  - ◢ 系统结构
    - ◢ 综合布线六大子系统
      - ◢ 六大子系统分类
        - 1 工作区子系统
        - 2 水平区子系统
        - 3 管理区子系统
        - 4 垂直主干子系统
        - 5 设备间子系统
        - 6 建筑群子系统
      - 六大子系统示意图
      - 六大子系统结构图
      - 六大子系统系统图
      - 分任务一：综合布线系统图的设计
      - 分任务二：线缆长度的计算
      - 分任务三：管理区子系统的管理
    - 入侵报警系统原理图
    - 闭路监控系统图
    - 物联网原理图
    - 典型智能建筑系统原理图
  - ◢ 系统集成企业的分类
    - 系统集成商
    - ◢ 代理商、分销商、经销商
      - 分销商
      - 经销商
      - 代理商

图6-13 知识库示意图

2）任务库的动态构建

任务库按学习过程由浅入深，由易到难编排各类形式的任务。在平台中，知识点和任务会以不同的标记形式进行显示区分。

①任务库的设计。

任务库以工作任务、阶段任务、子任务的形式进行编制。每个工作任务可以分成若干个阶段任务，每个阶段任务分成若干个子任务。图6-14的列表所示是任务库的任务示例。

任务	非生产性任务-现场工程师-智能系统实施与项目管理			
工作任务	序号	任务	分任务	分项
	1	施工准备阶段	现场勘测	
			编写施工方案	
			临时设施搭建	
			进场	
	2	槽管线施工阶段	线槽施工	
			线管施工	
			线缆敷设	
			隐蔽工程验收	
	3	设备安装调试阶段	控制中心设备安装	
			管理区设备安装	
			工作区设备按钻杆	
	4	系统调试阶段	各系统分布分区域调试	
			单系统功能检测	
			系统联动调试	
			联动功能检测	
	5	系统试运行阶段	各子系统独立试运行	
			跨系统联动试运行	
			自查自检	
	6	培训阶段	操作人员培训	
			维修人员培训	
			管理人员培训	
	7	验收阶段	竣工资料制作	
			各系统单项验收	
			总体验收	
	8	结算阶段	结算报告编写	
			工程量核对	
	9	维保阶段	运行维护	
			故障检修	

任务	非生产性任务-设计工程师-智能系统设计与投标			
工作任务	序号	任务	分任务	分项
		前期洽谈阶段	了解获取任务相关信息	
			准备好公司资料	
			准时赴约，了解客户需求	
			提出初步方案建议	
			获取需求确认书	
			确定点数表	
	2	产品选型阶段	产品选型	
			产品系统结构	
			系统图设计	
			设备清单报价	
	3	工程图设计阶段	点位图设计	
			施工图设计	
	4	工程量计算阶段	槽管线工程量计算	
			设备安装工程量计算	
	5	方案制作阶段	设计方案的结构定型	
			设备性能参数的描述	
			需求分析与功能描述	
			工程设计资料	
			产品资料	
			报价资料	
			编写施工方案	
	6	项目投标阶段	招标书分析	
			制定投标策略	
			捐些投标书	
	7	合同谈判阶段	工程款的支付方式	
			工程验收方式	
			合同总造价	
			甲乙双方职责	

任务	非生产性任务-运维工程师-智能系统维修与维护			
工作任务	序号	任务	分任务	分项
	1	智能系统的维保组织体系学习阶段	维保组织架构	
			维保服务体系	
			维保安全措施	
			维保文明措施	
			质量保证体系	
	2	智能系统的维修基本方法学习阶段	使用的基本方法	
			维护保养的基本方法	
			检查故障的基本方法	
			检查故障的一般原则	
			元器件故障的激励分析	
			软件使用及维护方法	
	3+4	智能化系统维护与维修阶段	机房与环境系统	
			综合布线系统	
			计算机网络系统	
			公共广播系统	
			卫星及有线电视系统	
			多媒体教学系统	
			会议系统	
			视频监控系统	模拟、数字
			入侵报警系统	周界、室内
			门禁一卡通系统	出入口控制、消防
			停车场出入口管理系统	
			可视对讲系统	可视与非可视、五方对讲
			排队等候系统	
			智能家居系统	灯光、窗帘、电器控制系统
			楼宇自控系统	暖通空调、给排水、供配电、照明
			本地平台	感知层及数据采集、系统主机及应用系统
			物联网云平台	传输层、云端及数据分析和维护

图6-14　任务库示例

②任务发布。

分任务（复合知识点），会以一个知识体系结构的形式进行编辑。其中任课教师可以进行添加和编辑，但最终审核权属于站点管理员。

任务库的其他功能同知识点库一样。

任务库中还包含了一个作业库，本站点中的作业，来源于任务库。

作业的题目：作业的题目和内容（包含相关表格，图，资料）均能在站

点上找到，但学生只有在在教师授权的情况下，才能看到相关的作业题目。作业的提交形式可以是书面形式也可以是网上电子作业的形式。

③作业提交。

作业的提交形式可以是书面形式和网上电子作业的形式。在站点中的电子作业答案均支持学生的3次提交。第三次提交完之后，就不能进行修改了。

④作业审评。

只有任课老师才能对学生的作业进行审阅，评价，并最终按照六大基本能力（做、写、说、画、编、看）给出分数。

⑤作业答案浏览。

学生在提交此作业之后，在任课老师的授权下，才能看到以往学生的作业的答案。

作业答案的评分排名：学生作业按照教师评分排名从高到低进行显示，高分容易被浏览阅读。并显示本作业的学生姓名。以方便企业，教师，学生的搜索。

作业答案的搜索：完成作业并获得任课老师授权的学生能搜索到该作业的所有答案内容。任课老师和企业招聘人员，也能搜索并浏览到学生的相关作业的内容以及任课老师对该作业的评分。

3）案例库的动态构建

案例库以实际项目案例编辑而成，包含实际案例的全过程文件，列表如图6–15所示。

序号	案例库	招标文件	投标文件	设计方案	施工方案	培训方案	验收方案	项目合同	点数表	系统图	施工图	竣工图	设备参数表	设备清单	设备报价	会议纪要	工程联系单	竣工文档	验收证明书
1	智能家居（别墅、多户型洋房）																		
2	智能小区																		
3	智能楼宇（星级酒店、甲级写字楼、企业总部大楼）																		
4	物联网应用（车联网、温室农场、地区天气预报等）																		

图6–15　案例库示意

相关内容是以图片、表格、文字的形式呈现在网页中的，并通过点击能链接到相关源文件，从而获取源文件。

①动态构建规模功能。

案例库的添加：案例库的添加权限只在站点的管理员和任课教师手上。

案例库的浏览权限：站点注册的学生只有通过任课老师的授权才能浏览相关的案例库，任课老师可以浏览本站点中任何案例库的权限。

②案例库动态构建初始规模。

搜索能支持上表中的横向（内容分类）和纵向（类型分类）内容的搜索。4大类型，18大内容分类，共72分项，超过300个点的网上浏览的文档资料。

2.企业人才需求库的构建与动态化建设

职业教育理想的成果就是培养的人才能够服务于对口企业，因此对企业人才需求信息的采集和意向企业资料的收集非常重要，对于专业发展规划和人才培养的方案研制非常重要。基于此，对国家数字家庭应用示范产业基地内意向企业的人才需求数据和企业信息进行采集，在平台中建立人才需求库和企业资源库，既为学徒和企业提供双向选择的就业信息，也为专业发展和人才培养提供了企业资源。

1）企业需求库的设计

依托产业基地、职教集团和行业协会的企业资源，发挥“校行企”合作推动现代学徒制试点教育的优势，由行业协会牵头，收集有学徒需求的企业信息和岗位需求信息，建立企业人才需求库。如图6-16所示，通过企业岗位任务动态更新和统计分析，获得所对应企业岗位的需求。根据岗位职业能力分析获得相对应职业能力的技能点、知识点和经验要求，以此建立企业资源库，为专业发展和人才培养建立可供参考的资源。

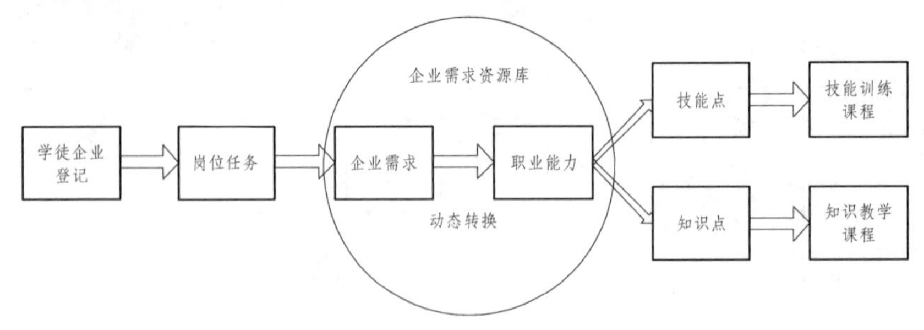

图6-16　企业需求库

2）企业需求库的构建

企业人才需求库采集信息格式如表6-1所示。通过该表获取和统计分析企业的岗位人才需求和岗位能力要求。

表6-1　企业需求库

序号	企业名称	企业类型	学徒岗位	岗位职责	岗位要求	招聘人数
1	企业1	系统集成、运维	现场工程师			
			设计工程师			
			平台运营			
2	企业2	系统集成商	现场工程师			
3	企业3	制造商	市场助理			
			检测工程师			
4	企业4	制造商	嵌入式工程师			
			技术支持工程师			
5	企业5	系统集成商	现场工程师			
6	企业6	系统集成商	现场工程师			
7	企业7	制造商、系统集成商	产品经理			
8	企业8	方案提供商	平台运营客服			
			业务经理			
	……					

3）企业需求库的功能

①企业动态注册模块：平台上建设有学徒企业注册模块，有意向或已参与学徒培养计划的企业，可以在网上注册登记。

②企业人才需求动态发布模块：意向企业在平台上发布人才需求和岗位要求信息。

③需求动态分析模块：自动归类和整理企业发布的人才信息和岗位要求，形成分析数据，进行职业能力分析。

④需求与能力转换模块：根据企业需求的动态分析，通过专家、企业和学校的论证，制定企业需求和职业能力对应表。

⑤职业能力统计模块：建立职业能力与企业需求数据库，并分析出所需要的技能点和知识点。给行业协会和学校作为课程开发和教学的参考。

3.学徒教学和过程管理

学徒教学和过程管理包括学生学习过程管理、教师教学过程管理、企业选徒过程管理。具体设计流程如图6-17、图6-18、图6-19所示。

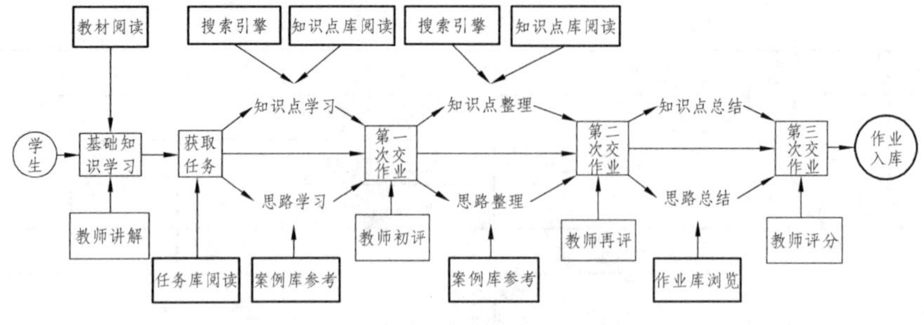

图6-17　学生利用平台学习流程图

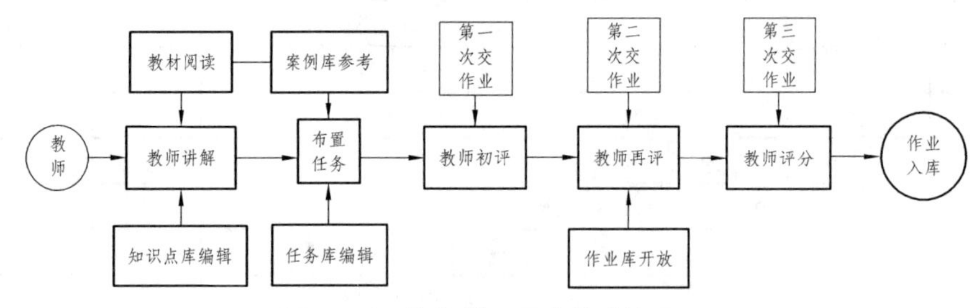

图6-18　教师利用平台教学流程图

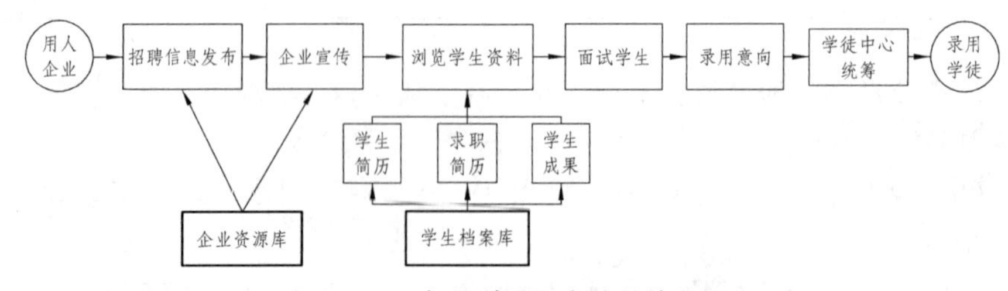

图6-19　企业利用平台选徒流程图

4.资源搜索设计

平台重点内容之一是资源搜索，提供了对内部数据库、公众数据库（如百度）的一键式搜索，方便学徒充分利用平台检索站点内外的可用资源。同时也支持对外部合作企业提供的各种技术资源进行搜索，从而培养学徒（学生）利用内部和外部教育资源进行专业学习的习惯。

1）立体搜索引擎功能

平台开发了一套能同时对知识库、任务库、案例库进行检索的立体搜索引擎，学徒只需要输入一次关键词，就能同时搜索到这三类资源库的内容。平台立体搜索引擎采用了基于标签的专用数据查询表，提升了搜索的速度及准确性。还能够帮助学生在检索三类资源库的同时，搜索百度等公众资源库

和合作企业提供的资源库。这使学生能够最大限度地利用平台进行资源检索学习。

2）搜索引擎检索范围

①本地教学资源库。

②百度公众资源库。

③合作企业资源库。

6.3.4 平台特点

1.提供动态化的教学资源

平台依托国家数字家庭应用示范产业基地的技术和企业优势，将产业基地内合作企业和学徒企业的岗位任务、技术资源、项目案例引入教学资源，构建学徒教学和学习的知识库、任务库和案例库。并针对产业技术发展和企业需求的变化，形成了能够动态调整和实时更新的教学资源。为学徒培养提供了一个有用的教育资源。

2.提供企业人才需求动态资源

平台紧密对接企业端，借助行业协会的影响力，收集合作企业和学徒企业的人才需求信息，形成动态变化的人才需求库，为学徒技能实践的提升提供了社会真实的需求环境。并通过“人才需求→职业能力→工作任务”将企业需求和企业信息整合，形成企业资源库，为学校专业规划发展和课程开发教学提供了可以参考的动态资源，并转化为职业能力需求，从而有助于学校对企业相关课程的开发和教学。

3.提供了教学和过程管理

平台提供了学徒教学和过程管理功能，制定了对学生学习、教师教学、以及企业选徒的严格管理流程，为学生利用平台进行学习、学校利用平台实施教学和管理、企业利用平台安排学徒实践等提供了明确的指引。为平台的充分利用和推广使用奠定了基础。

6.4 螺旋式项目化教学模式下混合式学习平台构建

6.4.1 建设背景

混合式学习就是把传统学习方式的优势和现代信息化教育技术的优势结合起来，将传统线下课堂与各种灵活线上教学方式结合的一种学习范式。它并不是一种全新的教学方法或学习理论，而是主张把传统教学的优势和数字化教学（如网络课程、微课视频、在线慕课等）的优势结合起来，形成优势互补，从而获得更佳的教学效果。它通过课堂教学的线下活动和数字资源的线上互动来完成整个课程的学习过程和教学活动，混合式学习既能够发挥教师引导、启发、把握教学过程的主导作用，又可以充分体现学生作为学习主体的主动性、积极性与创造性。随着现代教育信息化技术的不断发展，它逐渐得到关注和重视。

对此，我们在得实混合式教学软件的教学基础上，提出了在螺旋式项目化教学模式中构建混合式学习平台的设计，以满足数字家庭应用型人才技能和专业知识的教学和学习。螺旋式项目化教学模式下混合式学习平台的设计实际上是将螺旋式项目化教学模式将混合式教学设计理念结合起来，采用在线网络课程资源和线下螺旋式项目化教学进行优势组合，提供一个优质的沉浸式教学和学习氛围。

6.4.2 建设内容

1.总体设计

螺旋式项目化教学模式下的混合式学习平台是集课程管理、在线备课制作、课程教学、课程资源共享、师生互动于一身的数字化学习平台。支持教师在平台上进行网上备课、课程制作、教学内容发布、构建在线学习情境，构建一个课程空间，以促进主动式、协作式、探究式等学习方式的开展，从而更好地培养学生的问题解决能力和创新能力。

图6-20　混合式学习平台总体设计思路

整个平台的设计思路是根据对线下老师课堂授课和线上师生互动学习的需求，以及能够严格、有效地把握整个课堂教学过程和学生学习的统一进度的需要，来设计和构建的混合式学习平台。使混合式学习平台可以完成按照授课计划对授课内容进行构建；对每一个课时的内容以项目导向、任务驱动实现技术知识、技能实操和项目实践的螺旋式教学和互动；对每次课设置签到和教学评价；部署和发布授课资源至移动平台。从而实现课堂混合教学对线上线下教学互动、按照上课进度发布教学内容、将“理论、实操、项目”相结合、课堂移动教学互动手段、能够用于多媒体教室和计算机机房的需要。如图6-20所示。

2.功能设计

混合式学习平台架构如图6-21所示，主要包括教师备课管理、制定授课计划、授课班级管理、课程教学管理、课堂互动、学生空间、移动模块（移动终端设置）、教学统计、课程资源网站等功能模块。

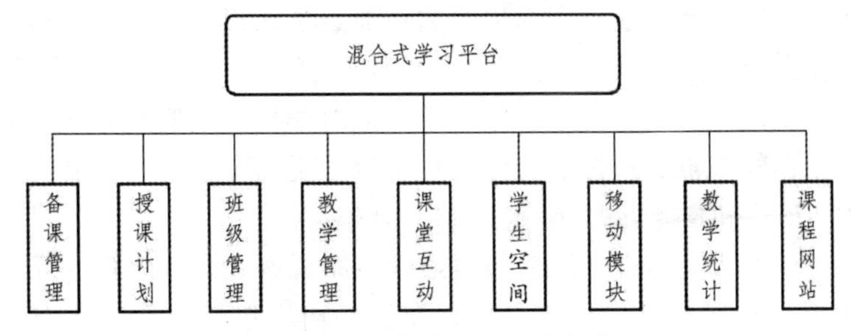

图6-21　混合式学习平台架构

主要模块设计如下。

1）备课管理

①课程结构：支持为课程内容创建树形结构，支持批量导入，快速生成课程结构，同时可为其中任一节点设置适当的授课类型和建设老师，其中授

课类型包括课堂教学、单元实训、自主学习。

②试题库：支持管理与课程相关的试题，提供各种类型试题的添加、删除、编辑等功能，题目类型包括单选题、多选题、有序填空题、无序填空题、判断题、简答题、排序题、连线题、完形填空题、阅读理解题、名词解释、中英文翻译、论述题等。支持解题分析、设置试题难度、分数、记录引用次数等。试题可以关联知识点和技能点，针对出错情况反推知识点和技能点的掌握情况，支持Excel和Word格式试题的导入，支持试题导出，

③试题编辑：支持试题的题干和候选答案在同一个编辑框中进行编辑，老师可以自己设计试题版面，同时支持多种媒体格式。使得针对Word的导入和导出更加便捷。

④试卷：支持创建、编辑和删除试卷并提供导入试卷、自动组卷、手动组卷功能，支持随机抽题保证每个学生拿到的试卷是不同的。每份试卷最多可组5套试卷，用户可以设置组卷的最大重复率，组卷结束后可以自动对比各套试卷试题的重复率；同时可以支持与外部试卷对比重复率。可以设置试卷结构各分类所支持的试题类型、评分标准、试卷结构下的试题可以排序设置；支持试卷以Word形式导出、支持预览试卷、复制试卷、备份试卷等。

⑤资源管理：支持管理与课程相关的资源，支持课程资源分类管理，可以创建课程分类目录，能够把已有的任意类型的多媒体素材、课程资料、辅导材料上载到服务器上并进行管理，支持资源的批量上传、发布、置顶。支持课程资源共享机制的实现，同时支持课程资源在线浏览，Office、PDF文档在线预览功能，课程资源也可直接在课程内被关联引用

⑥课程知识点和技能点：知识点和技能点是课程的重要组成部分，关联了相同专业课程的课程创建的知识点和技能点可以共享，并可以和教学单元、资源、试题等关联。便于学生在学习的时候更清楚地知道学习重点，老师也可以根据知识点、技能点出错次数了解学生的掌握情况；以便老师能够针对具体知识点和技能点进行相应的教学调整。

⑦课前预习：老师通过课前预习给学生布置一些课程内容进行预习，便于让学生更好地了解这门课程，可以布置的内容包括教学互动（投票、问卷、讨论、随堂作业）和教学内容（文档、视频、图片、音频、富文本、外部链接），学生在课前、课中、课后均可见。

⑧课堂教学：课堂教学是学生在线学习的课堂，支持老师在课堂教学下面添加教学互动（投票、问卷、讨论、随堂作业、问答、抢答）教学内容（文档、视频、图片、音频、富文本、外部链接）学生课中、课后可见。

⑨课后复习：是老师提供给学生课后进行复习巩固，针对课堂上遇到的问题可以反复复习，最终达到熟练掌握的目的，老师可在课后复习下面添加教学互动（投票、问卷、讨论、随堂作业）和教学内容（文档、视频、图片、音频、富文本、外部链接）课后作业等，学生在上课后可见。

⑩拓展资源：支持添加拓展资源，用于学生在学习完本节课程后的拓展训练，支持多种格式的视频、文档、图片等的上传。

2）授课计划

①课程模板：支持平台管理员根据学校需要制作和规划本院校的课程结构、标准和指标，形成模板提供给本校老师创建网络课程时使用，提高老师课程制作的效率。

②课程团队：支持选择或录入课程团队成员，团队成员可以是校内、校外或者社会老师，支持设置各成员所承担的角色，如课程负责人、建设者、教学者。同时可以控制课程团队信息的前台显示。支持课程团队成员排序功能。支持设置名义负责人。

③课程信息：支持编辑、修改课程基础信息和扩展信息，默认基础信息包括课程所属机构、课程标题、课程目录、专业课程、课程代码、学分等，关联到相同专业课程下的课程可以共享知识点、技能点，支持上传课程图片等。

④课程概要：支持课程概要描述课程，系统提供课程简介、教师团队、教学方法、教学大纲、教学内容、教学设计、教学课件、电子教案等，支持用户自定义，每个课程概要信息都可以上传一份Word或PPT文档当作此概要的内容，支持对于课程概要信息增加缩略图功能。

⑤课程引导页：支持课程负责人选择课程查看页样式、系统提供多种引导页样式供老师选择。

⑥教学安排：支持老师对于课程的教学安排，老师在课时计划下面按照教学周、日期、课时对应地发布课程内容，老师可以选择发布课程中所包含的全部教学单元、作业、测验，并且老师可以把教学内容发布到其权限内的任意班级；支持指定教学单元、作业、考试的开始/结束时间、支持老师批改或学生互评、参考答案的可见性等；支持指定测验开始/结束时间、时长、考试方式、结果可见性等，支持测试和自测，支持发布考试时选择试卷中的任一套试卷、随机选择一套、试卷下各套试卷随机发放给学生考试。支持设置考试为严格考试，或者设置允许学生参与考试的IP地址段来防止学生替考舞弊；对于教学内容的发布，支持通过多种方式提醒学生，包含以邮件形式通知、以短信形式通知、以系统信息形式通知等。

3）班级管理

①开设课程班：支持课程班的增删改管理，支持一门课程开设多个班级用于教学，便于任课老师针对不同层次的人群灵活地开展教学活动。班级支持多种注册方式，可由老师指定学习者、或者学生自由注册（由老师设置注册密码）、或者由学生申请由老师审核学生加入学习，支持班级的学期选择、支持是否关联课程网站。

②班级成员管理：支持按行政班方式、单个加入等多种方式进行学生添加。支持审核学生申请加入班级。

4）教学管理

①成绩加权设置：支持教师制订学习评价指标，记录学生学习过程，通过学生学习的过程根据学习评价指标，评定最终学生的学习成绩，可进行对成绩加权设置，将学生学习时长、学习行为、作业、考试等成绩通过加权计算汇总后得到最终成绩。

②在线学习行为设置：支持老师根据班级点数规则设置学生行为评价标准。班级点数规则范围包括登录次数、浏览知识点、资源数、发言次数、评论次数、提问次数、发帖、回帖次数、提交作业、考试、被评为优秀作业的次数等。

③班级签到管理：支持学生上课进行签到，老师可以设置二维码，学生扫描二维码即可签到，老师可以在班级签到记录里实时查看学生上课签到记录。

④批改作业：对学生提交的相关作业进行批改和成绩发布，支持按分数进行作业评定，支持批注，同时提供强制提交、让学生重做、重新打分等辅助功能，方便老师更好地管理学生作业。对于以附件形式提交作业的，支持批量下载附件作业，再进行批改。可以导出学生作业成绩到Excel表格。

⑤批改考试：对学生提交的相关考试进行评阅，客观题提供自动评阅功能，同时提供让学生重考、强制交卷、重新打分、导出考试结果等辅助功能，方便老师更好地管理学生考试。可以导出学生考试成绩到Excel表格。可以以Word表格的形式导出学生考试的结果。

⑥在线答疑：学生随时可以提问，老师随时浏览和阅读和回复，支持添加常见问题库，老师可以将在线答疑共享到同一个课程下面供所有班级随时进行浏览和阅读，同时提供相关的审核机制。

⑦交流论坛：每个班级对应一个讨论区，学生和老师可以基于讨论区进行交流互动，老师可以对帖子进行管理，可以进行删除、屏蔽、打分、置顶、精华、结贴等操作。

5）学生空间

支持学生在个人中心查找课程、申请课程、可以针对正在学习的课程提供学习空间。学生可以在课时计划下面查看教学安排。对于需要上课的课时可以提前进行课前预习，到上课时间学生进行签到开始上课。学生可以在课堂进行各种教学互动，还可完成测验、作业、学习任务等内容，并可以让学生进行在线完成或提交。支持学生参与投票、问卷、班级答疑和班级讨论、班级发言等在线互动。支持学生管理和查看自己的学习笔记，支持对课程进行星级评价，对学习资源进行帮助度的评价。

6）教学统计

①成绩管理：支持老师对于学生的行为成绩、时长成绩以及最终成绩进行管理，支持按班级导出学生成绩。

②数据统计：系统可以提供多种统计数据，包括有课程教学统计、课程建设统计、访问活动分析、学生上课签到统计等。

7）课堂互动

①内容访问设置：支持设置匿名用户、登录用户、专家的内容查看权限，可设置全部可见或者开放前几章可见。

②互动管理：支持多种交流互动内容，如课程公告、调查问卷、投票、论坛、在线答疑、常见问题库等。

③课程评价：支持老师对课程评价进行设置，学生可以通过课程评价标准对这门课程进行评价。

8）课程网站模块

①课程网站：支持创建多个课程网站用于针对不同项目申报展示，可以展示相关教学成果如优秀学员、学习园地、开班教学情况、课程建设情况以及班级排行榜等成果信息。

②网站栏目管理：课程制作者可方便维护课程栏目，系统提供多个系统栏目供用户选择，用户也可以通过自定义栏目如资讯类、网站类等来打造支持多级栏目结构，制作者可根据需要随意增加，并且调整位置，内容制作提供在线编辑、上传文件、引用外部链接等多种方式。支持导航栏显示和首页面显示，可以设定栏目项的效果，如间距、字体颜色、字体大小、字体样式等，系统提供多种栏目显示模板，支持栏目内容自定义发布。

③网站导航设置：支持根据需要设置网站的导航菜单显示排序，导航可竖版或者横版显示；支持选择导航菜单的显示样式，支持用户设置导航主菜单、子菜单的背景色、背景图、字体颜色、字体大小、选中效果的显示等。

④网站界面设置：支持门户页面自定义，如横幅更换、导航菜单定制、

站点皮肤更换、自定义站点的所有页面等，提供丰富的栏目模板供学生选择，支持首页的三栏式、自由式，支持网站导航上区、导航下区、底部自定义添加，支持对于导航上区添加图片或者Flash动画，支持提供网站建设设置引导指南，同时提供丰富的首页模板供老师选择。

⑤论坛帖子管理：支持管理与课程相关的帖子，包括置顶、精华、结贴、屏蔽、删除、打分等操作。并可对帖子的回复进行相应的管理操作。

⑥门户网站：为课程建设平台提供统一的产品门户，支持门户页面自定义，提供课程中心、课程排行榜、最新课程等系统栏目对课程进行前台展示与查看。

3.教学流程设计

学习平台的教学流程设计分为3部分，第一部分为课前准备，包含备课制作、课表内容安排。其中备课制作主要完成上课所需的教学内容（如PPT、微视频等）、教学素材（图片、动画、音频等）、教案内容、习题任务、互动议题等线上资源。第二部分为上课教学，采用螺旋式项目化教学模式，结合学习平台的信息化技术。首先通过学生手机终端完成上课签到，同时学生通过微信关注进入本次课程内容。然后老师导入本次项目的任务，通过学习平台议题讨论、投票等功能进行技术案例讲解和技术知识的测验，从而完成技术知识的学习。在此基础上进行技能训练，借助平台提供的学习资源和答疑功能，在老师指导下完成技能训练任务。最后布置项目，学生独立或分组完成分配的项目，使学生在知识和技能的迭代重复中完成项目实践并积累经验。第三部分是对学生整个学习过程进行成绩的统计分析，掌握学生的技能学习和实践情况。如图6–18所示。

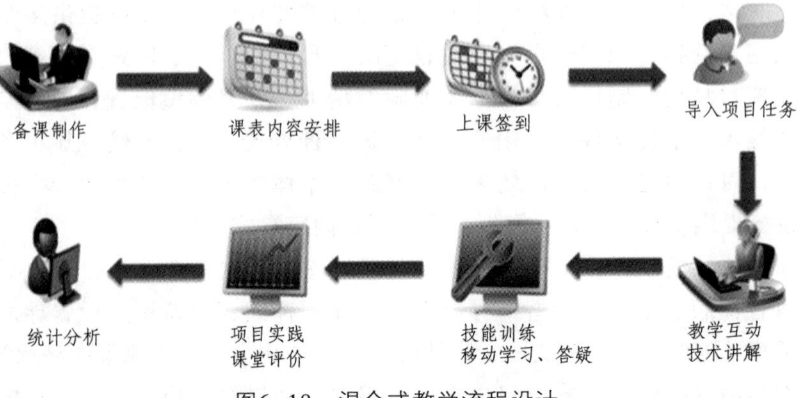

图6–18　混合式教学流程设计

6.4.3 设计特点

混合式学习平台具有沉浸式学习环境设计、立体化课程内容设计、多样化教学活动设计、多元化教学评价设计等特点。具体如下。

1.沉浸式学习环境设计

学习环境实现“软硬结合”，既包括硬件的环境（课堂实体环境）、也包含软环境（软件环境），在教学过程中实现了老师和学生“教”与“学”的融合，是教学并重的沉浸式学习环境。课堂实体环境可以是多媒体教室、计算机机房、专业实训室、甚至是普通教室。软件环境包括学习平台软件、服务器、网络等。

2.立体化课程内容设计

混合式学习平台为现场课堂教学提供了网络化和数字化的教学资源，并将现代信息化教育中的移动互动技术应用到课堂现场教学中，使得课堂教学除了线下的印刷教材、粉笔黑板、幻灯片之外，还能够使学生在手机上实时地看到网络化的线上授课视频、多媒体讲义、教学进程，同时还可以参与测试、投票等线上互动，因此混合式学习在教学设计上，采用的是立体化课程资源内容设计模式。该设计提供多种学习通道，能够满足学生差异化学习的需要，能够确保学习进度一致的同时还为学生提供了多元化的学习材料，如网络化的课程学习导航、电子讲义、网页教材、在线测验等学习资源。

3.多样化的教学活动设计

混合式学习平台线上学习设计采用了移动互联网技术和微信技术，这使得在课堂教学活动上，做到将传统的教学活动与线上的移动课堂教学活动有机结合在一起，教师可以采用线下的PPT讲义进行课堂重点技术讲解外，还根据教学内容差异安排线上的课堂案例分析、课堂讨论、在线互动讨论、基于项目的小组合作学习、在线测验、在线作业、基于项目的小组协作学习等活动。

4.多元化教学评价设计

混合式学习平台为学习活动的情况提供了多元化的线上测试和评价方式，包括议题投票、问卷调查、知识点测评、技能测试、项目考核、课程考

试等，同时能够将测试和评价的结果进行实时的统计汇总，这为螺旋式项目化教学模式的评价提供了信息化技术手段，也为学习活动的开展和顺利实施提供了保障。

参考文献

[1] 王姝. 计算机类专业走出就业困境的对策 [J]. 价值工程，2011，（4）：210-211.

[2] 黄宏伟. 基于就业导向的高职专业建设研究 [J]. 教育发展研究，2009，31-34.

[3] 李体新. 关于高职教育计算机专业教学模式的思考 [J]. 教育与职业，2011，（18）：94-95.

[4] 于晓萍，王斌. 高职院校专业导师工作室和企业工作站的构思与实践 [J]. 教育与职业，2013，97（2）：96-98.

[5] 李军雄，曾良骥，黄玲青. 地方高职院校学生顶岗实习中存在的问题与对策 [J]. 教育与职业，2010，94（3）：43-45.

[6] 赵志群，陈俊兰. 现代学徒制建设——现代职业教育制度的重要补充 [J]，北京社会科学，2014，29（1）：28-32.

[7] 彭银年，裴智民. 对高职院校校企合作工作站建设的探索——以常州机电职业技术学院为例 [J]. 职教论坛，2010，26（12）：73-75.

[8] 陈清华. 中国数字家庭的实践与创新路径 [J]. 传媒观察，2010，27（5）：18-20.

[9] 赵琳. 智能家居更需“人才集成” [J]. 中国安防，2007，2（10）：116-119.

[10] 赵琳. 智能家居更需“人才集成” [J]. 中国安防，2007，2（10）：116-119.

[11] 查俊峰，李敬. 高职学生学习动力不足的原因及其对策思考 [J]. 继续教育研究，2009，（3）：92-93.

[12] 刘慧. 高职学生特点分析及对策浅探 [J]. 山东商业职业技术学院学报，2010，（2）：36-38.

[13] 梁晓辉，游志胜. 中国数字家庭发展状况的研究 [J]. 有线电视技术，2005，12（3）：16-19.

[14] 杨向广，周永丰等. 基于CMM对瀑布模型的改进和扩充 [J]. 舰

船电子工程，2006，26（2）：9-15.
[15] 张友生，李雄. 软件开发模型研究综述［J］. 计算机工程与应用，2006，43（3）：109-115.
[16] 郑荣跃，林安珍. 改革传统的实践教学，加强全面素质教育［J］. 实验室研究与探索，2004，23（3）：69-71.
[17] 邹淑芳，李异民. 高职院校实验实训基地建设探析［J］. 云南电大学报，2010，12（3）：29-31.
[18] 唐冬生. “教学做合一”高职实践教学体系构建的研究与实践［J］. 教育与职业，2008，92（33）：154-155.
[19] 徐岩. “教学做”一体化高职教学模式的构建［J］. 辽宁高职学报，2011，13（10）：35-38.
[20] 曹伟，井新宇. 基于开放式教学实践平台“教学做一体化”教学模式改革的构建与研究——以江阴职业技术学院电气自动化技术专业为例［J］. 吉林广播电视大学学报，2013，26（4）：52-54.
[21] 陈云霞. 高等职业院校实验实训教学改革实践与探索［J］. 徐州建筑职业技术学院学报，2010，10（4）：61-63.
[22] 宣玲玲. 高职共享型实训基地建设模式比较［J］. 辽宁高职学报，2010，12（2）：52-54.
[23] 柳峰，徐冬梅等. 高职实训基地的建设与发展［J］. 实验室研究与探索，2009，28（2）：178-180.
[24] 孙玉. 数字家庭研究进展［J］. 广东科技，2016，24（12）：39-45.
[25] 祁鸣，张爽，曹雪丽. 数字家庭产业未来发展趋势［J］. 中国科技产业，2013，26（10）：66-68.
[26] 周健中. 数字家庭产业发展及其人才培养实践研究［J］. 广州广播电视大学学报，2013，13（2）：26-29.
[27] 孙新果. 我国数字家庭产业与应用发展方式探究［J］. 电视技术，2013，37（S1）：15-18.
[28] 孙新果. 数字家庭市场分析［J］. 电视技术，2014，38（2）：17-18.
[29] 李斐. 数字家庭“产学研”模式的实践与探讨［J］. 电视技术，2011，35（1）：58-62.
[30] 王振洪，成军. 现代学徒制：高技能人才培养新范式［J］. 中国

高教研究，2012，（8）：93-96.

[31] 张启富. 我国高职教育试行现代学徒制的理论与实践——以浙江工商职业技术学院“带徒工程”为例[J]. 职业技术教育，2012，33（11）：55-58.

[32] 赵鹏飞，陈秀虎. “现代学徒制”的实践与思考[J]. 中国职业技术教育，2013，（12）：38-44.

[33] 王世安. 高职以工作室为基础的现代学徒制研究——以广州工程技术职业学院计算机仿真专业为例[J]. 职教论坛，2013，（27）：14-16.

[34] 李斐. 数字家庭“产学研”模式的实践与探讨[J]. 电视技术，2011，35（1）：58-62.

[35] 顾东岳，吴明圣. 基于现代学徒制的高职院校校企合作模式探索[J]. 宁波职业技术学院学报，2017，21（1）：14-18.

附录1：高职三年制人才培养方案

数字家庭应用型人才订单班培养方案

一、专业名称和专业代码

计算机应用技术专业　590101

二、学制与招生对象

学制：全日制三年。
招生对象：全日制普通中学高中毕业生。

三、人才培养目标

围绕信息产业及相关产业链，适应广东省珠三角大力发展智慧城市的需求，面向政府重点扶持发展的数字家庭产业，培养对接物联网数字家庭产业中小微型企业专项岗位需求，具备数字化社区以及家庭智能化建设、信息技术运维服务、产品推广、软件应用等岗位能力的高素质高级技术技能型人才。

四、职业面向

本专业要求学生掌握数字家庭技术集成师职业的总体技术知识和职业技能，毕业生主要面向国家数字家庭应用示范产业基地企业联盟、广东省卫星应用协会会员企业、甲骨文雇主联盟等就业单位，面向的主要职业岗位有：系统集成、技术服务、产品推广、应用软件开发等。具体如表7–1所示。

表7-1　职业面向

主要职业岗位	职业岗位描述
1.系统集成工程师	1.系统集成项目的设计与规划，及实施方案的拟订 2.系统集成项目的组织管理与项目实施 3.产品性能、运维系统的优化和改进 4.发现产品问题，提出优秀的解决方案 5.解决集成技术难题，调查与挖掘客户需求，提出有针对性的解决方案 6.制订编写投标文档、项目方案书、行业技术文档 7.参与招投标与施工过程中组织和技术工作
2.技术支持工程师	1.对客户提供技术支持、服务 2.作为技术人员对客户进行产品的操作使用和基础培训 3.进行现场的系统安装、调试及维护，指导并排除可能产生的系统故障 4.收集相关系统产品的问题结合客户的实际情况，撰写技术文档 5.实现增值服务产品的推广工作
3.产品运营/推广工程师	1.熟悉产品运营及推广 2.制订运营、推广、及销售策略 3.具备一定编程基础
4.移动应用开发工程师	1.Android程序的整体构架设计和实施 2.参与现有应用的维护和定制开发 3.从事Android平台下的应用软件开发工作 4.设计并实现Android应用层的各种新加功能和客户需求，完成对应的模块设计，编码及调试工作 5.Android应用层软件的开发和维护

五、人才培养规格

培养符合物联网及数字家庭产业中小微型企业技术应用型人才要求，具备数字化社区以及家庭智能化建设、移动互联网络技术及软件开发、信息技术运维服务、产品推广、软件应用等岗位能力的高素质高级技术技能型人才。

（一）能力要求

（1）具有一定的技术设计、归纳、整理、分析、写作、沟通交流的能力。

（2）能熟练掌握物联网应用技术的实际应用工作，熟悉物联网系统应用技术的软硬件配置。

（3）具备物联网（数字家庭）系统工程设计、设备安装调试、设备运行维护、系统日常管理及产品营销、技术服务的能力。

（4）具有较高的物联网系统应用开发能力，能从事系统设计、集成、管理和软件开发工作的高层次应用型技术工作。

（二）知识要求

（1）具有较扎实的自然科学基础、较好的人文科学基础和外语语言综合基础。

（2）掌握资料查询、文献检索及运用现代信息技术获取相关信息的基本方法。

（3）掌握物联网（数字家庭）系统集成技术的基本知识和基本原理。

（4）了解物联网（数字家庭）技术的理论前沿、应用前景和最新发展动态。

（三）素质要求

（1）具有爱岗敬业、求实创新、团结合作的品质。

（2）具有良好的思想品德、社会公德和职业道德。应具有良好的科学素养、较强的创新意识。

（3）具有全面的文化素质、良好的知识结构和较强的适应新环境、新群体的能力，以及良好的语言（中、英文）运用能力。

六、课程体系

（一）课程体系设计思路

面向计算机应用技术专业岗位群，根据对数字家庭系统技术集成师岗位的能力的要求，分层次来构建基于工作过程的“平台+方向+岗位”课程体系。根据校企合作协议和高职学生能力形成规律，分三阶段进行教学设计和教学组织。第一阶段完成职业基本素养课程和职业通用能力课程的学习；第二阶段分方向完成职业核心能力课程的学习和项目训练；第三阶段在企业中按岗位进行实习和工作。

（二）典型工作任务与职业能力分析

对应的职业岗位典型工作任务及其对应的职业能力详见下表7–2。

表7-2 典型工作任务与职业能力分析

工作任务领域	典型工作任务	职业能力
1.IT设备的安装、调试、维修与维护	1.计算机及办公设备维修维护	1-1专业能力 1-1-1计算机及办公设备组装、调试 1-1-2计算机及办公设备维修与安全维护 1-1-3办公室设备配置、设计及应用 1-2方法能力 1-2-1具有检查分析的方法能力 1-2-2具有独立解决问题的方法能力 1-3社会能力 1-3-1具备良好职业道德和敬业精神 1-3-2具备人际交流能力和团队协作精神
2.计算机网络设计、组建与维护	2.小型局域网搭建及维护	2-1专业能力 2-1-1局域网组建、配置 2-1-2局域网设计、应用 2-1-3局域网维护 2-2方法能力 2-2-1独立思考的方法能力 2-2-2独立解决问题的方法能力 2-3社会能力 2-3-1具备良好职业道德和敬业精神 2-3-2具备人际交流能力和团队协作精神
3.技术信息检索与技术文档撰写	3.IT技术文档撰写	3-1专业能力 3-1-1熟悉常用Office软件操作（Word、Excel、PPT） 3-1-2懂IT技术文档撰写规范和流程 3-1-3IT技术文档的设计与编写 3-2方法能力 3-2-1信息检索的方法能力 3-2-2汇总分析的方法能力 3-3社会能力 3-3-1良好的责任心 3-3-2细致、耐心
4.系统应用软件界面设计与开发	4.网页设计与制作	4-1专业能力 4-1-1网页设计与编码 4-1-2网页特效 4-1-3网站建设 4-2方法能力 4-2-1审美分析的方法能力 4-2-2设计分析的方法能力 4-3社会能力 4-3-1具备分工合作的能力 4-3-2具备沟通交流的能力

工作任务领域	典型工作任务	职业能力
5.数字家庭施工图纸设计	5.数字家庭设计与制图	5-1专业能力 5-1-1数字家庭CAD设计图纸识图能力 5-1-2CAD绘图能力 5-1-3数字家庭设计与制图能力 5-2方法能力 5-2-1审美分析的方法能力 5-2-2方案设计与检索的方法能力 5-3社会能力 5-3-1有责任心，善于沟通 5-3-2积极乐观，能承受工作压力
6.嵌入式应用软件设计与开发	6.嵌入式系统开发	6-1专业能力 6-1-1熟悉Linux系统的操作 6-1-2熟悉汇编语言、C/C++语言编程 6-1-3熟练掌握嵌入式编程开发环境和调试技巧 6-2方法能力 6-2-1技术资料检索分析的方法能力 6-2-2系统测试的方法能力 6-3社会能力 6-3-1具有良好的语言表达能力 6-3-2具有良好团队协作能力、沟通能力
7.智能家居系统设计与实现	7.智能家居系统设计与实施	7-1专业能力 7-1-1智能家居系统布线施工 7-1-2智能家居系统维修维护 7-1-3智能家居系统集成设计 7-2方法能力 7-2-1观察分析的方法能力 7-2-2洞察用户心理分析的方法能力 7-3社会能力 7-3-1诚实守信 7-3-2有较强的责任心、踏实肯干
8.智能化系统集成	8.智能化系统设计与施工管理	8-1专业能力 8-1-1智能化系统设计与应用能力 8-1-2智能化系统施工与管理能力 8-1-3智能化系统维修与维护能力 8-2方法能力 8-2-1独立思考的方法能力 8-2-2方案设计的方法能力 8-3社会能力 8-3-1具备良好的沟通能力 8-3-2具备团队协作能力

工作任务领域	典型工作任务	职业能力
9.移动设备应用软件开发	9.Android移动终端应用软件开发及应用	9-1专业能力 9-1-1熟悉Android系统的应用和操作 9-1-2熟练Android项目开发环境和调试技巧 9-1-3熟悉Android应用软件开发与编码 9-2方法能力 9-2-1材料收集分析的方法能力 9-2-2独立思考分析的方法能力 9-3社会能力 9-3-1具有良好的表达、沟通、理解能力 9-3-2良好的团队合作精神

（三）课程体系的构建

"平台+方向+岗位"课程体系的构建示意图如图7-1所示。第一学年完成平台课程学习，第二学年完成专业方向课程学习，第三学年完成岗位课程实践学习和顶岗实习。

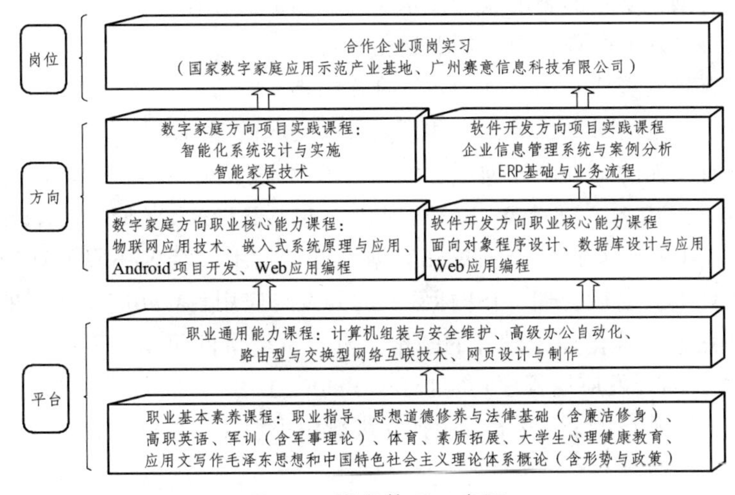

图7-1　课程体系示意图

（四）专业核心课程描述

1.Web应用编程

参考学时：88学时。

课程学习目标：

（1）能力目标。

①能搭建典型的JSP开发环境。

②能应用HTML和CSS技术设计WEB页面。

③能应用JavaScript脚本实现交互效果。

④能应用JSP开发web页面。

⑤能应用JSP+JavaBean开发WEB项目软件。

⑥会JDBC数据库访问技术和基本操作。

⑦懂web项目软件的部署与管理

（2）知识目标。

①掌握JDK、eclipse及Tomcat的安装与环境设置。

②熟悉web页面设计。

③掌握JavaScript的基本语法和语义。

④掌握JSP开发技术。

⑤熟悉Servlet和JavaBean技术。

（3）素养目标。

①具有勤奋学习的态度，严谨求实、创新的工作作风。

②具有良好的心理素质和职业道德素质。

③具有高度责任心和良好的团队合作精神。

④具有一定的科学思维方式和判断分析问题的能力。

⑤具有较强的网页设计创意思维、艺术设计素质。

课程学习内容：熟悉Web编程机制，包括HTML、CSS、JavaScript、Servlet、JSP等开发技术，懂Web数据库操作技术，会Web服务器安装和配置，异常处理，会话管理，JSP标签库的开发与应用，Web应用程序的结构和布置等。熟悉可视化程序设计的基本工具，掌握事件驱动编程的技巧。能使用JSP及Servlet开发应用程序；掌握JavaBean、JDBC，数据库等相关技术开发应用系统；熟悉JSP编程技术，能独立进行中小型Web系统项目以及动态网站开发。

课程教学方法：采用螺旋式项目化教学模式，以基于工作过程的项目导向、任务驱动的教学方式完成课程教学。

2.嵌入式系统原理与应用

参考学时：72学时。

课程学习目标：

（1）能力目标。

①能熟练进行嵌入式开发环境的配置。

②能熟练进行嵌入式编程。

③具备嵌入式程序的设计能力。

（2）知识目标。

①明确嵌入式的应用项目开发流程。

②熟悉嵌入式的开发平台以及使用。

③掌握嵌入式项目开发的相关方法和知识。

（3）素养目标。

①具有严谨认真、实事求是的科学态度。

②具有软件开发的团队精神和协作能力。

③具有高度的职业道德和安全意识，遵章守纪、规范操作。

课程学习内容：主要介绍嵌入式系统的基本原理和应用技术，包括嵌入式微处理器内核组成、嵌入式系统硬件平台的构成及各类外围部件的原理、嵌入式系统软件构成及嵌入式操作系统原理、嵌入式系统开发的环境和开发工具、嵌入式系统软件和整机的开发等。熟悉嵌入式系统在移动智能终端设备的应用。

课程教学方法：采用螺旋式项目化教学模式，以基于工作过程的项目导向、任务驱动的教学方式完成课程教学。

3.物联网应用技术

参考学时：84学时。

课程学习目标：

（1）能力目标。

①掌握物联网的典型应用，能运用所学知识和技能分析问题、解决问题。

②能够熟练进行物联网工程设计、规划、开发、测试、施工、使用、维护等。

③较强的知识、技术的自我更新能力，在工作岗位上具有可持续发展的再学习能力。

（2）知识目标。

①了解物联网的发展与现状。

②掌握各典型应用中的物联网技术。

③掌握在智能家居、智能电网、智能交通、智能农业、智慧医疗等领域中的物联网典型应用。

（3）素养目标。

①具有严谨认真、实事求是的科学态度。

②具有高度的职业责任心和安全意识，遵章守纪、规范操作。

③具备沟通协调与灵活处理事情的能力。

④具有吃苦精神与敬业精神。

课程学习内容：掌握建设物联网工程设计、规划、开发、测试、施工、使用、维护方面的全过程技术和工作流程，熟悉常用物联网工程工具设备与软件的使用技术和使用技巧，熟练地进行物联网工程实施，通过企业项目案例教学使学生技术和技能在课堂教学与实训场所中得到训练和提升。

课程教学方法：采用螺旋式项目化教学模式，以基于工作过程的项目导向、任务驱动的教学方式完成课程教学。

4.Android项目开发

参考学时：132学时。

课程学习目标：

（1）能力目标。

①能熟练完成Android开发环境和应用软件的安装、配置和维护。

②能熟练进行Android应用软件开发的布局与界面设计。

③具备Android的程序设计和编码能力，具有参与项目开发的经验。

（2）知识目标。

①明确Android的应用软件项目开发流程和方法。

②熟悉Android的开发平台以及使用。

③掌握Android项目开发的技术知识和理论。

（3）素养目标。

①具有严谨认真、实事求是的科学态度。

②具有软件开发的团队精神和协作能力。

③具有高度的职业道德和安全意识，遵章守纪、规范操作。

课程学习内容：主要介绍Android项目开发的技术，包括技术规范、在线服务项目开发、移动项目开发、移动设备接口开发等。采用项目化、一体化的教学模式，掌握Android互动项目的开发、设计技巧，能够根据需求进行规划设计、代码编写以及项目系统的安装、调试和维护。

课程教学方法：采用螺旋式项目化教学模式，以基于工作过程的项目导向、任务驱动的教学方式完成课程教学。

5.智能家居技术

参考学时：132学时。

课程学习目标：

（1）能力目标。

①能够了解智能家居各子系统设备、系统结构、工作原理与技术应用。

②能独立安装家居系统设备及子系统设备之间的工程调试。

③能独立处理家居系统常见问题及对产品故障进行分析。

④能独立处理数字家庭中的主流的家居系统产品配置、系统架构、安装与工程调试。

⑤能够掌握数字家庭中的家居平台使用、手机端软件的安装与配置调试。

⑥能够掌握家居系统在实际工程案例的设计知识。

（2）知识目标。

①了解现代智能家居在数字家庭行业应用领域中的存在形式。

②掌握智能家居系统的基本组成以及相关设备的基本性能和技术参数指标。

③了解智能家居系统安装、调试工具及故障问题排除。

④了解智能家居系统平台的操作使用与手机端应用软件的基本功能。

（3）素养目标。

①认识智能家居行业市场的应用价值。

②具备现代智能家居技术应用、家庭内部智能系统架设的工作意识。

③养成探究学习行业知识的态度、团队精神的工作方式和技术人员的工作思维。

课程学习内容：主要介绍智能家居技术基本知识、各个子系统的设计、安全防范和工程施工等相关技术和知识。能够熟练安装、调试智能家居各系统，快速解决系统故障，独立完成系统维护，熟练使用主要施工设备，规范编写日常专业文档。

课程教学方法：采用螺旋式项目化教学模式，以基于工作过程的项目导向、任务驱动的教学方式完成课程教学。

6.智能化系统设计与实施

参考学时：154学时。

课程学习目标：

（1）能力目标。

①懂得智能化系统系统方案的设计要点。

②能看懂智能化系统系统方案图纸。

③会根据建设方招标公告完成智能化系统的投标文件。

④会根据智能化系统设计方案编制报价方案。

⑤懂得智能化系统施工步骤及过程管理要点。

⑥懂得智能化系统系统验收准备文件的制作及归档。

（2）知识目标。

①智能化系统设计方案的基本知识、基本概念。

②智能化系统的招投标程序及投标文件制作要求。

③智能化系统施工管理。

④智能化系统的验收组织与实施。

（3）素养目标。

①具有严谨认真、实事求是的科学态度。

②具备知识的融会贯通能力。

③具备沟通协调与灵活处理事情的能力。

④具有吃苦精神与敬业精神。

⑤具有高度的职业责任心和安全意识，遵章守纪、规范操作。

课程学习内容：主要介绍智能化系统集成中的各个子系统，其中包括楼宇控制系统的设计与施工、安装与维护、对讲系统的设计与施工、车库管理系统的设计与施工等。采用项目化、一体化的教学模式，能对各个子系统的系统图、施工图进行绘制，掌握智能化小区的组成结构和功能，根据需求进行方案设计、子系统的设备配置、选型，能够进行小区各种子系统的安装、调试、运行和维护。

课程教学方法：采用螺旋式项目化教学模式，以基于工作过程的项目导向、任务驱动的教学方式完成课程教学

七、考核与评价

（一）专业课程考核与评价（见表7-3）

专业课程采用项目化课程考核方式。具体考核与评价建议如下：

（1）考核评价=过程评价（占30%）+阶段评价（占70%）

（2）过程评价：采用学生出勤，学生作业，课程综合考核相结合。

（3）阶段评价=项目考核（占30%）+期末考核（占40%）

表7-3　专业课程考核与评价

评定项目 / 评价方式	分数比重分配	分数分配
平时考核	学生出勤10％、学生作业10％、课程综合考核10％	30％
阶段性项目考核	评价学生对项目的掌握情况。每个项目完成一套项目考核表，总成绩为所有项目的平均值	30％
期末考核	操作技能与知识考核相结合	40%
合计	平时考核+阶段性项目考核+期末考核	100％

（二）顶岗实习考核与评价

1.考核原则

实习考核实行以实习单位为主、学校为辅的校企双方考核制度，双方共同填写“学生顶岗实习成绩汇总表”。

2.成绩考核评定

（1）考核分两部分：一是实习单位指导教师对学生的考核，占总成绩的50%；二是学生实习报告成绩，占总成绩的20%；三是学校指导教师对学生的工作报告进行评价，占总成绩的30%。

（2）实习单位指导教师对学生的考核。

学生的顶岗工作可以在不同单位或同一单位不同部门或岗位进行，实习单位要对学生在每一个部门或岗位的表现情况进行考核，填写“广州铁路职业技术学院学生顶岗实习考核表”，并签字确认。

（3）学校指导教师对学生的考核。

学校指导教师要对学生在各实习单位每一部门或岗位的表现情况进行考核，在实习期间，学生要按要求做好实习记录，学校指导老师要对学生实习记录进行检查。

（4）考核方式为等级制，分优秀、良好、中等、合格和不合格五个等级，学生考核合格及合格以上者获得学分。

八、毕业要求

（一）学分要求

本专业按学年学分制安排课程，学生毕业总学分不得低于130。

其中：必修课要求修满110学分，占总学分的84.6%；
选修课要求修满20学分，占总学分的15.4%。

（二）计算机和外语应用能力要求（见表7-4）

表7-4 计算机和外语应用能力要求

序号	证书名称	等级	颁证机构	要求
1	高等学校英语应用能力（A/B级）证书	B级（或以上）	教育部	必考
2	计算机应用能力证书	一级（或以上）	教育部	必考

（三）职业资格证书要求（见表7-5）

表7-5 职业资格证书及要求

序号	职业资格证书名称	等级	颁证机构	要求
1	数字家庭技术集成师系列认证	中级以上	国家人力资源和社会保障部	必考
2	电工上岗证		国家人力资源和社会保障部	选考
3	NIT-pro相关认证	高级	教育部	选考
4	行业其它权威技术认证，如CAD认证	中级以上		选考

九、教学安排

（一）课程设置与教学进程安排表和分类课程学时（学分）分配表（见表7-6）

表7-6　学时分配表

计算机应用技术专业智能化系统集成方向课程设置与教学进程安排表

院内代码:0504
国统代码:590101

月	九月	十月	十一月	十二月	一月	二月	三月	四月	五月	六月	七月	八月
周	1 2 3 4 5	6 7 8 9	10 11 12 13	14 15 16 17	18 19 20 21 22	23 24 25 26	1 2 3 4 5	6 7 8 9	10 11 12 13	14 15 16 17 18	19 20 21 2	23 24 25 26
一	JX JX	15			◇ ═══		18				◇ ═══	
二	18				◇ ═══		18				◇ ═══	
三	ZK ZK ZK ZK ZK ZF ZF ZF ZF ZF ZF ZI ZI ZI ZI ZI ZI ZI				◇ ═══		BD BD BD BD BD BD BD BD BD BD BD BD BD BD BD BD BD					

JX：军训，◇：期末考试，BD：毕业顶岗实习，═：放假，ZK：智能终端项目开发，ZF：智能家居技术，ZI：智能化系统设计与实施

序号	课程性质	课程模块	课程代码	课程名称	核心课程	学分	总学时	理论	实践	一	二	三	四	五	六	上课周数	考核方式	开课部门	备注
1	必修课	公共基础课	020233	思想道德修养与法律基础(含廉洁修身)		3.0	48	48	⊙	2	2					12/12	J/G	基础	
2			020237	毛泽东思想和中国特色社会主义理论体系概论(含形势与政策)		3.0	48	48	⊙			2	2			12/12	G/J	概论	
3			020235	高职英语		7.0	112	80	32	4	4					14/14	J/Z	英语	
4			020007	体育		4.0	64	10	54	2	2					16/16	G	体育	
5			010321	军训（含军事理论）		2.0	56	16	40	2W						2	G	[illegible]	
6			020019	应用数学（工）		4.0	60	60		4						15	G	数学	
7			020013	职业指导		2.0	32	32	⊙	2		2				8	G	各专业	含入学教育和就业指导
		小　计				25.0	420	294	126	14	8	4	2						
1		专业群平台课程	090262	高级办公自动化实务	◆	3.0	52	26	26	4						13	Z	计算机	
2			050041	网页设计与制作	◆	4.0	60	32	28	4						15	G	计算机	
3			090041	计算机组装与维护	◆	2.0	30	16	14	2						15	G	计算机	
4			050038	面向对象程序设计	◆	4.5	72	40	32		0/8					9	G	计算机	四节连排
5			090023	路由型与交换型网络互联技术	◆	4.0	64	32	32				4			16	J	网络	
6		专业课程	050380	电路与电工基础		4.0	64	32	32		4					16	J	自动化	
7			090235	弱电工程制图（CAD）		2.0	36	20	16		2					18	G	机制	
8			010291	JavaScript程序设计		4.5	72	44	28		8/0					9	G	计算机	四节连排
9			090287	综合布线设计与施工		3.5	56	32	24			0/8				7	J	计算机	四节连排
10			090061	Web应用编程	▲	4.0	88	48	40			8/0				11	G	计算机	一体化课程 四节连排
11			090218	嵌入式系统原理与应用	▲	4.5	72	40	32			4				18	G	计算机	四节连排
12			090237	物联网应用技术	▲	4.0	84	44	40				0/12			7	J	计算机	一体化课程 四节连排
13			090219	Android项目开发	▲	6.0	132	72	60				12/0			11	G	计算机	一体化课程 四节连排
			090250	智能终端项目开发*		5.0	110	66	44					22		5	G	计算机	一体化课程
14			090220	智能家居技术*	▲	6.0	132	60	72					22		6	G	计算机	一体化课程
15			090221	智能化系统设计与实施*	▲	7.0	154	66	88					22		7	G	计算机	一体化课程
17			010113	毕业顶岗实习		17.0	476		476						★	17	G		
		小　计				85	1754	670	1084	10	14	12	16	22					
1	选修课	专业拓展课程	090145	铁路信息技术	◆	2.0	32	26	6			2				16	G	计算机	模块一
2			090225	工程实施规范		4.0	64	32	32			4				16	G	计算机	模块一
3			090226	工程项目管理		4.0	64	32	32				4			16	G	计算机	模块一
4			090145	铁路信息技术	◆	2.0	32	26	6			2				16	G	计算机	模块二
5			090227	汇编语言程序设计		4.0	64	32	32			4				16	G	计算机	模块二
6			050022	单片机原理与应用		4.0	64	32	32				4			16	G	计算机	模块二
7			090145	铁路信息技术	◆	2.0	32	26	6			2				16	G	计算机	模块三
8			090289	IT创新产品设计		4.0	64	32	32			4				16	G	计算机	模块三
9			090290	IT营销实务与创业训练		4.0	64	32	32				4			16	G	计算机	模块三
		小计				10.0	160	96	64			6	4						
1		公共拓展课	010120	素质拓展		3.0	48		48						☆		G	学生处	
2			020031	大学生心理健康教育		1.0	16	16	⊙	2						8	G	[illegible]	
3			020009	应用文写作		2.0	32	32					2			16	G	文秘	
4			全院公共选修课(含网络公选课)			4.0	64	64											
			小计			10.0	160	112	48										
总学分、学时及周学时合计						130.0	2494	1172	1322	24	22	22	22	22					

分类课程学时(学分)分配表

课程性质		小计 学时	小计 比例	小计 学分	小计 比例	备注
必修课	公共必修课	420	16.84%	25.0	19.23%	
	专业必修课	1754	70.33%	85.0	65.38%	
选修课	公共选修课	160	6.42%	10.0	7.69%	
	专业选修课	160	6.42%	10.0	7.69%	
合 计：		2494	100.00%	130.0	100.00%	
其中	课内理论教学	1172	46.99%	含所有类型课程的理论教学		
	实践教学环节	1322	53.01%	含所有类型课程的实践教学		
合 计：		2494	100.00%			

执笔人：
院（系）教学主任：
专业指导委员会主任：

说明：

第五学期的智能终端项目开发、智能家居技术、智能化系统设计与实施等3门课程为“教、学、做一体化”课程，要求按教学进程安排表中的进程安排按次序集中完成。首先开设智能终端项目开发（5周）、然后是智能家居技术（6周）、最后是智能化系统设计与实施（7周）。

在第一学期，入学教育和军训共2周。

“G”表示过程考核，“J”表示集中考核，“Z”表示“以证代考”。

（二）实践教学安排表（见表7-7）

表7–7　实践教学安排表

实训课程	实训项目	实训基地 校内/校外	学时（周）数	完成学期
智能家居技术	1.工程安装与调试 2.常见问题分析 3.智能家居技术应用 4.智能家居系统产品安装与调试 5.常见故障与排除 6.方案设计分析	对校内：数字家庭系统集成实训室 对校外：大学城国家数字家庭应用示范产业基地	22学时/周	5
智能化系统设计与实施	1.智能化工程方案设计 2.智能化工程投标文件编制 3.智能化工程施工管理 4.智能化工程竣工验收 5.智能化系统工程质量评价	对校内：数字家庭系统集成实训室 对校外：大学城国家数字家庭应用示范产业基地	22学时/周	5
智能终端项目开发	1.智能终端项目设计 2.智能终端软件开发	对校内：数字家庭系统集成实训室 对校外：大学城国家数字家庭应用示范产业基地	22学时/周	5
顶岗实习	1.职业素质训练 2.岗位技能训练 3.工作能力训练	校外实习基地	28学时/周	6

（三）素养教育教学活动安排表（见表7-8）

表7–8　活动安排表

类别	名称或主题	学期	学时	学分	说明
思政课实践活动	“感悟生活”系列活动	1	8	1	结合大一学生所开设的思政课程《思想道德修养与法律基础》的教学内容分两个学期开展相关活动
	大学生法律教育专题讲座	2	8		
	名人原著研读 国际国内形势专题讲座	3	8	1	结合大二学生所开设的思政课程《毛泽东思想和中国特色社会主义理论体系概论》（含形势与政策）的教学内容分两个学期开展相关活动
	社会热点、难点案例讨论 社会调查（春运、三下乡等）	4	8		

<table>
<tr><th>类别</th><th colspan="2">名称或主题</th><th>学期</th><th>学时</th><th>学分</th><th>说明</th></tr>
<tr><td rowspan="3">心理健康教育</td><td colspan="2">心理健康测评</td><td>1−2</td><td>6</td><td rowspan="3">1</td><td rowspan="3"></td></tr>
<tr><td colspan="2">心理知识宣讲</td><td>1−2</td><td>6</td></tr>
<tr><td colspan="2">团体辅导训练</td><td>1−2</td><td>8</td></tr>
<tr><td rowspan="4">职业生涯发展教育</td><td colspan="2">入学教育</td><td>1</td><td>4</td><td rowspan="4">1</td><td rowspan="4"></td></tr>
<tr><td colspan="2">职业测评</td><td>1</td><td>2</td></tr>
<tr><td colspan="2">职业生涯发展系列讲座</td><td>2−4</td><td>6</td></tr>
<tr><td colspan="2">成功人士（校友）创业沙龙</td><td>3−5</td><td>4</td></tr>
<tr><td rowspan="4">素质拓展</td><td colspan="2">春运社会实践</td><td rowspan="4">1−6</td><td>16</td><td>1</td><td>在校期间应至少参加一次春运社会实践活动</td></tr>
<tr><td colspan="2">“三下乡”活动</td><td>8</td><td>0.5</td><td>积极参加每年暑期的三下乡活动，至少参加一次活动</td></tr>
<tr><td colspan="2">志愿服务</td><td>16</td><td>1</td><td>积极参加志愿服务工作，三年时间参与志愿服务时间在40h以上</td></tr>
<tr><td colspan="2">参加学生社团</td><td>8</td><td>0.5</td><td>踊跃参加社团工作，在校期间至少参加一个社团</td></tr>
<tr><td colspan="7">选修模块</td></tr>
<tr><td colspan="2">各类竞赛</td><td colspan="4">通识课程</td><td>通用技能认证</td></tr>
<tr><td colspan="2">学生参加各类竞赛且获得一等奖的，可以免修全院任意选修课2学分，二、三等奖获得者可以免修全院任意选修课1学分</td><td colspan="4">学生在网上选修通识课程，累计获得4学分，可以免修全院任意选修课4学分</td><td>学生参加培训并获得普通话、驾驶、写作等证书（非本专业规定的技能证书），可以免修全院任意选修课2学分</td></tr>
</table>

十、专业基本条件

专业教师总数不少于10人，专任教师具备大学本科以上学历，从全日制普通国民教育计算机相关专业毕业，其中专业带头人必须具有副教授以上专业技术职称，双师素质教师比例超过50%；专业须聘请IT企业技术人员或能工巧匠担任兼职教师，主要指导实践教学（实习、实训），并承担一定比例的专业课程教学。专兼教师比例达到1：1。专业教师与学生比例不超过1：30。

教学团队按以下条件配置。

1.专业带头人的基本要求

（1）副高以上职称。

（2）长期从事计算机及相关技术研究，具备较强的专业技术水平。

（3）具有先进的教育理念，有国际视野。

（4）把握专业发展方向，能够主持人才培养方案开发、专业核心课程建设、实训基地建设等专业建设工作。

（5）能够指导骨干教师完成专业建设方面的工作。

（6）具备丰富的教研改革能力和经验，主持省级以上教研教改课题。

（7）具有先进的教学管理经验和组织协调能力。

2. 师资队伍素质和能力要求

（1）专任教师的基本要求。

①具备研究生以上学历，或本科学历且具有中级以上职称，具有扎实的计算机理论知识及专业技能，掌握现代职业教育理念和教学方法。

②具有高校教师资格证，具有二年以上本专业相关的企业工作经历并取得相应的职业资格证书。

③能够主讲1门以上专业课程，参与实践教学，并取得良好的教学效果。

④主持或主要参与1门以上核心课程建设工作。

⑤能够参与专业实训室建设工作。

⑥能够参与教研教改课程和专业技术课题的研究。

（2）兼职教师的基本要求。

①具备本专业中级以上技术职称或技师以上职业技术资格，具有3年以上IT行业工作经历。

②具有够强的语言表达能力，掌握一定的职业教育方法。

③熟悉IT行业专业技能。

④具有较丰富的IT项目实施或开发经验。

附录2　中高职衔接人才培养方案

数字家庭应用型人才中高职衔接高职学段培养方案

一、专业名称和专业代码

计算机应用技术专业　610201

二、学制与招生对象

学制：全日制两年。
招生对象：中职毕业生及应届生。

三、人才培养目标

围绕信息产业及相关产业链，适应广东省珠三角大力发展智慧城市需求，面向政府重点扶持发展的数字家庭产业，培养出对接物联网数字家庭产业中小微型企业专项岗位需求，具备数字化社区以及家庭智能化建设、信息技术运维服务、产品推广、软件应用等岗位能力的高素质高级技术技能型人才。

四、职业面向

本专业要求学生掌握数字家庭系统集成师职业的总体技术知识和职业技能，毕业生主要面向国家数字家庭应用示范产业基地企业联盟、广东省卫星应用协会会员企业、甲骨文雇主联盟等就业单位，面向的主要职业岗位有：系统集成、技术服务、产品推广、应用软件开发等。具体如表8-1所示。

表8-1 职业面向表

主要职业岗位	职业岗位描述
1.系统集成工程师	1.系统集成项目的设计与规划，及实施方案的拟订 2.系统集成项目的组织管理与项目实施 3.产品性能、运维系统的优化和改进 4.发现产品问题，提出优秀的解决方案 5.解决集成技术难题，调查与挖掘客户需求，提出有针对性的解决方案 6.制订编写投标文档、项目方案书、行业技术文档 7.参与招投标与施工过程中组织和技术工作
2.技术支持工程师	1.对客户提供技术支持、服务 2.作为技术人员对客户进行产品的操作使用和基础培训 3.进行现场的系统安装、调试及维护，指导并排除可能产生的系统故障 4.收集相关系统产品的问题结合客户的实际情况，撰写技术文档 5.实现增值服务产品的推广工作
3.产品运营/推广工程师	1.熟悉产品运营及推广 2.制订运营、推广、及销售策略 3.具备一定编程基础
4.移动应用开发工程师	1.Android程序的整体构架设计和实施 2.参与现有应用的维护和定制开发 3.从事Android平台下的应用软件开发工作 4.设计并实现Android应用层的各种新加功能和客户需求，完成对应的模块设计，编码及调试工作 5.Android应用层软件的开发和维护

五、人才培养规格

（一）能力要求

（1）具有一定的技术设计、归纳、整理、分析、写作、沟通交流的能力。

（2）能熟练掌握物联网应用技术的实际应用工作，熟悉物联网系统应用技术的软硬件配置。

（3）具备物联网（数字家庭）系统工程设计、设备安装调试、设备运行维护、系统日常管理及产品营销、技术服务的能力。

（4）具有较高的物联网系统应用开发能力，能从事系统设计、集成、管理和软件开发工作的高层次应用型技术工作。

（二）知识要求

（1）具有较扎实的自然科学基础、较好的人文科学基础和外语语言综合基础。

（2）掌握资料查询、文献检索及运用现代信息技术获取相关信息的基本方法。

（3）掌握物联网（数字家庭）系统集成技术的基本知识和基本原理。

（4）了解物联网（数字家庭）技术的理论前沿、应用前景和最新发展动态。

（三）素质要求

（1）具有爱岗敬业、求实创新、团结合作的品质。

（2）具有良好的思想品德、社会公德和职业道德。应具有良好的科学素养、较强的创新意识。

（3）具有全面的文化素质、良好的知识结构和较强的适应新环境、新群体的能力，以及良好的语言（中、英文）运用能力。

六、课程体系

（一）课程体系设计思路

构建以职业通用能力为平台的专业共享课程，根据校企合作协议和高职学生能力形成规律，分三阶段进行教学设计和教学组织。第一阶段完成平台课程（职业基本素养课程和职业通用能力课程）的学习；第二阶段分方向完成职业核心能力课程的学习和项目训练；第三阶段在企业中按岗位进行实习和工作。

（二）典型工作任务与职业能力分析

本专业对应的职业岗位典型工作任务及其对应的职业能力详见下表8-2。

表8-2　典型工作任务及其对应的职位能力表

工作任务领域	典型工作任务	职业能力
1.IT设备的安装、调试、维修与维护	1.计算机及办公设备维修维护	1-1专业能力 1-1-1计算机及办公设备组装、调试 1-1-2计算机及办公设备维修与安全维护 1-1-3办公室设备配置、设计及应用 1-2方法能力 1-2-1具有检查分析的方法能力 1-2-2具有独立解决问题的方法能力 1-3社会能力 1-3-1具备良好职业道德和敬业精神 1-3-2具备人际交流能力和团队协作精神
2.计算机网络设计、组建与维护	2.小型局域网搭建及维护	2-1专业能力 2-1-1局域网组建、配置 2-1-2局域网设计、应用 2-1-3局域网维护 2-2方法能力 2-2-1独立思考的方法能力 2-2-2独立解决问题的方法能力 2-3社会能力 2-3-1具备良好职业道德和敬业精神 2-3-2具备人际交流能力和团队协作精神
3.技术信息检索与技术文档撰写	3.IT技术文档撰写	3-1专业能力 3-1-1熟悉常用Office软件操作（Word、Excel、PPT） 3-1-2懂IT技术文档撰写规范和流程 3-1-3IT技术文档的设计与编写 3-2方法能力 3-2-1信息检索的方法能力 3-2-2汇总分析的方法能力 3-3社会能力 3-3-1良好的责任心 3-3-2细致、耐心
4.系统应用软件界面设计与开发	4.网页设计与制作	4-1专业能力 4-1-1网页设计与编码 4-1-2网页特效 4-1-3网站建设 4-2方法能力 4-2-1审美分析的方法能力 4-2-2设计分析的方法能力 4-3社会能力 4-3-1具备分工合作的能力 4-3-2具备沟通交流能力

工作任务领域	典型工作任务	职业能力
5.智能化系统集成施工图纸设计	5.数字家庭设计与制图	4-1专业能力 4-1-1数字家庭CAD设计图纸识图能力 4-1-2CAD绘图能力 4-1-3数字家庭设计与制图能力 4-2方法能力 4-2-1审美分析的方法能力 4-2-2方案设计与检索的方法能力 4-3社会能力 4-3-1有责任心，善于沟通 4-3-2积极乐观，能承受工作压力
6.嵌入式应用软件设计与开发	6.嵌入式系统开发	4-1专业能力 4-1-1熟悉Linux系统的操作 4-1-2熟悉汇编语言、C/C++语言编程 4-1-3熟练掌握嵌入式编程开发环境和调试技巧 4-2方法能力 4-2-1技术资料检索分析的方法能力 4-2-2系统测试的方法能力 4-3社会能力 4-3-1具有良好的语言表达 4-3-2具有良好团队协作能力、沟通能力
7.智能家居系统设计与实现	7.智能家居系统设计与实施	4-1专业能力 4-1-1智能家居系统布线施工 4-1-2智能家居系统维修维护 4-1-3智能家居系统集成设计 4-2方法能力 4-2-1观察分析的方法能力 4-2-2洞察用户心理分析的方法能力 4-3社会能力 4-3-1诚实守信 4-3-2有较强的责任心、踏实肯干
8.安防系统设计与实现	8.安防系统应用与维护	4-1专业能力 4-1-1安防系统设计与应用能力 4-1-2安防系统施工与管理能力 4-1-3安防系统维修与维护能力 4-2方法能力 4-2-1独立思考的方法能力 4-2-2方案设计的方法能力 4-3社会能力 4-3-1具备良好的沟通能力 4-3-2具备团队协作能力

工作任务领域	典型工作任务	职业能力
9.移动设备应用软件开发	9.Android移动终端应用软件开发及应用	4-1专业能力 4-1-1熟悉Android系统的应用和操作 4-1-2熟练Android项目开发环境和调试技巧 4-1-3熟悉Android应用软件开发与编码 4-2方法能力 4-2-1材料收集分析的方法能力 4-2-2独立思考分析的方法能力 4-3社会能力 4-3-1具有良好的表达、沟通、理解能力 4-3-2良好的团队合作精神

（三）课程体系的构建

课程体系的构建示意图见图8-1。

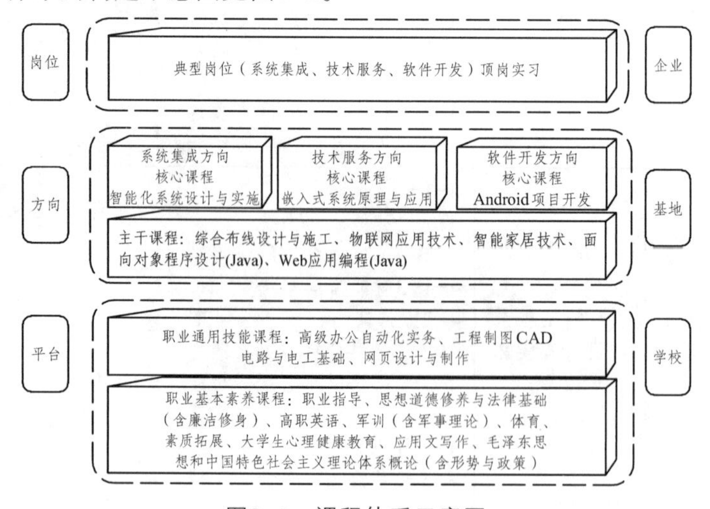

图8-1　课程体系示意图

（四）专业核心课程描述

1.面向对象程序设计（Java）

参考学时：80学时。

课程学习目标：

（1）能力目标。

①懂Java编程开发环境的安装与配置。

②会熟练进行Java应用程序编程。

③具备Java应用系统程序的设计能力。

（2）素养目标。

①具有严谨认真、实事求是的科学态度。

②具有软件开发的团队精神和协作能力。

③具有高度的职业道德和安全意识，遵章守纪、规范操作。

（3）知识目标。

①明确Java应用程序项目开发流程。

②熟悉Java的开发平台以及使用。

③掌握Java应用系统项目开发的相关方法和知识。

课程学习内容：Java编程环境的搭建、Java编程语法与规则、Java类与对象、Java常用类编程、Java异常处理、Java数据库编程、Java网络编程、JavaGUI编程等。

2.Web应用编程

参考学时：132学时。

课程学习目标：

（1）能力目标。

①能搭建典型的JSP开发环境。

②能应用HTML和CSS技术设计web页面。

③能应用JavaScript脚本实现交互效果。

④能应用JSP开发web页面。

⑤能应用JSP+JavaBean开发web项目软件。

⑥会JDBC数据库访问技术和基本操作。

⑦懂web项目软件的部署与管理

（2）知识目标。

①掌握JDK、eclipse及Tomcat的安装与环境设置。

②熟悉web页面设计。

③掌握JavaScript的基本语法和语义。

④掌握JSP开发技术。

⑤熟悉Servlet和JavaBean技术。

（3）素养目标。

①具有勤奋学习的态度，严谨求实、创新的工作作风。

②具有良好的心理素质和职业道德素质。

③具有高度责任心和良好的团队合作精神。

④具有一定的科学思维方式和判断分析问题的能力。

⑤具有较强的网页设计创意思维、艺术设计素质。

课程学习内容：熟悉web编程机制，包括HTML、CSS、JavaScript、Servlet、JSP等开发技术，懂web数据库操作技术，会web服务器安装和配置，异常处理，会话管理，JSP标签库的开发与应用，web应用程序的结构和布置等。熟悉可视化程序设计的基本工具，掌握事件驱动编程的技巧。能使用JSP及Servlet开发应用程序；掌握JavaBean、JDBC，数据库等相关技术以开发应用系统；熟悉JSP编程技术，能独立进行中小型Web系统项目以及动态网站开发。

3.物联网应用技术

参考学时：66学时。

课程学习目标：

（1）知识目标。

①了解物联网的发展与现状。

②掌握各典型应用中的物联网技术。

③掌握智能电网、智能交通、智能农业、智慧医疗等领域方面的物联网典型应用。

（2）能力目标。

①掌握物联网的典型应用，能运用所学知识和技能分析问题、解决问题。

②较强的知识、技术的自我更新能力，在工作岗位上具有可持续发展的再学习能力。

课程学习内容：

主要介绍物联网系统基础架构、相关技术以及应用领域等。采用螺旋式项目化教学模式，掌握物联网应用系统的组成结构和功能，根据需求进行方案设计、系统设备配置、选型，能够自己动手搭建物联网应用系统。

4.智能化系统设计与实施

参考学时：88学时。

课程学习目标：

（1）能力目标。

①懂得智能化系统方案的设计要点。

②能看懂智能化系统方案图纸。

③会根据建设方招标公告完成智能化系统的投标文件。

④会根据智能化系统设计方案编制报价方案。

⑤懂得智能化系统施工步骤及过程管理要点。

⑥懂得智能化系统验收准备文件的制作及归档。

（2）知识目标。

①智能化系统设计方案的基本知识、基本概念。

②智能化系统的招投标程序及投标文件制作要求。

③智能化系统施工管理。

④智能化系统验收组织与实施。

（3）素养目标。

①具有严谨认真、实事求是的科学态度。

②具备知识的融会贯通能力。

③具备沟通协调与灵活处理事情的能力。

④具有吃苦精神与敬业精神。

⑤具有高度的职业责任心和安全意识，遵章守纪、规范操作。

课程学习内容：主要介绍智能化系统集成中的各个子系统，其中包括楼宇家居控制系统的设计与施工、安装与维护、对讲系统的设计与施工、车库管理系统的设计与施工等。采用螺旋式项目化教学模式，能对各个子系统的系统图、施工图进行绘制，掌握智能化小区的组成结构和功能，根据需求进行方案设计、子系统的设备配置、选型，能够进行小区各种子系统的安装、调试、运行和维护。

5.Android项目开发

参考学时：132学时。

课程学习目标：

（1）能力目标。

①能熟练完成Android开发环境和应用软件的安装、配置和维护。

②能熟练进行Android应用软件开发的布局与界面设计。

③具备Android的程序设计和编码能力，具有参与项目开发的经验。

（2）知识目标。

①明确Android的应用软件项目开发流程和方法。

②熟悉Android的开发平台以及使用。

③掌握Android项目开发的技术知识和理论。

（3）素养目标。

①具有严谨认真、实事求是的科学态度。

②具有软件开发的团队精神和协作能力。

③具有高度的职业道德和安全意识，遵章守纪、规范操作。

课程学习内容：

主要介绍Android项目开发的技术，包括技术规范、在线服务项目开发、移动项目开发、移动设备接口开发等。采用螺旋式项目化教学模式，掌握Android互动项目的开发、设计技巧，能够根据需求进行规划设计、代码编写以及项目系统的安装、调试和维护。

七、考核与评价

（一）专业课程考核与评价

考核方案注重学习过程，将课程学习每一个项目的完成情况作为成绩评定的主要方面；鼓励学生充分利用课余时间自学，对学生实行开放性考核，学生可向教师提出提前考试的申请，考试合格后可免去学期末的结业性考核；综合性考核考查强调学生的创新意识，对使用了新技术、新器件的综合项目，成绩评定将给予加分。在教学的17~18周安排技能竞赛，成绩优胜者或获得相应职业资格证书的可以免除期末的结业性考核。

最终成绩由以下形式组成（见表8-3）。

表8-3　最终成绩组成

<table>
<tr><td colspan="3">课程基本要求</td><td>以实际成绩计入总分</td></tr>
<tr><td rowspan="3">期末统一考试</td><td colspan="2">统考成绩</td><td>评分标准</td></tr>
<tr><td colspan="2">小于50分</td><td>本课程不及格</td></tr>
<tr><td colspan="2">大于等于50分</td><td>本课程及格</td></tr>
<tr><td colspan="3">过程性考核</td><td>（20%）</td></tr>
<tr><td rowspan="4">分项目技能专项考核</td><td>项目单元</td><td>完成等级</td><td>评分标准</td></tr>
<tr><td rowspan="3">各项目单元分别评定</td><td>A级：体现创新特色</td><td>A</td></tr>
<tr><td>B级：实现拓展功能</td><td>B</td></tr>
<tr><td>C级：实现基本功能</td><td>C</td></tr>
<tr><td colspan="3">综合性考核</td><td>（20%）</td></tr>
<tr><td rowspan="3">综合项目考核</td><td colspan="2">A级：体现创新特色以及合作能力</td><td>A</td></tr>
<tr><td colspan="2">B级：实现拓展功能</td><td>B</td></tr>
<tr><td colspan="2">C级：实现综合功能</td><td>C</td></tr>
<tr><td colspan="3">学生可向教师提出提前参加水平考试的申请</td><td>考试合格可免修剩余课时</td></tr>
</table>

总分：期末考试（50%）+平时成绩（10%）+过程性考核（20%）+综合性考核（20%）期末>=50期末期末<50 注：总分最高100分

（二）顶岗实习考核与评价

1.考核原则

实习考核实行以实习单位为主、学校为辅的校企双方考核制度，双方共同填写“广州铁路职业技术学院学生顶岗实习成绩汇总表”。

2.成绩考核评定

（1）考核分两部分：一是实习单位指导教师对学生的考核，占总成绩的50%；二是学生实习报告成绩，占总成绩的20%；三是学校指导教师对学生的工作报告进行评价，占总成绩的30%。

（2）实习单位指导教师对学生的考核。

学生的顶岗工作可以在不同单位或同一单位不同部门或岗位进行，实习单位要对学生在每一个部门或岗位的表现情况进行考核，填写“广州铁路职业技术学院学生顶岗实习考核表”，并签字确认。

（3）学校指导教师对学生的考核。

学校指导教师要对学生在各实习单位每一部门或岗位的表现情况进行考核，在实习期间，学生要按要求做好实习记录，学校指导老师要对学生实习记录进行检查。

（4）考核方式为等级制，分优秀、良好、中等、合格和不合格五个等级，学生考核合格及合格以上者获得学分。

八、毕业标准

（一）学分要求

本专业按学年学分制安排课程，学生毕业总学分不得低于92。
其中：必修课要求修满75学分，占总学分的81.52%；
选修课要求修满17学分，占总学分的18.48%。

（二）计算机和外语应用能力要求（见表8-4）

表8-4　计算机和外语应用能力要求

序号	证书名称	等级	颁证机构	要求
1	高等学校英语应用能力（A/B级）证书	B级（或以上）	高等学校英语应用能力考试委员会	按学校规定选考
2	计算机应用能力证书	一级（或以上）	广东省普通高校计算机应用水平考试委员会	按学校规定选考

（三）职业资格证书要求（见表8-5）

表8-5　职业资格证书要求表

序号	职业资格证书名称	等级	颁证机构	要求
1	数字家庭技术认证	中级以上	国家人力资源和社会保障部	选考
2	电工上岗证		国家人力资源和社会保障部	选考
3	NIT-pro相关认证	高级	教育部	选考
4	行业其它权威技术认证，如CAD认证	中级以上		选考

九、专业基本条件

1.师资队伍基本配置

专业教师总数不少于10人，专任教师具备大学本科以上学历，全日制普通国民教育计算机相关专业毕业，其中专业带头人必须具有副教授以上专业技术职称，双师素质教师比例超过50%；专业须聘请IT企业技术人员或能工巧匠担任兼职教师，主要指导实践教学（实习、实训），并承担一定比例的专业课程教学。专兼教师比例达到1：1。专业教师与学生比例不超过1：30。

2.师资队伍素质和能力要求

（1）专业带头人的基本要求。

①副高以上职称。

②长期从事计算机及相关技术研究，具备较强的专业技术水平。

③具有先进的教育理念，有国际视野。

④把握专业发展方向，能够主持人才培养方案开发、专业核心课程建

设、实训基地建设等专业建设工作。

⑤能够指导骨干教师完成专业建设方面的工作。

⑥具备丰富的教研改革能力和经验，主持省级以上教研教改课题。

⑦具有先进的教学管理经验和组织协调能力。

（2）专任教师的基本要求。

①具备硕士研究生以上学历，或本科学历且具有中级以上职称，具有扎实的计算机理论知识及专业技能，掌握现代职业教育理念和教学方法。

②具有高校教师资格证，具有二年以上本专业相关的企业工作经历并取得相应的职业资格证书。

③能够主讲1门以上专业课程，参与实践教学，并取得良好的教学效果。

④主持或主要参与1门以上核心课程建设工作。

⑤能够参与专业实训室建设工作。

⑥能够参与教研教改课程和专业技术课题的研究。

（3）兼职教师的基本要求。

①具备专业中级以上技术职称，或技师以上职业技术资格，具有3年以上IT行业工作经历。

②具有够强的语言表达能力，掌握一定的职业教育方法。

③熟悉IT行业专业技能。

④具有较丰富的IT项目实施或开发经验。

十、教学安排

表8-6　2016级课程设置与教学安排表

序号	课程模块	课程代码	课程名称	课程属性	学分	总学时	理论教学	课内实践	集中实践（周）	一	二	三	四	上课周数	考核方式	开课部门	备注
1	公共基础课	020237	毛泽东思想和中国特色社会主义理论体系概论（含形势与政策）	B	3	48	48	⊙		2	2			12/12	G/J	概论	
2		020213	职业指导	B	1	16	16	⊙		2				8	G	各专业	
3		020235	高职英语	B	5	80	64	16		4	4			10/10	J/Z	英语	
4		020007	体育	B	2	30		30		2				15	G	体育	
5		020019	应用数学（工）	B	4	60	60				4			15	J	数学	
6		010321	军训（含军事理论）	B	2	56	16	40	2W					2	G	学生处	含入学教育
	小计				17	290	204	86	2W	10	10						
1	专业基础课	090262	高级办公自动化实务	B	3	52	26	26		4				13	G	计算机	四节连排
2		050041	网页设计与制作	B	4	60	32	28		4				15	G	计算机	四节连排
3		050380	电路与电工基础	B	2	40	20	20		0/8				5	J	计算机	六节连排
4		090235	弱电工程制图（CAD）	B	2	32	16	16				4/0		8	G	计算机	四节连排
5		090287	综合布线设计与施工	B	3	42	21	21			0/6			7	J	计算机	一体化课程 六节连排

序号	课程模块	课程代码	课程名称	课程属性	学分	总学时	理论教学	课内实践	集中实践（周）	一	二	三	四	上课周数	考核方式	开课部门	备注
6	专业核心课	050038	面向对象程序设计（Java）	▲	5	80	40	40		8/0				10	G	计算机	一体化课程六节连排
7		090061	Web应用编程	▲	6	132	66	66			12/0			11	J	计算机	一体化课程
8		090237	物联网应用技术	▲	3	66	33	33				6/0		11	G	计算机	一体化课程六节连排
9		090221	智能化系统设计与实施	▲	4	88	44	44	4			0/22		4	G	计算机	一体化课程
10		090219	Android项目开发	▲	6	132	66	66				12/0		11	G	计算机	
11	综合能力课	090220	智能家居技术	B	4	66	33	33	3	3		0/22		3	G	计算机	
12		010113	毕业顶岗实习	B	16	448			16	16				16	G	计算机	
13																	
		小计			58	1238	397	393	23	16	12	22					
1	公共拓展课	050129	C语言程序设计	X	4	64	32	32			4			16		计算机	模块1
2		090218	嵌入式系统原理与应用	X	6	96	48	48				6		16		计算机	
3		090289	IT创新产品设计	X	4	64	32	32			4			16		计算机	模块2
4		090290	IT营销实务与创业训练	X	6	96	48	48				6		16		计算机	
		030033	铁路概论	X	4	64	32	32			4			16		计算机	模块3
		090145	铁路信息技术	X	6	96	48	48				6		16		计算机	
		小计			10	160	96	64			4	6					
1	公共拓展课	020009	应用文写作	X	1	16	16				0/2			8	G	文秘	
2		020031	大学生心理健康教育	X	1	16	16	⊙			0/4			4	G	心理健康	
3		010120	素质拓展	X	2	32		32					☆		G	文秘	
4		全院公共选修课（含网络公选课）		X	3												
		小计			7	64	32	32									
		总学分、学时及周学时合计			92	1752	729	575		23	26	26	28				

分类课程学时（学分）分配表

课程性质	课程模块	小计		小计			执笔人
		学时	比例	学分	比例	备注	
必修课	公共基础课	290	16.55%	17	18.48%		
	专业基础课、专业核心课和综合能力课	1238	70.66%	58	63.04%		院（系）教学主任：
选修课	公共拓展课	64	3.65%	7	7.61%		
	专业拓展课	160	9.13%	10	10.87%		
合计：		1752	10.00%	9	10.00%		
其中	课内理论教学	729	41.61%	含所有类型课程的理论教学			专业指导委员会主任：
	实践教学环节	1023	58.39%	含所有类型课程的实践教学			
合计：		1752	100.00%				